人工智能技术及应用

张清华　主　编

科学出版社

北京

内 容 简 介

人工智能是一门以自动化理论与计算机技术为基础，涉及多学科交叉融合的新兴学科，是新一轮科技革命和产业变革的重要驱动力量，对于推动经济发展、提高生产力、促进社会进步具有重要意义。

本书在总结编者及团队多年教学及科研经验的基础上编写完成，内容涵盖了人工智能的基本概念、发展历程、关键技术以及典型应用，旨在帮助学生快速了解人工智能理论和初步掌握人工智能应用技术。

本书可作为应用型高等学校本科生或研究生教材使用，也可供对人工智能技术感兴趣的研究人员和工程技术人员学习参考。

图书在版编目（CIP）数据

人工智能技术及应用 / 张清华主编. -- 北京：科学出版社，2024.9.
ISBN 978-7-03-079588-5

Ⅰ. TP18

中国国家版本馆 CIP 数据核字第 20248RU311 号

责任编辑：彭婧煜　郭　会 / 责任校对：张亚丹
责任印制：徐晓晨 / 封面设计：众轩企划

科学出版社 出版
北京东黄城根北街 16 号
邮政编码：100717
http://www.sciencep.com
固安县铭成印刷有限公司印刷
科学出版社发行　各地新华书店经销
*
2024 年 9 月第　一　版　开本：787×1092　1/16
2024 年 9 月第一次印刷　印张：16 1/2
字数：385 000
定价：59.00 元
（如有印装质量问题，我社负责调换）

本书编委会

主　　编：张清华

编　　委：（排名不分先后）

前　言

近年来，国家将人工智能作为重大发展战略，陆续制定了一系列政策规划和措施，包括加强人工智能领域的基础研究、应用创新、人才培养和产业发展等，大力推动人工智能发展。

人工智能作为一种引领未来的战略性技术，正深刻改变着人们的生产、生活方式和思维模式，对经济社会发展产生着重大且深远的影响。为了帮助学生快速掌握人工智能的基本理论和应用技术，推动"人工智能＋"教育教学理念更新，本书在系统梳理编者及团队多年课堂教学、科研经验的基础上编写完成。本书采用深入浅出的方式，系统地阐述人工智能技术的基本原理与实践应用，涵盖了机器学习、深度学习、联邦学习、AI大模型等多个关键分支领域，有助于读者快速理解人工智能的核心概念与技术；本书注重理论与实践相结合，通过丰富的案例帮助读者更好地认识人工智能技术的实际应用，具有较高的实用性和指导性。

本书吸收国内外人工智能先进理论与编者团队多年人工智能应用的系列成果，内容丰富，通俗易懂，有助于初学者轻松入门。专业人士也能从中获得新的启示和思考。通过阅读本书，读者可系统地了解人工智能一般技术和应用方法，并能够在实际工作中运用这些技术解决问题。

本书由张清华教授担任主编，负责全书内容及结构整体规划，并承担部分书稿编写与统稿工作。本书第 1、2 章由张清华、梁皓云编写；第 3、4 章由孙国玺、荆晓远、刘雨晖编写；第 5 章由刘美、朱冠华编写；第 6、7 章由任红卫、胡勤、耿健、王梦禹、阮伟华编写；第 8 章由张清华、朱冠华、陈国民、鲍祥生、苏乃权、秦宾宾编写。

本书由从事人工智能研究和应用多年的高校教师通力合作完成，力求做到实践特色突出、适合人工智能学习及应用。

教材建设是一项系统工程，需要在实践中不断加以完善及改进，书中难免存在疏漏和不足之处，敬请同行专家和广大读者给予批评和指正。

编　者

2024.6

目　　录

第1章 绪 论

1.1 人工智能基本概述

人工智能（artificial intelligence，AI）是计算机科学的一个分支，旨在研究和开发能够模拟、延伸和扩展人类智能的理论、方法和技术[1]。其基本目标是让计算机具备类似于人类的感知、学习、推理、理解、规划、决策等能力，从而能够完成复杂的任务。这里从智能的起源谈及人工智能。

1.1.1 智能的起源

谈到智能，就涉及生命起源的问题。不过关于这个问题，科学界目前还没有完全确定的答案。其中，有一种被广泛接受的假说是生命起源于地球上的无机物质，然后通过一系列化学反应逐渐演化而来，这一过程被称为化学起源的假说。根据这一假说，大约在数十亿年前，地球上的原始环境中存在着一些简单的无机分子，如水、氨、甲烷和二氧化碳等。这些分子在受到外部能量的影响下，可能发生了一系列的化学反应，形成了更加复杂的有机小分子，如氨基酸和核苷酸等。这些有机小分子进一步组合形成了蛋白质、核酸等生命所必需的生物大分子。生物大分子之间通过相互作用形成多分子体系，这些多分子体系在生物体内扮演着重要的角色，参与了生命的各种生物学过程，最终形成原始生命。值得一提的是，关于生命起源最著名的实验之一是 1953 年由斯坦利·劳埃德·米勒（Stanley Lloyd Miller）和哈罗德·克莱顿·尤里（Harold Clayton Urey）进行的米勒-尤里实验。他们在实验室中模拟了早期地球的环境，通过电击模拟闪电，使气体混合物中的无机物质发生化学反应，最终合成了氨基酸等有机分子，为生命起源的可能性提供了实验上的支持。所有现存和曾经存在于地球上的生命形式都源自原始生命，并经历了长达 32 亿年的演化历程。在寒武纪时代，地球出现了"生命大爆发"，在"短短"的两千万年内，大量物种出现。这要归因于生物对复杂多变的自然环境的适应，才演化出了成千上万个各不相同的物种。达尔文的进化论把这一过程称为"自然选择"，是自然选择机制塑造了我们今天多姿多彩的生物世界。

尽管各种生物在外观和生存技能上有所不同，但它们都拥有生命的基本特征，如生长、发育、自我复制、繁殖等等。除了这些基本特征之外，生物学上的研究成果表明，在各种生物中还普遍存在另一个至关重要的特征，即智能。智能及其本质，古往今来许多专家学者致力于探索和研究这个问题。遗憾的是，目前尚未能完全认识清楚。近年来，随着神经生物学、脑科学、心理学等研究的发展，人类对神经系统和大脑的结构与功能有了进一步的认识，然而对于其深入的功能原理尚未认识清楚，需要进行更加深入的研究。所以，截至目前，智能的确切定义在学术界中尚未完全统一。关于智能，比如细菌，一种低等单细胞生物，一方面它们自身可以感知来自环境的刺激信号，另一方面不同细菌之间可以利用化合物（这是一种"分子语言"）进行"通信"。这样，细菌便能够感知到周围是否有同类的存在以及整个种群的规模，从而实现种群之间的信息交换与合作，展现出了鲜明的群体性和社会性特征。这种智能被称作"细菌群体智能"。还有植物，它们之间的交流并不是通过开口说话来完成的，而是利用化学信号来完成的，这些化学信号包括挥发性有机物、激素、根际物质等。通过这些化学信号，植物能够与同类进行信息交流，协同开展防御应对，保护同类，同时自身也能够感知环境变化，调节生长发育，欺骗昆虫（比如欺骗昆虫从而帮助自身授粉），等等。在动物中，鸟类是一种具有较高智能的物种。比如鹦鹉，可以开口说话，甚至能够理解一些简单的词语，从而可以与人类进行一些交流与互动；乌鸦，相信读者小时候都学过一篇语文课文《乌鸦喝水》，这说明乌鸦懂得如何利用工具来完成喝水这件事情。甚至，乌鸦还能够通过观察人类的行为，并利用人类来帮助自己达到目的。在日本东京明治大学的一个十字路口附近，就常常有乌鸦在附近等待红灯点亮，此时它们会把胡桃放在路上，当绿灯点亮后，它们便开始品尝被汽车碾碎后的美味胡桃。还有海洋生物海豚，它们使用复杂的声音和体语来进行沟通，它们有自己的声音特征和语言结构，能够传递各种信息。它们生活在群体中，展现出复杂的社会结构和合作行为，能够协作狩猎、共同照顾幼崽等。它们还能展现出对同类和人类的情感，能够建立亲密的关系并表达各种情绪。

通过上述例子不难发现，所有生物都具有智能，只不过在表现形式、水平和程度上存在差异，智能为生物的生存和繁衍提供基础。并且，智能最起码包含了感知能力、记忆和思维能力、学习能力、行为能力。

感知能力。感知能力是指生物利用感觉器官感知外部环境的能力。比如人类，人类的大部分信息都是通过视觉和听觉获得的，因此感知是人类获取信息的最重要的途径，如果不能感知，比如丧失了视觉或者听觉，便会对人类获取信息造成阻碍，影响智能活动。

记忆和思维能力。这个比较好理解，思维能力可以对现有的信息进行处理，比如决策、推理等。记忆能力可以帮助存储感知到的信息以及经由思维能力处理后所获得的知识。思维能力主要有三种，即逻辑思维、形象思维以及顿悟思维。逻辑思维，即抽象思维，是指利用逻辑规则对信息进行处理。个体首先将感知到的环境信息以一定的表示方式存储起来，随后选择恰当的逻辑规则，对已存储的信息进行逻辑推理。这种推理的过程较为烦琐复杂，可能需要综合运用多种逻辑规则进行多次推理。形象思维，即直感思维，是一种基于感觉、形象和具体事物的思维方式。在形象思维中，个体通过感知外部世界的事物、图像或场景，将这些感知的形象或图像存储在大脑中，并在脑海中对这些形象进行加工、组合和重塑。形象思维通常是以感性和直观的方式进行，不依赖于抽象的概念或逻辑规则，而是通过对具体形象和感知的处理来进行思考和解决问题。顿悟思维，即灵感思维，是指在某一瞬间突然领悟到问题的本质或解决方案的思维方式，在这种思维方式中，显意识和潜意识相互作用。顿悟思维常常涉及对问题的深刻理解、直觉和洞察力。在某些情况下，人们可能长时间思考一个问题，但一直无法找到解决方案。

然而，当条件成熟时，突然之间顿悟到问题的关键点，找到解决方案。这种思维方式常常被描述为灵感的闪现或直觉的启示。顿悟思维在创造性思维、问题解决、创新等领域中具有重要作用。通过顿悟思维，人们能够以非线性、非逻辑的方式解决问题，产生新颖的想法和创意。许多重大的发现和创新都是通过顿悟思维而得到的，例如爱因斯坦的相对论理论就是在一次顿悟中形成的。

学习能力。个体通过与环境的交互，感知信息，存储信息，处理信息，从而累积知识，完成学习过程，适应环境的变化。学习既包括有意识的学习，也包括无意识的学习。学习过程可以在有指导的情况下完成，也可以自己开展实践完成。

行为能力。人类在与环境的交互过程中，可以针对外界环境的刺激做出反应，从而完成信息的传递，这就是行为能力。如果把人类看作一个信息处理系统，感知可以看作信息的输入过程，行为可以看作信息的输出过程。

综上所述，如果说要给智能下一个定义，可以是：智能是知识加上智力，知识为智力提供基础，智力使得个体可以获取知识并且对其进行处理从而解决问题。

1.1.2　人工智能

现在我们已经对智能有了一定的认识。天生的好奇心，引导着人类去思考这样的一个问题，能不能有一种机器，也可以具备像人类一样的智能？谈到这个问题，必然绕不开图灵测试（Turing test）。1950 年，英国数学家兼计算机科学家艾伦·图灵（Alan Turing）发表了一篇名为《计算机器与智能》（"Computing machinery and intelligence"）的文章，该文章以"机器是否能够思考"为引子，提出了著名的图灵测试，并给出了如何评价机器是否具备智能的标准[2]。这个测试的设想是通过一种实验来确定一台机器是否具有人类智能。在图灵的设想中，图灵测试由一个人类评判员、一台机器和一个隐藏在隔离室里的人类组成。评判员分别与隔离室的人和机器通过电脑终端进行对话，评判员的任务是通过对话来判断哪一个是机器，哪一个是人类。如果评判员不能准确区分哪一个是机器，哪一个是人类，那么这台机器就可以被认为具有智能。图灵测试的关键思想是，如果一台机器可以模仿人类的对话和思维方式，以至于评判员无法区分机器和人类，那么这台机器就可以被认为具有智能。图灵认为，这种"智能"并不需要机器真正具有思维或意识，而只需能够表现出与人类相似的智能行为即可。图灵测试成为了人工智能领域的重要思想和标准，也激发了对机器智能的探讨和研究。虽然迄今为止还没有一台机器能够完全符合图灵测试的标准，但这个测试仍然被广泛应用于评估人工智能系统的智能水平和人机交互的效果。不过，有人质疑即便机器通过了图灵测试，但并不能代表机器经过思考、能够理解信息，从而无法判定机器是否具有智能。哲学家约翰·塞尔（John Searle）便是这种观点的持有者。1980 年，塞尔提出了著名的"中文房间（Chinese room）"实验，用来探讨机器是否具有真正的智能和理解能力。在这个思想实验中，塞尔设想了一个房间，里面有一个人，这个人并不懂中文，但给他提供了一本关于中文的规则手册。外界的人通过一道窗口向房间里的人提问中文问题，而这个人则根据规则手册的指示来回答问题，尽管他并不理解中文的含义。从外界观察者的角度来看，这个房间里的人能够准确地回答问题，看起来就像是懂中文一样。塞尔认为，尽管这个房间里的人可以根据规则手册来处理中文问题，但他并没有真正地理解中文的含义。因此，仅仅进行符号处理而不具备理解能力的机器无法真正具有智能。中文房间实验引发了对人工智能、意识和理解能力之间关系的深入思考，对于人工智能领域的发展产生了重要影响。这个实验也激发了许多讨论和争议，不断有学者针对这个实验提出异议与反驳。因此，想要使得机器具备类似人类这样的智能，还任重而道远。

如上述所说，用人工的方法以机器为载体，模拟实现人类智能或者生物智能，被称作人工智能，或者机器智能（machine intelligence）。如今，经过几十年的发展，人工智能已经成为了一门综合性新兴前沿学科，与计算机科学、控制论、信息论、神经生物学、心理学、哲学、语言学等多学科相互交叉。人工智能这一学科仍在迅速发展，新思想、新观念、新理论、新技术不断涌现，并取得了令人瞩目的成就，受到学术界以及工业界的高度关注，并且与空间技术、原子能技术共同被称作 20 世纪三大科学技术成就。人工智能也被称作继三次工业革命后的新一轮革命，前三次工业革命主要是解放了人类的双手，实现了体力劳动的自动化，而人工智能则是部分解放人类的大脑，让人类无须专注在枯燥无味的重复性脑力活动中。

1.1.3 人工智能的历史

显然，根据上一小节人工智能的定义，不难看出，人工智能的实现，一方面要探讨作为载体的机器如何实现；另一方面还要探讨如何在机器上模拟实现智能。在人工智能的历史中一直能看到这两方面的研究的影子。这里从三个阶段，即萌芽阶段、初现阶段、发展阶段介绍人工智能的历史。

1. 萌芽阶段

在 20 世纪 50 年代之前，许多学者提出的思想和所做的工作为人工智能的发展奠定了基础。公元前 350 年左右，古希腊哲学家亚里士多德（Aristotle）在他的逻辑学著作《论演绎》（*Prior Analytics*）中提出了一种形式逻辑推理方法。这种推理方法由三个命题组成，包括主观命题、次级命题和结论，用于建立逻辑上的推理关系。通过这种三段论的形式，亚里士多德建立了一种严密的演绎推理方法，用于分析和证明命题之间的逻辑关系。这种演绎推理方法在形式逻辑和哲学领域具有重要意义，为后世的逻辑学和哲学思想奠定了基础。

17 世纪 20 年代，英国哲学家、科学家和文学家弗朗西斯·培根（Francis Bacon）在他的著作《新工具》（*Novum Organum*）中提出了归纳法（inductive method）这一概念。归纳法是一种科学推理方法，通过从具体的观察和实验中得出一般性的结论。与演绎法不同，归纳法是从特殊情况中推导出一般性规律，从而建立科学理论。培根认为，通过不断地观察、实验和归纳，科学家可以逐步积累经验和知识，发现自然界的规律和真理。他强调实验和观察的重要性，提倡实证主义的科学方法，为现代科学方法的发展奠定了基础，成为科学研究的重要方法之一，对后世的科学研究产生了深远影响。后来 20 世纪 70 年代人工智能领域的研究转向为以知识为中心，离不开归纳法的影响。

伟大的德国哲学家、数学家和逻辑学家莱布尼茨（Leibniz）认为，可以通过建立一种通用的符号语言来进行推理的演算，使用万能符号来代表概念和关系，然后进行逻辑推理。符号可以消除语言的歧义性和主观性，使推理过程更加清晰和准确。这为数理逻辑的产生和发展打下了坚实的基础。并且促进了现代机器思维设计思想的发展，对于计算机科学和人工智能的发展具有重要意义。

英国逻辑学家乔治·布尔（George Boole）是逻辑代数的奠基人，他致力于将思维规律形式化，并试图实现逻辑推理的机械化。布尔的重要贡献在于他创立了布尔代数，这是一种基于逻辑运算的代数系统，用于描述和处理命题之间的逻辑关系。在布尔的著作《思维法则》（*The Laws of Thought*）中，他首次使用符号语言描述了思维活动的基本推理法则。这本书于 1854 年出版，标志着逻辑代数的诞生和发展。在书中，布尔提出了逻辑代数的基本概念和运算规则，包括"与"、"或"、"非"等逻辑运算符号，以及逻辑等式和推理规则。布尔代数的最重要特征是将逻辑关系转化为代数运算，使得逻辑推理可以通过符号计算来实现。这种形式化的逻辑系统为后来的计算机科学和人工智能领域奠定了基础，布尔代数的运用使得逻辑运算可以通过电子计算机进行自动化处理，对现代计算机科学和人工智能的发展产生了深远影响。

1936 年，图灵提出了图灵机（Turing machine），这是一种抽象的数学模型，用来描述一种理想的计算设备，可以执行一系列简单的操作来模拟任何可计算的问题。根据图灵的理论，任何可计算的问题都可以用图灵机来模拟和解决，这被称为图灵完备性。这一理论为电子数字计算机奠定了理论基础，开启了计算机科学新的发展方向。

1943 年，美国心理学家麦卡洛克（McCulloch）和数理逻辑学家匹兹（Pitts）合作搭建了第一个神经网络模型，被称为 M-P（McCulloch-Pitts）模型。M-P 模型基于对生物神经元的理解，将神经元的工作原理抽象为一种数学模型。该模型描述了神经元接收输入信号、进行加权求和、应用阈值函数并产生输出信号的过程。M-P 模型是人工神经网络的起源，为后来神经网络和深度学习等领域的发展奠定了基础。

1946 年，美国的莫克利（Mauchly）和埃克特（Eckert）发明了世界上第一台通用电子数字计算机，即电子数字积分计算机（electronic numerical integrator and computer，ENIAC）。ENIAC 十分巨大，可用于进行数值计算和解决复杂的计算问题。它被认为是现代计算机的先驱，为计算机科学和技术的发展奠定了基础。ENIAC 的问世标志着计算机时代的开始，并意味着人工智能有了实际的载体。

从上述不难看出，演绎推理、归纳推理、符号表达、数理逻辑为人工智能领域的符号主义奠定了基础；数理逻辑、图灵机、通用电子数字计算机推动了人工智能模拟实现的载体的发展；M-P 模型，作为人工神经网络的起源，为人工智能领域连接主义奠定了基础。

2. 初现阶段

这个阶段主要是 20 世纪 50 年代到 70 年代。众所周知，人工智能这个术语，起源于 1956 年的达特茅斯会议。在介绍人工智能这一概念之前，先简单介绍一下人工智能领域的主要相关人物。在达特茅斯会议召开之前，事实上还有另一个会议做了铺垫。1955 年，在美国洛杉矶召开的西部计算机联合大会中的一个分会，即学习机讨论会。出现了两个身影，分别是奥利弗·塞弗里奇（Oliver Selfridge）和艾伦·纽厄尔（Allen Newell）。塞弗里奇，人工智能领域连接主义的学者，是人工智能领域的先驱，模式识别的奠基人，第一个可以运行的人工智能程序便出自他手里，师从大名鼎鼎的控制论创始人诺伯特·维纳（Norbert Wiener）。纽厄尔，人工智能领域符号主义的学者，对研究计算机下棋很感兴趣。他和他的导师赫伯特·西蒙（Herbert Simon）提出了"物理符号系统假说"。他们认为，最原始的符号对应于物理客体，智能是对符号的操作。两种路径，即塞弗里奇尝试模拟神经系统和纽厄尔尝试模拟心智，分别代表了两种观点，即结构和功能，并且分别属于连接主义和符号主义的范畴。这两种观点，深刻影响了后来人工智能领域的发展。

除了上述学者，还有几位学者也需要在此介绍一下。约翰·麦卡锡（John McCarthy），时任达特茅斯学院（Dartmouth college）数学系助理教授，1971年度图灵奖获得者，是达特茅斯会议的召集者。他在普林斯顿大学读研究生时认识了约翰·冯·诺伊曼（John von Neumann），并在其的影响下，开始研究如何在计算机上模拟智能。顺便提一下，麦卡锡发明了LISP语言，并且还是分时操作系统的发明人之一。马文·明斯基（Marvin Minsky），时任哈佛大学数学系和神经学系的初级研究员，1969年度图灵奖获得者，是这次会议的积极参与者之一。他也是在冯·诺伊曼的启发下，开始了对神经网络的研究。香农，大名鼎鼎的信息论创始人，在硬件电路中实现了布尔代数，他在《哲学杂志》发表的一篇文章《计算机下棋程序》（"Programming a computer for playing chess"），为计算机下棋奠定了理论基础，还曾经在贝尔实验室开展密码学的研究。

1955年夏天，麦卡锡利用假期到国际商业机器公司（IBM）参与研究工作，其间遇到了罗切斯特（Rochester）。罗切斯特是IBM第一代通用机701的主设计师，对神经网络的研究充满兴趣。于是，两个人一拍即合，决定在达特茅斯举办一次会议，并把香农和明斯基拉过来，共同向洛克菲勒基金会提交了一份项目建议书"A proposal for the Dartmouth summer research project on artificial intelligence"，希望洛克菲勒基金会能够提供研究经费，以资助来年夏天在达特茅斯学院开展"用计算机模拟人类智能"的研究。这份项目建议书列举了7个人工智能领域的研究方向，分别是自动计算模拟人脑高级功能、使用通用语言进行计算机编程以模仿人脑推理神经元相互连接形成概念、对计算复杂性的度量、算法自我提升、算法的抽象能力、随机性和创造力。并且，在这份项目建议书中，出现了"人工智能"一词。事实上，这并不是"人工智能"一词首次登上人类历史舞台。麦卡锡在晚年的时候回忆道，"人工智能"一词是他从别人那里听来的，但忘记是谁了。虽然后来英国数学家伍德华（Woodward）表示，他在1956年时去麻省理工学院交流，其间遇到了麦卡锡，"人工智能"这个术语就是他原创并告诉麦卡锡的。不过，上述项目建议书在1955年便用上了这个术语，因此到底真实情况如何，估计是弄不清楚了。虽然"人工智能"一词早早被提出，但其真正被广泛认同，却用了约十年。

1958年，美国康奈尔大学的心理学家和计算机学家弗兰克·罗森布拉特（Frank Rosenblatt）沿着连接主义的道路继续前进，提出了感知器（perceptron）的概念。感知器模型在当时引起了广泛的关注和研究，被认为是第一个具有学习能力的神经网络模型（M-P模型虽然描述了神经元的工作原理，但并不具备学习能力），这是因为感知器可以利用感知学习规则（perceptron learning rule），通过不断迭代调整权重和偏置项，使感知器能够学习和适应输入数据的模式，实现对简单的线性可分问题的分类和识别。不过，虽然感知器模型在处理简单的线性可分问题上表现出色，但支持符号主义的明斯基和赫伯特后来发现感知器模型不能实现异或操作并给出了证明，也就是说，感知器在处理非线性可分问题上存在局限性。因此人工神经网络当时被认为是没有未来的，陷入了一段时间的停滞。后来，随着神经网络和深度学习技术的发展，感知器模型逐渐被更加复杂和强大的神经网络模型取代，人工神经网络迎来了春天。

在这个时期，众多创新性基础理论涌现，涵盖知识表达、学习算法、人工神经网络，涉及人工智能的多个方面。尽管当时计算机算力有限，导致许多理论无法得到充分实现，但这些理论为未来人工智能应用提供了重要的理论支持。这一时期的显著特点是符号主义学派在人工智能领域占据主导地位，超越了连接主义学派，这种趋势一直持续到 20 世纪 90 年代中期。

3. 发展阶段

这个阶段主要是 20 世纪 70 年代后。自达特茅斯会议后，人工智能领域的研究如火如荼，许多重要的研究成果和突破不断涌现出来。

20 世纪 70 年代，美国计算机科学家爱德华·费根鲍姆（Edward Feigenbaum）在第五届国际人工智能联合会议上提出了"知识工程"的概念。知识工程是一种基于知识的人工智能方法，通过知识工程，专家可以将他们的专业知识和经验转化为规则、模型或者数据库等形式，使得计算机可对它们进行处理，从而利用这些知识解决问题、做出决策或者推断。知识工程的方法被广泛应用于专家系统等领域，帮助人们构建能够模拟专家决策过程的智能系统。许多有名的专家系统便是这个时期的产物，如 Mycin 是早期专家系统的代表作品，通过知识工程将医学专家的诊断知识转化为规则形式，帮助医生做出诊断决策可用于诊断革兰氏阴性细菌感染；Prospector 是用于地质勘探领域的专家系统，通过知识工程将地质学家的勘探知识转化为规则和模型，实现了地质勘探的自动化，可帮助地质学家分析勘探数据和找到潜在的矿藏；Dendra 是用于化学分析领域的专家系统，通过知识工程将化学专家的分析方法转化为计算机程序，实现了化学结构的自动推断。专家系统的成功推动了人们对知识在智能领域的关键作用有了更清晰的认识，将知识置于人工智能研究的核心位置。人们在知识的表示、利用和获取方面取得了显著进展，尤其是在处理不确定性知识方面取得了重大突破，引入了主观贝叶斯理论、确定性理论、证据理论等，这些理论为人工智能领域的发展提供了有力支持，解决了不少理论和技术上的挑战。

1974 年，保罗·韦伯斯（Paul Werbos）提出了反向传播（back propagation，BP）算法，这一算法成为了如今人工神经网络和深度学习的基础学习训练算法。反向传播算法的提出标志着神经网络在训练过程中可以通过反向传播误差来调整权重，从而实现网络的学习和优化。

20 世纪 80 年代后，计算智能（computational intelligence）的概念开始兴起，补齐了人工智能领域在数学理论和计算方面的短板，为人工智能领域带来了新的理论框架和方法，推动人工智能领域的研究进入新阶段。比如模糊逻辑（fuzzy logic），是处理不确定性和模糊性信息的一种逻辑推理方法，适用于模糊系统建模和控制；遗传算法（genetic algorithms），模拟生物进化过程中的遗传机制和自然选择原理，可用于解决优化问题和搜索空间中最优解。

1982 年，约翰·霍普菲尔德（John Hopfield）提出了霍普菲尔德（Hopfield）神经网络模型，Hopfield 神经网络是一种反馈型的人工神经网络，具有自反馈回路，能够存储和恢复模式，Hopfield 神经网络是基于赫布型（Hebbian）学习规则学习的，即神经元之间的连接权重根据神经元的活动模式进行调整。通过迭代更新神经元的状态，网络可以收敛到稳定状态，从而实现模式的存储和恢复。Hopfield 神经网络在模式识别、优化问题、联想记忆等领域具有广泛的应用。它的简单结构和稳定性使得它成为了人工神经网络领域的重要研究对象，Hopfield 神经网络模型的提出标志着人工神经网络领域的新一轮发展。20 世纪 70 年代后，在人工智能领域的连接主义方面涌现出了较多重大进展，尤其是人工神经网络获得了较大突破。这些突破和进展推动了当代深度神经网络和深度学习技术的全面爆发，使人工智能领域进入新阶段。

1.2　人工智能的研究方法

从人工智能的历史不难看出，针对如何模拟实现智能，不同的学者有不同的看法，他们大都是基于各自对智能的理解，来构建基础理论并设计相应方法的。传统的人工智能实现方法主要来自符号主义、连接主义和行为主义三个流派，现代又发展出了数据驱动等新方法。

1. 符号主义

符号主义（symbolism）的核心思想是通过符号和符号之间的推理来模拟人类的智能行为。符号主义认为智能行为可以通过处理符号和符号之间的关系来实现，这些符号可以代表现实世界中的各种概念和知识。符号主义在人工智能领域的发展历程中扮演着重要角色，尤其是在早期阶段。符号主义的基本原理包括符号表示、符号处理、知识表示与推理等方面。首先，符号主义强调符号表示（symbol representation），符号主义认为知识可以通过符号来表示，这些符号可以是文字、数字、逻辑符号等。符号代表了现实世界中的事物和概念，以及它们之间的关系。符号表示使得计算机能够处理和操作这些符号，从而实现智能行为。其次，符号处理（symbol processing），符号主义强调对符号进行推理、逻辑推断和问题求解。通过符号之间的推理和运算，可以模拟人类的智能思维过程。符号处理是符号主义的核心内容，包括逻辑推理、问题求解、决策制定等。最后，知识表示与推理（knowledge representation and reasoning），符号主义关注如何有效地表示和利用知识，在推理过程中进行逻辑推断和决策。知识表示与推理是符号主义的关键问题之一，如何将现实世界的知识以符号形式表示，并进行有效的推理和应用，是符号主义研究的重点。符号主义的研究者们致力于开发能够自动推理和解决问题的系统，这些系统可以基于已有的知识进行推理，模拟人类专家的决策过程。这种基于知识表示和推理的方法被应用于专家系统等领域。符号主义在人工智能领域的发展历程中扮演着重要角色,为人工智能的早期发展提供了重要的理论基础和方法论。符号主义有几个重要的学派,每个学派都有其独特的理论观点和方法。逻辑(logicism)学派强调使用形式逻辑来表示和处理知识,认为逻辑是智能行为的基础,通过逻辑规则和推理可以实现智能的表达和推断。逻辑学派倡导使用一阶逻辑、模态逻辑等形式逻辑来表示知识,通过逻辑规则进行推理和推断。专家系统中的知识表示和推理通常采用逻辑学派的方法。语义网络(semantic network)学派认为知识可以通过网络结构来表示,网络中的节点代表概念或事物,边表示它们之间的关系。语义网络是一种图形化的知识表示方法。语义网络学派倡导使用图形结构来表示知识,通过节点和边的连接关系来表达概念之间的联系。语义网络学派在自然语言处理、知识图谱等领域得到广泛应用。框架(framework)学派将知识表示为框架,每个框架包含了一个概念的属性、关系和行为规则。框架提供了一种结构化的方式来组织和表示知识。框架学派通过定义框架结构和属性来表示知识,支持对概念的属性和关系进行推理和处理。框架系统在智能代理、自然语言理解等领域有广泛应用。产生式系统(production systems)学派将知识表示为产生式规则(production rule),规则包含条件和操作两部分,用于描述问题的解决方法。产生式系统通过匹配规则来实现知识的推理和问题求解。产生式系统学派倡导使用产生式规则来表示知识,通过匹配规则和执行操作来实现推理和问题求解。产生式系统在专家系统、决策支持系统等领域得到广泛应用。上述符号主义学派在知识表示、推理和问题求解等方面有着不同的理论观点和方法,提供了多样化的思路和技术。不同的学派在不同的应用场景中有着各自的优势和局限性,因此通常需要根据具体问题选择合适的符号主义学派进行建模和实现。然而,符号主义也面临一些挑战,如符号的表示可能无法涵盖复杂的现实世界问题、符号之间的关系难以建模等,导致符号主义在处理模糊、不确定性等问题上存在局限性。随着深度学习等基于统计学习的方法的兴起,符号主义逐渐被连接主义所取代。连接主义更注重通过神经网络等模型学习特征和模式,弥补了符号主义在处理大规模数据和复杂问题上的不足。

2. 连接主义

连接主义的核心思想是通过构建人工神经网络模型来模拟大脑的工作机制,实现对复杂问题的处理和学习。连接主义的理论基础是神经网络模型,该模型由大量的人工神经元(节点)组成,神经元之间通过建立连接相互传递信息,从而实现对输入数据的处理和学习。连接主义的基本原理是神经元之间的信息传递和权重调整。神经网络可以分为多层,包括输入层、隐藏层和输出层。输入层接收外部输入数据,隐藏层用于提取数据特征,输出层输出最终结果。每个神经元接收来自其他神经元的输入信号,通过激活函数对输入信号进行加权求和,然后输出一个信号。神经网络通过学习权重参数来调整神经元之间的连接强度,从而实现对输入数据的处理和学习以及对复杂问题的建模。连接主义在人工智能领域的应用非常广泛。在模式识别领域,神经网络可以通过训练实现对图像、语音、手写体等复杂模式的识别和分类。在自然语言处理领域,神经网络在机器翻译、情感分析、文本生成等任务中展现出优异的性能,实现对自然语言的理解和生成。在智能控制领域，神经网络可以应用于智能机器人、自动驾驶、智能系统控制等任务，实现对复杂系统的智能控制和决策。此外，在推荐系统领域，基于神经网络的推荐系统可以分析用户行为和偏好，为用户提供个性化的推荐服务，提高用户体验和商业效益。然而，连接主义也存在一些挑战，如黑盒性、数据需求大、计算资源消耗大等问题，这些挑战需要进一步研究和解决。

3. 行为主义

行为主义强调通过观察和分析行为来理解和模拟智能系统的工作原理，注重对外部行为的建模和控制。行为主义的核心观点是认为智能是一种行为的表现，智能系统的设计和学习应该基于对行为的观察和分析。行为主义者认为，通过对智能系统的输入和输出进行建模和控制，可以实现对系统行为的预测和优化。在人工智能领域，行为主义方法通常包括建立环境模型、定义奖励函数、设计决策规则等步骤，以实现智能系统的行为控制和学习。在智能系统的设计和控制中，行为主义方法通常采用强化学习等技术来实现对系统行为的优化。强化学习是一种基于奖励信号的学习方法，通过智能系统与环境的交互来学习最优的行为策略。在强化学习中，智能系统根据环境的反馈信号（奖励或惩罚）来调整自身的行为，逐步优化行为策略以达到最优的目标。这种基于奖励信号的学习方法符合行为主义的观点，即通过行为与环境的互动来实现智能系统的学习和优化。行为主义在人工智能领域的研究和应用也面临着一些挑战。例如，如何设计有效的奖励函数、如何平衡探索与利用、如何处理环境的不确定性等都是行为主义研究中需要解决的问题。此外，行为主义方法在处理复杂任务和大规模系统时可能面临计算资源消耗大、训练时间长等挑战，需要进一步研究和改进。

4. 数据驱动方法

数据驱动方法是一种核心的策略，它依赖于大量的数据来训练和优化模型。这种方法的基本原理是通过分析和利用数据来学习和改进模型，从而实现复杂的任务和功能。数据驱动方法包括数据收集、预处理、模型训练和模型评估等关键步骤。数据收集是数据驱动方法的第一步，它涉及获取与特定任务或问题相关的数据。这些数据可以是结构化的（如数据库中的表格数据）或非结构化的（如文本、图像、音频等）。有效的数据收集是数据驱动方法成功的基础，它要求数据来源的多样性、高质量和代表性。在数据进入模型训练之前，通常需要进行数据预处理。这一阶段包括数据清洗、特征选择和提取、数据转换等步骤。数据清洗，即去除噪声、处理缺失值和异常值，以提高数据质量；特征选择和提取，选择与任务相关的重要特征，或通过特征提取方法从原始数据中提取有用的信息；数据转换，对数据进行归一化、标准化或编码，以便更好地适应模型训练的需求。模型训练是数据驱动方法的核心环节，它通过使用机器学习算法来从数据中学习模型。常见的机器学习算法包括决策树、支持向量机、神经网络等。要根据任务的性质和数据的特点，选择合适的机器学习算法和模型结构。然后使用训练数据集对模型进行训练，使其能够准确地学习数据的模式和规律。最后使用优化算法（如梯度下降、遗传算法等）调整模型参数，以最大化模型的性能。在模型训练完成后，还需要对模型进行评估，以确保其性能和泛化能力。要选择适当的评估指标（如准确度、精确度、召回率、F1 分数等）来评估模型的性能。还可以使用交叉验证、留出法或自助法等验证技术，对模型进行有效和公正的评估。如果评估结果不理想，还需要对模型进行调优或重新训练，以提高其性能和泛化能力。数据驱动方法强调持续学习和优化，即通过持续的数据收集和模型更新，不断提高模型的性能和适应性。还可以利用在线学习算法，使模型能够实时适应新的数据和环境变化。不仅如此，如果利用预训练的模型和知识，能够加速新任务的学习过程和提高模型的性能。

数据驱动方法本质上是通过不同的复杂算法来执行智能任务，比如深度学习。大数据搭配深度学习技术，进行端到端的训练，能够自动从巨大的数据集中发现数据的特征和模式，这是数据驱动方法效果显著的原因。目前，大数据和深度学习技术的搭配，在部分任务的结果上，超越了传统的人工智能方法。

1.3　人工智能的研究内容

人工智能领域的研究内容十分广泛，但是总体上可以分成以下几个方面。

1.3.1　知识表示

知识表示是人工智能领域的一个核心研究方向，它涉及如何组织、存储和操作知识以支持机器学习、推理和决策等智能任务。有效的知识表示方法对于构建能够理解和处理复杂信息的人工智能系统至关重要[3]。

在早期的知识表示研究中，符号逻辑和一阶逻辑被广泛应用。符号逻辑提供了一种形式化的方式来表示和处理知识，使用数学符号来描述事实、关系和规律。一阶逻辑进一步扩展了符号逻辑，引入了量词、变量和函数等概念，使得知识表示更加丰富和灵活。通过符号逻辑和一阶逻辑，人工智能系统能够进行逻辑推理，自动推导新的事实和结论，从而实现问题的解决和决策。知识表示有如下的常见方法：

语义网络与框架表示。随着研究的深入，人们逐渐意识到图形化的知识表示方法的重要性。语义网络与框架表示是这一阶段的主要成果。语义网络使用节点和边来分别表示实体和它们之间的关系，形成一个有向图结构，能够捕获知识的层次结构和复杂关联。框架表示则通过框架和槽来描述对象的属性和值，支持知识的组织和检索。

产生式规则。产生式规则是一种基于规则的知识表示方法，常用于构建专家系统。专家系统模拟特定领域的专家知识和经验，通过定义一系列的规则来模拟人类专家的决策过程。这些规则通常采用"如果-那么"（if-then）的形式，实现问题诊断、推理和解决。专家系统的发展标志着知识表示从基础的逻辑和图形化方法向更高级、更实用的应用方向发展。

本体论。本体论是一种形式化的知识表示方法，主要用于构建和维护知识库。它定义了一组共享的基础概念和关系，为知识表示和交互提供了统一的语义框架。随着语义网的出现，人们开始尝试将本体论与标准化的语义描述语言（如 RDF 和 OWL）相结合，以实现知识的共享和交换。本体论和语义网的方法能够捕获知识的丰富语义信息，支持复杂的知识推理和智能搜索。

知识图谱与嵌入式表示。在大数据和深度学习技术的推动下，知识表示领域出现了一系列创新方法。知识图谱是一种利用图模型来表示和组织丰富的知识的方法。它使用图的节点和边来表示实体和它们之间的关系，通过图算法实现高效的信息检索、推理和挖掘。另外，嵌入式表示是一种利用低维向量空间来表示高维知识的方法。深度学习模型，特别是神经网络和变换器（Transformer）模型，能够自动从大量数据中学习到有效的知识表示，支持机器学习和知识推理。

1.3.2　机器感知

随着人工智能技术的飞速发展，机器感知成为了人工智能领域的一个核心研究方向，涵盖了计算机视觉、机器听觉与语音处理、机器触觉与感知增强等多个方面。通过深度学习和其他先进的机器学习算法，机器感知领域取得了令人瞩目的进展[4]。

计算机视觉，看得见的智能。计算机视觉是机器感知中最为人们熟知和广泛应用的领域。它研究如何使计算机系统能够"看"和"理解"图像和视频。计算机视觉的主要任务包括对象检测、图像分割、人脸识别、三维重建和视频分析等。近年来，深度学习，特别是卷积神经网络（CNN），已经推动了计算机视觉的飞速发展，使得计算机在处理图像和视频任务上的表现大幅提升。卷积神经网络通过多层卷积和池化操作，能够自动从数据中学习到有效的特征表示，从而实现高效的图像分类、对象检测和图像生成等任务。例如，通过训练的 CNN 模型可以实现车辆和行人的识别，支持自动驾驶技术的发展。此外，生成对抗网络（GAN）等深度学习模型也为图像生成和增强提供了强大的工具，如图像超分辨率、风格迁移和虚拟现实等应用。

机器听觉与语音处理，听得懂的智能。机器听觉和语音处理是另一个重要的机器感知领域。它研究如何使计算机系统能够"听"和"理解"声音和语音。机器听觉的主要任务包括语音识别、语音合成、语音情感分析和音乐分类等。近年来，深度学习，特别是循环神经网络（RNN）和变换器（Transformer）架构，已经取得了在语音识别和语音合成等任务上的显著进展。通过训练的语音识别模型，如百度的 DeepSpeech 和谷歌的 WaveNet，已经能够实现高精度的语音识别，支持语音助手和自动电话系统等应用。此外，情感分析和语音合成技术也在智能客服、虚拟助手和辅助通信等领域得到了广泛的应用。

机器触觉与感知增强，触得到的智能。机器触觉与感知增强是机器感知领域的新兴方向。它研究如何通过传感器和机器学习算法来模拟和增强机器的触觉和运动能力。机器触觉的主要任务包括物体识别、手势识别、力反馈和物体操纵等。深度学习模型，特别是卷积神经网络和循环神经网络，已经开始在机器触觉领域展现其潜力，支持机器人技术和增强现实应用的发展。例如，通过训练的深度学习模型可以实现机器人的物体识别和操纵，支持工业自动化和家庭服务机器人等场景。此外，虚拟现实和增强现实技术也利用机器触觉和感知增强技术，实现沉浸式的用户体验和交互。

随着技术的不断进步和应用场景的拓展，机器感知将向多模态融合和全感官智能方向发展。多模态融合利用不同感知模态（如视觉、听觉和触觉）的信息相互补充和增强，实现更加准确地感知和理解。全感官智能则旨在模拟和复制人类的全感官感知能力，通过集成视觉、听觉、触觉、嗅觉和味觉等多种感知方式，实现更加智能和自然的人机交互。

1.3.3 机器推理

机器推理是人工智能领域的核心组成部分，涉及如何使计算机系统能够像人类一样进行逻辑推理和决策。机器推理技术是实现人工智能高级功能的关键，它使机器能够从已有的知识中推导出新的结论，解决复杂的问题，并做出明智的决策。机器推理的基础是逻辑学，尤其是符号逻辑和命题逻辑。在这些逻辑体系中，事实、规则和结论都被形式化地表示为符号和公式，使得机器可以通过逻辑规则进行推理。命题逻辑主要处理命题和它们之间的逻辑关系，而符号逻辑则涉及更复杂的表达式和量词，支持更为丰富和灵活的推理机制。在机器推理中，主要有两种基本的推理方法：规则基础推理和基于知识的推理。规则基础推理主要依赖预定义的逻辑规则和推理机制，如 Modus Ponens、Modus Tollens 等，通过这些规则来推导新的结论。这种推理方法在专家系统和决策支持系统等应用中得到了广泛的应用，例如 Mycin 系统用于医学诊断。基于知识的推理则利用已有的知识库和数据，通过机器学习和数据挖掘技术来发现隐藏的模式和关联，从而进行推理。这种推理方法适用于大规模和复杂的知识库，例如知识图谱和语义网等。近年来，深度学习，特别是神经网络和变换器模型，已经开始在机器推理领域展现其强大的潜力，支持更复杂和高效的推理任务。

机器推理在多个应用领域都有广泛的应用，其中最为著名的是专家系统。专家系统相关的内容前面已介绍过。除了专家系统，机器推理还在自动化规划、智能搜索和自动定理证明等领域得到了广泛的应用。自动化规划研究如何使机器能够自动地生成和执行计划，解决复杂的决策和控制问题。智能搜索则研究如何通过有效的搜索策略和算法，找到问题的最优解或满足特定约束的解决方案。自动定理证明则利用机器推理技术来自动地证明或反驳数学定理和逻辑命题，如数学软件 Coq 和 Isabelle 等。

尽管机器推理在许多应用领域都取得了显著的进展，但仍然面临着许多挑战。例如，如何有效地处理不完全和不确定的信息，如何进行跨领域和跨模态的推理，以及如何实现真正的自主学习和自我适应等。

1.3.4 机器学习

机器学习（machine learning）是人工智能的一个子领域，旨在研究和开发使计算机系统能够从数据中学习和改进的算法和模型[5]。与传统的编程方法不同，机器学习不需要明确地指示计算机如何执行任务，而是通过分析数据和学习数据中的模式来自动推断和做出决策。机器学习的核心思想是让计算机系统通过算法从数据中学习，以实现任务的自动化或改进。这里的"学习"是指计算机系统能够根据输入的数据，自动地学习并提取出有用的特征和模式，然后应用这些知识来做出预测或决策。机器学习的目标通常包括分类、回归、聚类、降维和推荐等。根据学习方式和算法结构，机器学习可以分为多种类型，其中最常见的包括监督学习、无监督学习、半监督学习和强化学习。监督学习（supervised learning）算法通过使用带有标签的数据来学习输入特征与输出标签之间的关系。常见的监督学习算法包括线性回归、逻辑回归、决策树、支持向量机（SVM）和神经网络等。无监督学习（unsupervised learning）算法使用未标签的数据，目标是发现数据中的隐藏结构或模式。常见的无监督学习算法包括聚类（如 K-means 和层次聚类）、降维（如主成分分析 PCA）和关联规则学习等。半监督学习（semi-supervised learning）结合了监督学习和无监督学习的特点，旨在使用大量未标签的数据和少量标签的数据来进行学习。强化学习（reinforcement learning）是一种通过与环境的交互来学习决策策略的机器学习方法。在强化学习中，智能体通过试错的方式学习如何在给定的环境中最大化某种累积奖励。机器学习已广泛应用于各个领域和行业，比如，自然语言处理（NLP），如机器翻译、情感分析和文本生成等；计算机视觉（CV），如图像分类、目标检测和图像生成等；医疗健康，如疾病预测、医疗影像分析和个性化治疗等；金融服务，如信用评分、风险管理和高频交易等；推荐系统，如电商产品推荐、音乐和电影推荐等；自动驾驶，如智能交通系统、无人机导航和机器人导航等。总体而言，机器学习是人工智能的核心驱动力，通过使用数据和算法来模拟和改进人类的学习和决策过程。随着技术的不断进步和应用场景的拓展，机器学习将继续发挥其在推动人工智能发展和应用中的关键作用。未来，机器学习有望实现更加智能、高效和人性化的人工智能系统，为社会带来更多的创新和价值。

1.3.5　机器行为

机器行为（machine behavior）是人工智能领域的一个重要研究方向，它关注的是如何使计算机系统具有执行任务和模拟人类行为的能力[6]。与机器学习侧重于从数据中学习和改进算法不同，机器行为更侧重于设计和实现能够使机器具有自主、适应和交互的行为模式。机器行为涉及如何使计算机系统能够在特定环境中执行任务和行动，以实现预定的目标或达到期望的效果。这里的"行为"包括机器的移动、操作、决策和交互等多个方面。机器行为旨在设计和实现具有智能、自主和适应能力的机器系统，使其能够适应不同的环境、应对各种挑战，并与人类和其他机器进行有效的交互。机器行为的研究内容涵盖了多个方面，比如，机器人技术，机器行为在机器人技术中得到了广泛的应用，涉及机器人的运动控制、路径规划、感知与导航等方面；自动化系统，自动化系统利用机器行为技术实现工业生产、物流配送、智能交通等多个领域的自动化和智能化；智能交互，智能交互利用机器行为技术实现与人类用户的自然语言交流、手势识别、情感识别等交互方式；集群协同，集群协同研究如何通过机器行为技术实现多个机器或机器人的协同工作和任务分配。上述研究内容涉及一些关键技术，比如，运动控制技术，该技术用于实现机器和机器人的精确、高效和安全地运动；路径规划技术,该技术用于计算机器和机器人在复杂环境中的最优行动路径;感知与导航技术,该技术通过使用传感器和地图数据来实现机器和机器人的环境感知和自主导航;决策制定技术,该技术用于机器和机器人在面对不确定性和复杂性时,根据预定的目标和约束做出合理的决策;智能交互技术,该技术通过使用自然语言处理、机器学习和人机交互技术来实现机器和人类之间的高效、自然和友好的交互。机器行为技术在多个应用领域都有广泛的应用前景,比如,智能制造,通过机器行为技术实现智能工厂、柔性制造系统和自适应生产线等;智慧交通,通过机器行为技术实现智能交通管理、自动驾驶和智能交通系统等;智能家居,通过机器行为技术实现智能家居系统、智能助理和智能家电等;医疗健康,通过机器行为技术实现远程医疗、智能诊断和个性化治疗等;教育培训,通过机器行为技术实现个性化学习、智能教育助手和在线教育平台等。

总体而言,机器行为是人工智能领域的一个重要研究方向,通过研究和应用机器行为技术,可以实现更智能、高效和自适应的机器系统,推动人工智能技术在各个领域的广泛应用和深入发展。未来,随着技术的不断进步和应用场景的拓展,机器行为有望实现更加复杂、多样和人性化的机器行为模式,为社会带来更多的创新和价值。

1.4 本 章 小 结

在本章节中对人工智能(AI)的基本概念、研究方法和研究内容进行了全面的介绍。通过这一章的学习,读者可以对人工智能有一个清晰的认识,并了解其在现代社会中的重要性和潜力。首先,我们阐述了人工智能的定义和核心思想。人工智能旨在通过模拟人类的智能行为和思维过程,使机器能够像人一样进行感知、学习、推理和决策。这一目标的实现依赖于大量的数据、算法和计算资源的支持。接着,我们回顾了人工智能的发展历程。从早期的符号主义、连接主义、行为主义到现代的数据驱动方法,人工智能经历了多个阶段的演变。随着计算能力的提升和大数据的普及,人工智能技术在近年来取得了显著的突破,并逐渐渗透到各个领域中。此外,还探讨了人工智能的研究内容。人工智能的广泛应用将极大地提高生产效率和生活质量,但也可能带来一些挑战,如隐私保护、伦理问题和就业结构的变化等。因此,我们需要积极应对这些挑战,制定合理的政策和法规,确保人工智能的健康发展。

课后习题

1.1 简述人工智能的起源和早期发展的里程碑事件。

1.2 解释人工智能的定义,并讨论人工智能与智能的区别。

1.3 回顾人工智能发展的历史,列举并解释至少三个重要阶段(如符号主义、连接主义和深度学习)的主要特点。

1.4 解释机器感知的概念,并描述一种常见的机器感知技术(如计算机视觉或语音识别)的基本原理。

1.5 简述机器学习的定义，并区分监督学习、无监督学习和强化学习，以及给出每种学习方法的一个应用场景。

1.6 综合应用：假设你是一家智能家居公司的研发工程师，你需要设计一个能够识别人类语音命令并控制家中设备的智能系统。请简述你将如何运用人工智能的相关技术（如知识表示、机器感知、机器推理和机器学习）来实现这一系统，并讨论可能遇到的挑战和解决方案。

第2章 机器学习

2.1 机器学习概述

机器学习是计算机科学领域中的一个分支,其核心任务是构建依赖于现象示例集合的算法。这些示例可以来自自然界、人工制作或其他算法生成[6]。机器学习可被定义为使用经验来提高性能或做出准确预测的计算方法,通俗地讲,即通过收集数据集并基于该数据集构建统计模型来解决实际问题的过程。在这里,经验指的是学习者可以获得过去的信息,通常以收集和可用于分析的电子数据的形式出现。这些数据可以是数字化的人工标记训练集,或通过与环境的交互获得的其他类型的信息。在所有情况下,其质量和大小对学习者能否预测成功至关重要。学习问题的一个例子是如何使用随机选择的文档的有限样本(每个文档都标记了一个主题)来准确预测未见过文档的主题。显然,样本越大,任务越容易。但任务的难度还取决于给样本中文档分配的标签质量(因为标签可能不全是正确的)和主题数量。由于学习算法的成功取决于所使用的数据,机器学习与数据分析和统计学有着内在的联系。更一般地说,学习技术是数据驱动的方法,将计算机科学的基本概念与统计、概率和优化的思想结合起来。

以下是一些已经被广泛研究的标准机器学习任务。

1. 分类

这是为每个样本分配类别的问题。例如,文档分类包括为每个文档分配一个类别,如政治、商业、体育或天气,而图像分类包括为每个图像分配一个类别,如汽车、火车或飞机。此类任务中的类别数量通常少于几百个,但在一些困难的任务中,甚至在 OCR、文本分类或语音识别中类别数量可以无限大。

2. 回归

这是为每个样本预测真实值的问题。回归的例子包括股票价值的预测或经济变量的变化。在回归中,对错误预测的惩罚取决于真实值和预测值之间的差异大小,与分类问题相比,回归问题通常没有各种类别之间的亲近概念。

3. 聚类

这是将一组样本划分为同类子集的问题。聚类通常用于分析非常大的数据集。例如,在社交网络分析的背景下,聚类算法试图识别大群体中的自然社区。

4. 降维或流形学习

该问题包括将样本的初始表示转换为低维表示，同时保留初始表示的一些属性。一个常见的例子涉及计算机视觉任务中的数字图像预处理。

2.1.1　机器学习相关概念

将使用垃圾邮件检测的典型问题作为一个示例，来说明一些基本定义，并描述机器学习算法在实践中的应用和评估，包括它们的不同阶段。垃圾邮件检测是机器学习自动将电子邮件分类为垃圾邮件或非垃圾邮件的问题。以下是机器学习中常用的定义和术语：

样本：用于学习或评估的数据项或实例。在垃圾邮件问题中，这些样本对应于将用于学习和测试的电子邮件集合。

特征：与样本相关的属性集，通常表示为向量。在电子邮件消息的情况下，一些相关特征可能包括消息的长度、发送者的姓名、标题的各种特征、消息正文中出现的某些关键词等。

标签：分配给样本的值或类别。在分类问题中，样本被分配到特定的类别，例如，在我们的二分类问题中，共有垃圾邮件和非垃圾邮件两个类别。在回归中，样本被分配实值标签。

超参数：不是由学习算法决定的自由参数，而是作为学习算法的输入指定的。

训练样本：用于训练学习算法的样本。在垃圾邮件问题中，训练样本由一组电子邮件示例以及它们的相关标签组成，训练样本因不同的学习场景而异。

验证样本：在处理带标签数据时，用于调整学习算法参数的样本。验证样本用于为学习算法的自由参数（超参数）选择合适的值。

测试样本：用于评估学习算法性能的样本。测试样本与训练和验证数据是分开的，在学习阶段不可用。在垃圾邮件问题中，测试样本由一组电子邮件样本组成，学习算法必须根据这些样本的特征预测它们的标签。然后将这些预测与测试样本的标签进行比较，以衡量算法的性能。

损失函数：一个用于衡量预测标签和真实标签之间的差异或损失的函数。损失函数是一个映射，将真实标签集和预测标签集映射到实数集。在大多数情况下，预测标签与真实标签相同，并且损失函数是有界的。常用的损失函数有 0-1 损失（当预测标签与真实标签不同的时候，损失函数的值为 1）、平方损失（损失函数的值为预测标签与真实标签差值的平方）等。

从给定的带标签样本集开始。首先，随机将数据分成训练样本、验证样本和测试样本。这些样本的大小取决于许多不同的考虑因素。例如，保留用于验证的数据量取决于算法的超参数数量。此外，当带标签的样本相对较小时，训练数据的数量通常会大于测试数据的数量，因为学习性能直接取决于训练样本。其次，将相关特征与样本关联起来。这是机器学习解决方案设计中的关键步骤。有用的特征可以有效地指导学习算法，而差的特征可能会误导后续学习算法。有时候会把特征选择权留给用户，用于反映用户对学习任务的先验知识。通过调整超参数的值来选定特征进行训练学习。对于这些参数的每个值，算法从假设集中选择一个不同的假设，选择在验证样本上表现最佳的那个。最后，使用该假设，预测测试样本的标签。算法的性能是通过使用与任务相关的损失函数来评估的，例如，在垃圾邮件检测任务中，用 0-1 损失比较预测标签和真实标签。因此，算法的性能当然是基于其测试误差来评估的，而不是基于其在训练样本上的误差。

2.1.2 机器学习场景

不同的训练数据类型、接收训练数据的顺序和方法以及用于评估学习算法的测试数据方法决定了不同的机器学习场景，具体如下：

监督学习：学习者接收一组标记的样本作为训练数据，并对所有未见过的点进行预测。这是与分类、回归和排序问题相关的最常见场景。2.1.1 节讨论的垃圾邮件检测问题就是监督学习的一个例子。

无监督学习：学习者只接收未标记的训练数据，并对所有未见过的点进行预测。由于在这种情况下通常没有标记的示例可用，因此很难量化评估学习者的性能。聚类和降维是无监督学习的例子。

半监督学习：学习者接收一组包含标记和未标记样本的训练数据，并对所有未见过的点进行预测。半监督学习在无标签数据易于访问但标签获取成本高昂的场景中很常见。应用中出现的各种类型的问题，包括分类、回归或排序任务，都可以被归类为半监督学习的实例。希望对学习者来说，可访问的无标签数据的分布可以帮助他实现比监督环境更好的性能。对这种情况的分析是许多现代理论和应用机器学习研究的主题。

在线学习：与前述场景相比，在线学习场景是涉及多轮训练和测试阶段混合的训练。在每一轮中，学习者接收到一个未标记的训练点，做出预测，接收到真实的标签，并产生损失。在线学习设置的目标是将所有轮的累积损失最小化，与前述的设置不同，在线学习中没有做出分布假设。事实上，在这个场景中，实例和它们的标签可能是对抗性的。

强化学习：在强化学习中，训练和测试阶段也混合在一起。为了收集信息，学习者积极与环境互动，并在某些情况下影响环境，智能体与环境交互中的每个动作都会获得反馈，这个反馈表达为奖励。学习者的目标是通过一系列的行动和环境的迭代来最大化的奖励。然而，由于环境没有提供长期的奖励反馈，学习者面临着探索与利用的困境，因为学习者必须在探索未知行动以获得更多信息和利用已经收集的信息之间做出选择。

主动学习：学习器自适应地或交互地收集训练样例，通常通过查询数据库请求新的样本标签。主动学习的目标是实现与标准监督学习场景（或被动学习场景）相当的性能，但使用更少的带标签样本。主动学习通常用于标签难以获得的应用中，例如计算生物学应用。

在实践中，可能会遇到许多其他更复杂的学习场景。在本章中，仅考虑监督学习和无监督学习两种场景，对其他场景感兴趣的读者可以查阅其他相关资料。

2.2 监督学习

监督学习是机器学习的一种重要方法，其训练数据包含已知的输出结果（或标签），模型通过学习这些数据，尝试找到输入与输出之间的映射关系，从而对新的、未见过的数据进行预测或分类。在监督学习中，模型通过学习大量的带有标签的训练样本，从而掌握如何从输入数据中提取特征并预测相应的输出。标签通常是由人工标注的，代表了数据的真实类别或值。通过不断地调整模型参数以最小化预测值与真实值之间的差异（即损失函数），模型逐渐学会如何对新的数据进行准确的预测。常见的监督学习方法包括：

线性回归：用于预测一个连续值的结果。通过找到最佳拟合数据的直线（或其他线性模型），对新的输入数据进行预测。

逻辑回归：用于解决二分类问题。通过逻辑函数（如 Sigmoid 函数）将线性回归的输出转换为概率值，从而进行分类。

支持向量机（SVM）：通过寻找一个超平面来分隔不同类别的数据，实现对数据的分类。SVM 对于处理高维数据和非线性问题具有较好的性能。

决策树与随机森林：决策树通过一系列条件判断来对数据进行分类或回归；随机森林则是通过构建多个决策树并集成它们的预测结果来提高模型的性能。

神经网络与深度学习：神经网络是一种模拟人脑神经元的计算模型，通过多层神经元之间的连接和权重调整来实现复杂的特征提取和预测任务。深度学习则是神经网络的一种，具有更深的层次结构和更强的表示、学习能力。

2.2.1 线性回归

在企业中，技术人员会将商品的价格、品牌等作为输入来预测商品的销量，甚至通过上市公司的财报、行业信息等来预测公司股票价格的变化。它们的共同点是通过输入来预测输出。在机器学习中，这类业务有一个专门的名字——回归（regression）[7]。

回归是指通过大量已知数据发现输入 x 和输出 y 的内在关系，并对新的输入进行预测。发现内在关系后，就可以通过它来预测新的输入 x 所预测的输出 y'。在本节中，用 y 表示真实的输出，用 $\hat{y}$ 表示预测的输出。

在使用回归前，需要假设 y' 和 x 之间的关系类型，这种关系类型称为模型。例如，在 $y' = wx + w_0$ 中，$\hat{y}$ 和 x 呈线性关系（x 的变化按比例影响 y'），因此该模型也称为线性回归。需要注意的是，y 和 x 之间的关系未必满足我们的假设，它甚至是未知的。

1. 线性回归的基本概念

当输入为一维数据时，线性回归模型如下式所示：

$$\hat{y} = wx + w_0 \tag{2-1}$$

显然，此时线性回归在平面上对应于一条直线，这也是"线性回归"名称的由来。线性回归模型在平面上对应的直线，如图 2-1 所示。

w_0 称作偏置项。尽管它和输入并无直接关系，但它有重要的作用。如果没有 w_0，那么直线 $y' = wx$ 必须经过原点，而这极大地限制了模型的能力。

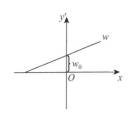

图 2-1　线性回归简单示意图

更为一般的情况是，线性回归模型往往是多输入（m 个输入）的。此时，线性回归可以由下式表示：

$$y' = w_1 x_1 + w_2 x_2 + \cdots + w_m x_m + w_0 \tag{2-2}$$

为了简化书写，上式通常可以表示成矩阵相乘的形式：

$$y' = \boldsymbol{w}^{\mathrm{T}} \boldsymbol{x} + w_0 \tag{2-3}$$

其中

$$\boldsymbol{w} = \begin{bmatrix} w_1 \\ \vdots \\ w_m \end{bmatrix}, \boldsymbol{x} = \begin{bmatrix} x_1 \\ \vdots \\ x_m \end{bmatrix} \tag{2-4}$$

有了线性回归模型 $y' = \boldsymbol{w}^{\mathrm{T}} \boldsymbol{x} + w_0$，就可以利用训练数据计算模型中的未知参数 $\boldsymbol{w} = [w_1, \cdots, w_m]^{\mathrm{T}}$ 和 w_0 了。

已知数据 $\{x_{(i)}, y_{(i)}\}_{i=1}^{N}$（训练样本）是客观事实。样本数据 $\{x_{(i)}, y_{(i)}\}$ 都是成对出现的，角标 (i) 表示第 i 个训练样本。训练样本一般是通过收集已经发生的事件数据得到的，如人工标注数据、互联网公司的日志等。

如果输入 $\boldsymbol{x}$ 可以通过运算得到 $y' = \boldsymbol{w}^{\mathrm{T}} \boldsymbol{x} + w_0$，那么 y' 和真实的 y 越接近，$\boldsymbol{w}$ 和 w_0 就越合理，也就是我们越想要的。

在求解 $\boldsymbol{w}$ 和 w_0 过程中，是否能够通过解方程的方法求解呢？在这里，我们简单讨论一下。例如，通过已知数据，可以得到如下方程组：

$$
\begin{aligned}
y'_{(1)} &= \boldsymbol{w}^{\mathrm{T}} \boldsymbol{x}_{(1)} + w_0 = w_1 x_{(1),1} + \cdots + w_m x_{(1),m} + w_0 \\
y'_{(2)} &= \boldsymbol{w}^{\mathrm{T}} \boldsymbol{x}_{(2)} + w_0 = w_1 x_{(2),1} + \cdots + w_m x_{(2),m} + w_0 \\
&\quad \cdots \\
y'_{(n)} &= \boldsymbol{w}^{\mathrm{T}} \boldsymbol{x}_{(n)} + w_0 = w_1 x_{(n),1} + \cdots + w_m x_{(n),m} + w_0
\end{aligned}
\tag{2-5}
$$

在这里，$w_0, w_1, \cdots, w_m$ 为未知数。从数学的角度看，这是一个典型的多元一次方程组。多元一次方程组的求解比较简单，可以实现求解未知数。然而，在机器学习场景中，解方程本身会遇到训练样本量通常很大（例如，互联网公司的日志数据量往往都以 GB 为单位）的问题，这意味着可能有海量的方程。这些方程之间往往存在矛盾，很难协调。而如果采用矩阵的形式求解方程，则涉及百万维的矩阵运算，这对算力、机器配置等提出了巨大的挑战，中小型公司通常无法承担。

在线性回归中，因为对应的是多元一次方程组，所以方程尚有解析解。但是，模型远不止线性回归一种，当模型非常复杂时，就很难找到有效的解析解了。

综合上述原因，在机器学习领域，很少会采用解方程的方法求解模型的未知参数。为了顺利求解模型参数 $\boldsymbol{w}$ 和 w_0，一般采用梯度下降法。

2. 损失函数和梯度下降法

在实际工程中，每个数据点都具有一定的随机干扰和自身特例，所以大量数据点很难恰巧落在一条直线上（往往散落在直线附近）。因此，无论参数 w 和 w_0 如何取值，都会产生偏离直线的误差。模型学习的目的就是找出一条合适的直线，使各个数据点上的误差之和尽可能小（理想状况为 0，但在实际应用中几乎不可能达到）。显然，误差是一个不小于 0 的数。误差可以表示为下式：

$$\text{Loss} = \frac{1}{N} \sum_{i=1}^{N} \left[y'_{(i)} - y_{(i)} \right]^2 \tag{2-6}$$

$$y'_{(i)} = wx_{(i)} + w_0 \tag{2-7}$$

式中，$y'_{(i)}$ 表示模型在 $x_{(i)}$ 预测的输出；$y_{(i)}$ 表示真实的输出。在这里选择均方误差（mean square error，MSE）函数作为损失函数，平方计算保证了误差不小于 0。需要注意的是，损失函数的类型很多，MSE 只是其中之一。

实际上 Loss 计算就是求所有数据的预测值 $y'_{(i)}$ 和真实值 $y_{(i)}$ 之间的欧氏距离（只是少了开根号的过程）的平均值。如果 w_0 不变，那么 w 和 Loss 是一一对应关系，即一个 w 值对应于唯一的 Loss 值。此时，问题变为找到一个使 Loss 最小的 w。w^* 为 w 的理想位置，即

$$
\begin{aligned}
w^* = \arg\min_w \text{Loss} &= \arg\min_w \left\{ \frac{1}{N} \sum_{i=1}^{N} \left[y'_{(i)} - y_{(i)} \right]^2 \right\} \\
&= \arg\min_w \left\{ \frac{1}{N} \sum_{i=1}^{N} \left[wx_{(i)} + w_0 - y_{(i)} \right]^2 \right\}
\end{aligned} \tag{2-8}
$$

可以证明 Loss 为凸函数，其存在唯一极小值且极小值为最小值。因此，最小值（极小值）所对应的 w 满足下式：

$$\frac{\partial \text{Loss}}{\partial w} = \frac{2}{N} \sum_{i=1}^{N} \left[wx_{(i)} + w_0 - y_{(i)} \right] x_{(i)} = 0 \tag{2-9}$$

同理，最小值（极小值）所对应的 w_0 满足下式：

$$\frac{\partial \text{Loss}}{\partial w_0} = \frac{2}{N} \sum_{i=1}^{N} \left[wx_{(i)} + w_0 - y_{(i)} \right] = 0 \tag{2-10}$$

综合式（2-9）和式（2-10）求解，可得

$$w = \frac{\sum_{i=1}^{N} y_{(i)} \left[x_{(i)} - \bar{x} \right]}{\sum_{i=1}^{N} x_{(i)}^2 - \frac{1}{N} \left[\sum_{i=1}^{N} x_{(i)} \right]^2} \tag{2-11}$$

$$w_0 = \frac{1}{N} \sum_{i=1}^{N} \left[y_{(i)} - wx_{(i)} \right] \tag{2-12}$$

其中

$$\bar{x} = \frac{1}{N} \sum_{i=1}^{N} x_{(i)} \tag{2-13}$$

如果要得到一个更小的 Loss，就需要先随机初始化 w，再让 w 朝一个特定的方向变化。w 的变化方式如下：

$$w \to w - \mu \frac{\partial \text{Loss}}{\partial w} \tag{2-14}$$

同理，w_0 的变化方式如下：

$$w_0 \to w_0 - \mu \frac{\partial \text{Loss}}{\partial w_0} \tag{2-15}$$

其中

$$\frac{\partial \text{Loss}}{\partial w_0} = \frac{1}{N} \sum_{i=1}^{N} 2 \left[w x_{(i)} + w_0 - y_{(i)} \right] \tag{2-16}$$

μ 是一个（0，1）之间的常数，用于控制 w 的变化幅度，避免因 w 变化过大而造成震荡。μ 对学习过程的具体影响在本节的结尾进行详细分析。

上述分析过程也可以推广到多维输入。

3. 训练集和测试集

在机器学习中有两个基础的术语——训练集和测试集，它们分别用于模型的训练阶段和训练后的效果评估阶段。

在处理一批数据时，一般将数据随机分成两份，训练集占 90%，测试集占 10%。从概率的角度看，训练集和测试集的数据是从同一概率分布上独立采样得到的。在使用梯度下降法时，用训练集的数据进行训练，测试集不参与训练。训练完成后，我们通常更关心模型在未观测数据上的效果，所以要使用测试集的数据进行效果评估。这样做的好处是能够检测出模型的真实效果，从而避免在训练集上拟合得非常好、Loss 降得很低，但上线后在真实环境中（大量的输入是训练集中并未出现的）数据模型的拟合效果比较差的问题。

Loss 在训练集和测试集上的差异，如图 2-2 所示。

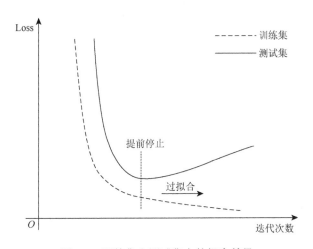

图 2-2　训练集和测试集上的损失差异

如图 2-2 所示，在训练时 Loss 的值已经降得很低了，但在真实环境中面对大量新数据时仍表现不佳，这种现象称为过拟合（overfitting），即泛化能力差。产生过拟合的一个原因是模型不仅拟合了规律，还拟合了噪声。另一个原因是真实数据的分布很广，但训练样本过少，无法覆盖全部情况。

解决过拟合问题有多种方法，最直接的方法就是增加训练样本的数量，使模型在训练阶段实现训练噪声抵消（随机变量 $\frac{1}{N}\sum_{i=1}^{N}\varepsilon_{(i)}$ 的方差趋近于 0，且 N 越大越接近 0）。这样，模型学到噪声的可能性就会大大降低。增加训练样本的数量，也能使模型在学习阶段考虑更多的情况——见多识广。还有一种方法是提前停止学习，只要使 Loss 下降到一定程度即可，无须下降到极小值，以免将噪声拟合进来。

2.2.2　逻辑回归

线性回归是指特征 x 通过模型运算得到预测值 y'。在理论上，y' 的取值范围是 $(-\infty, +\infty)$，即 y' 可以是任何值，例如销量、价格、负债等。

在回归任务中，有一类特殊场景值得注意，就是预测概率。概率可用于解决分类问题。在这类场景中，模型的输出是输入样本属于某个类别的概率。例如，输入的是用户消费习惯和商品特征等信息，输出的概率 p 表示用户是否会购买商品。再如，输入的是一幅图片，输出的概率 p 表示该图片是否包含人脸。

我们知道，概率的取值范围是 $[0, 1]$，因此，模型输出的范围要在此区间之内，在此区间以外的预测是没有实际意义的。预测概率是一个非常普遍的场景，分类问题大都属于预测概率。例如，输入一幅图片，模型能够计算出图片中包含一只猫、一条狗或二者都不是的概率，从而完成分类。

分类问题的特殊之处在于，其输出要有明确的取值范围 $[0, 1]$ 和物理含义（概率），这一点和回归任务 [值域为 $(-\infty, +\infty)$] 不尽相同。由于分类问题在人工智能场景中有丰富的应用，因此得到了专门的处理和优化。

通过前面知识，已经对线性回归有所了解。线性回归和分类任务相悖的地方在于，线性回归输出的值域为 $(-\infty, +\infty)$，而这超出了概率的取值范围 $[0, 1]$。如果对输出进行改造，对线性回归的输出进行判断。如果 $\boldsymbol{w}^{\mathrm{T}}\boldsymbol{x}+w_0 \geqslant 0$，就认为 $\boldsymbol{x}$ 属于 P 类的概率为 $y'=1$；如果 $\boldsymbol{w}^{\mathrm{T}}\boldsymbol{x}+w_0 < 0$，就认为 $\boldsymbol{x}$ 属于 P 类的概率为 $y'=0$。改造后的模型函数如下：

$$y' = \begin{cases} 1, \text{如果 } d \geqslant 0 \\ 0, \text{如果 } d < 0 \end{cases} \tag{2-17}$$

$$d = \boldsymbol{w}^{\mathrm{T}}\boldsymbol{x} + w_0 \tag{2-18}$$

函数图像如图 2-3 所示。

上述模型虽然能够满足分类的需求，但仍存在一些问题。这种曲线的缺点是判断太"硬"、太绝对、非黑即白，无法体现输入 $\boldsymbol{x}$ 与两个类别的相似程度。在很多应用场景

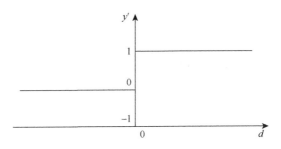

图 2-3 分类判断的示意图

中,用户都倾向于得到一个能够反映程度的值,而非简单的 1 或 0。上述模型在 $d=0$ 这一点的导数不存在,当 $d \neq 0$ 时导数为 0。现在的主流学习方法仍然是梯度下降法,当导数不存在或为 0 时,w 无法得到更新,而这会导致学习失效。

解决上述问题的方法是采用逻辑函数(logistics function),如下式所示:

$$f(d) = \frac{1}{1 + e^{-d}}$$ (2-19)

逻辑函数图形如图 2-4 所示。

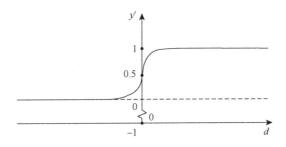

图 2-4 逻辑函数的形式

逻辑函数的导数为 $\frac{\partial f}{\partial d} = f(d)[1 - f(d)]$。与之前过"硬"的方案相比,这个函数的特点如下:①值域为 $[0, 1]$,不仅满足了概率值域的约束,也可以输出 0.75、0.6 这类相对比较"软"的概率值;②处处都有导数且都不为 0,保证了梯度下降法的可操作性。

因此,我们用逻辑函数代替条件判断,将线性回归改造成分类模型,公式如下:

$$y' = \frac{1}{1 + e^{-d}} = \frac{1}{1 + e^{-(w^{\mathrm{T}}x + w_0)}}$$ (2-20)

上述模型就是逻辑回归(logistic regression,LR),即加载逻辑函数的线性回归。在这里,d 实际上是一个线性回归,输出概率 y' 随着 d 的增大而增大且趋近于 1;反之,y' 随着 d 的减小而减小且趋近于 0。

2.2.3 决策树

在现实生活中,我们每天都会面对各种抉择,例如根据商品的特征和价格决定是否购买。不同于逻辑回归把所有因素加权求和然后通过 Sigmoid 函数转换成概率进行决策，我们会依次判断各个特征是否满足预设条件，得到最终的决策结果。例如，在购物时，会依次判断价格、品牌、口碑等是否满足要求，从而决定是否购买。决策树的流程，如图 2-5 所示。

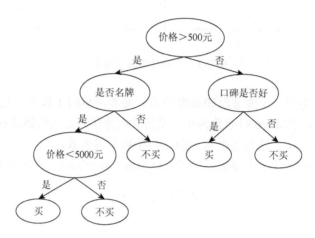

图 2-5　决策树流程图

　　一个好的决策点可以把所有数据（例如商品）分为两部分（左子树和右子树），各部分数据所对应的类别应尽可能相同（例如买或不买），即两棵子树中的数据类别应尽可能"纯"（这种决策点有较高的区分度）。和逻辑回归类似，用已知数据（例如用户的购买记录、商品信息）求解决策树的形状和每个决策点使用的划分条件，就是决策树的训练过程。

　　决策树有一些常用的构建方法，在这里我们详细讲解一下最为流行的分类与回归树（classification and regression tree，CART）[8]。CART 是一棵二叉树，它不仅能完成分类任务，还能完成数值预测类的回归任务。

　　假设在一组数据中有 P 和 N 两类样本，它们的数量分别为 n_1 个和 n_2 个。P 类样本出现的概率为

$$p(y = \text{P类}) = n_1/(n_1 + n_2) \tag{2-21}$$

N 类样本出现的概率为

$$p(y = \text{N类}) = n_2/(n_1 + n_2) \tag{2-22}$$

可以直观地发现：当数据只有一个类别 [$p(y = \text{N类}) = 1$ 或 $p(y = \text{P类}) = 1$] 时，数据最纯；当两类数据"平分秋色" [$p(y = \text{N类}) = p(y = \text{P类}) = 0.5$] 时，数据最混乱。

可以使用基尼（Gini）系数来量化数据的混乱程度。基尼系数的计算公式如下：

$$\text{Gini} = 1 - [p(y = \text{N类})]^2 - [p(y = \text{P类})]^2 \tag{2-23}$$

可见，基尼系数越小，数据就越纯。

从根节点开始，用训练集递归建立 CART 算法如下：

① 当前节点的数据集为 D。如果样本数量小于阈值，基尼系数小于阈值或没有特征，则返回决策子树，当前节点停止递归。

② 在当前节点的数据上计算各个特征的各个划分条件对划分后的数据的基尼系数。当维度过高且每维所对应的可取值比较多时（例如，价格的值为 1～10 000 的整数，将有 10 000 种划分方式，如果为浮点数，划分方式更多），可以随机选取一些特征和划分条件，不再强制要求全部遍历。

③ 在计算出来各个特征的各个特征值对数据集 D 的基尼系数后，选择基尼系数最小的特征 x_i 和对应的划分条件，通过划分条件把数据集划分成 Data1 和 Data2 两部分，同时分别建立当前节点的左节点和右节点，左节点的数据集为 Data1，右节点的数据集为 Data2。

④ 对 Data1 和 Data2 递归调用以上步骤，生成决策树。

这就是决策树的训练过程。在第①步中，判断样本数量和基尼系数是为了控制生成的决策树的深度，避免不停地递归。不停地递归会导致划分条件过细，从而造成过拟合。

决策树建立后，每个叶子节点里都有一堆数据。可以将这堆数据的类别比例作为叶子节点的输出。

决策树在复杂度上和其他模型有所不同。例如，在逻辑回归中，当特征维度不变时，模型的复杂度就确定了。但是，在决策树中，模型会根据训练数据不断分裂，决策树越深，模型就越复杂。可以看出，数据决定了决策树的复杂度，且当数据本身线性不可分时，决策树会非常深，模型会非常复杂。所以，在决策树中，需要设置终止条件，以防模型被数据带到极端复杂的情况中。在决策树中，终止条件的严格程度相当于逻辑回归中正则项的强度。

训练完成后可以得到一棵决策树，如图 2-6 所示。

在使用决策树时，用数据 x 在决策树上找到对应的叶子节点作为分类结果。例如，当 $x = \begin{bmatrix} 35 \\ 1 \\ 2 \end{bmatrix}$ 时，对应的分类结果为 $p(\text{P类}) = 0.9$，$p(\text{N类}) = 0.1$。决策树对输入 x 的预测结果常写为 $h(x)$，h 表示决策树的决策过程。

决策树理解起来比较简单，其本质就是以基尼系数来量化划分条件的分类效果，自动探寻最佳划分条件。

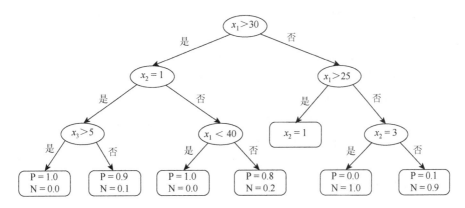

图 2-6　生成决策树示意图

2.3 无监督学习

本书前面提到的各种模型，无论是回归还是分类，在训练阶段都有一个共同的前提条件，即需要有标注的训练样本。标签数据会告诉模型，"对这条数据，输入 x 后，我想要结果 y"。模型会根据要求，使用梯度下降法或其他求解方式，不断调整自身参数，使输出 y' 尽可能接近标注 y。这类学习统称为监督学习。标注 y 就是监督信号（也称为教师信号），用于告诉模型数据 x 所对应的正确类别 y。在企业中，标签数据的来源一般是人工标注，以及收集的用户反馈信息。

不过，现实很"残忍"。在互联网时代，企业每天都会产生海量的数据，人工标注的速度不可能赶上数据产生的速度。这就意味着大部分数据缺少人工标注，无法用于有监督学习。并且有一些场景，例如图像识别、语音识别，标签数据尤其昂贵，甚至催生出一条数据产业链，诞生了不少知名公司。

面对没有标签数据可用的现状，算法工程师们只能感叹"巧妇难为无米之炊"。然而，绝望往往是滋生希望的土壤，针对大量的无标注数据，出现了一系列专门处理这类问题的模型。这些模型不需要使用标签数据（也就是说，只需要 x，不需要 y），而是利用数据自身的分布特点、相对位置来完成分类。这类模型称为无监督学习（y 可以理解成监督信号）或自组织模型。下面从常用的无监督模型 K-means 开始探讨无监督学习。

2.3.1 *K*-means 聚类

1. *K*-means 算法的基本原理

有一批无标签数据，数据点在空间中的分布，现在希望利用这些数据自身的分布特点自动进行聚类。在这里使用了一种朴素的思想，就是一个成语"物以类聚"。如果两个数据点的距离比较近，那么它们的类别就应该是一样的。同理，如果一堆数据点彼此接近，那么它们的类别也应该是一样的。于是，将这堆数据点的质心作为这个类别的代表。

下面讨论一下如何使用以上朴素的思想对数据进行自动聚类。在无监督学习中，一般可以根据过往经验设置一个类簇数 K（表示我们希望这堆数据中有多少个类簇）[9]。例如在训练数据中随机挑选 $K=3$ 个点作为各个类簇的质心，如图 2-7 所示。对剩下的数据点，分别计算它们和这 3 个类簇的质心之间的距离。在这里采用欧氏距离，每个点都将归入与它距离最近的类别，如图 2-8 所示。

对每个类别来说，一开始质心都是随机挑选的。现在，每个类别都有了一堆数据。对每一类数据的所有点求平均值，将平均值作为新的质心，会产生 $K=3$ 个新的质心，如图 2-9 所示。

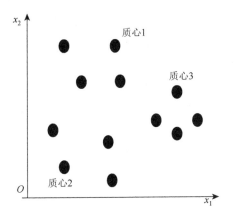

图 2-7 数据点分布

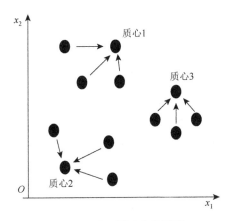

图 2-8 质心最近分类原则

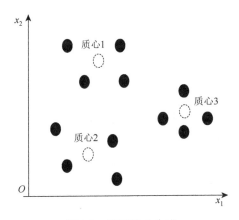

图 2-9 实际质心生成

2. *K*-means 算法过程

定义损失函数如下：

$$\text{Loss} = \sum_{i=1}^{K} \sum_{x_{(j)} \in \text{cluster}_i} \left\| x_{(j)}, \mu_i \right\|$$

（2-24）

式中，K 为类簇数；$\mu_1 \sim \mu_K$ 表示各类簇的质心；Loss 的含义是所有数据点 $x_{(j)}$ 到它所属类簇的质心 μ_i 的欧氏距离之和。模型训练过程就是寻找最优的参数 $\mu_1 \sim \mu_K$，使得 Loss 最小，而此时也能得到 $x_{(j)}$ 所属的类簇。但是，$x_{(j)} \in \text{cluster}_i$ 的出现将导致 Loss 是一个不连续函数，所以无法直接对损失函数的导数求解。可以使用 K-means 算法来学习 $\mu_1 \sim \mu_K$，步骤如下：

① 根据经验和业务特点设置类簇数 K，即在所有数据中随机选择 K 个点作为质心 $\mu_1 \sim \mu_K$。

② 对数据点进行分类，使训练数据中的每个样本都归入与其距离最近的质心所代表的类别。对于训练样本 $x_{(j)}$，其类别为 $k = \arg\min_i \|x_{(j)}, \mu_i\|$，即 $x_{(j)} \in \text{cluster}_k$。

③ 对于类别 $i(i = 1, \cdots, K)$，用第②步的分类结果重新计算质心，也就是求每个类别中样本的平均值，公式如下：

$$\mu_i = \frac{1}{N_i} \sum_{x_{(j)} \in \text{cluster}_i} x_{(j)} \tag{2-25}$$

其中，N_i 为归入 cluster_i 的样本数量。

④ 对 3 个条件[没有（或最小数目）对象被重新分配给不同的聚类；没有（或最小数目）聚类中心再发生变化；$\text{Loss} = \sum_{i=1}^{K} \sum_{x(j) \in \text{cluster}_i} \|x_{(j)}, \mu_i\|$ 足够小。]进行判断。如果其中任何一个被满足，就可以结束聚类。否则，返回第②步。

聚类完成后，训练样本中的每个数据点 $x_{(j)}$ 都将有一个明确的类别 $i(i = 1, 2, \cdots, K)$。质心 $\mu_1 \sim \mu_K$ 用于对非训练样本中的数据进行预测。一个数据点和哪个质心的距离最近，它就属于哪一类，即

$$k = \arg\min_i \|x, \mu_i\| \tag{2-26}$$

也就是 $x \in \text{cluster}_k$。

K 代表设置的类簇数，是一个通过经验设置的超参数。K 越大，分类就越精细；K 越小，分类就越粗糙。K-means 中的 means（均值）表示在以上第③步求质心时使用的平均值。

K-means 算法的结果符合丑小鸭定理——数据是否在一个类簇中并无客观标准，数据是否会聚在一起，完全取决于提取出来的特征。如果特征为蛋白质含量、口感之类，那么鱼和螃蟹就可以归为一类；如果特征为生物学特征，例如有无脊柱、腿的数量之类，那么鱼和螃蟹显然会被分配到不同的类别。因此，特征提取方法隐式地表达了分类标准。另一个值得注意的要点是，K-means 算法是以欧氏距离为基础的。当特征维度过高时，欧氏距离就会失效。因此，在使用 K-means 算法时，特征维度不宜过高。

2.3.2　PCA 算法

主成分分析（principal component analysis，PCA）算法是一种常用的数据分析方法，主要用于高维数据的降维处理。它通过将原始特征空间中的数据转换到一个新的特征空间，新特征空间中的每一维（即主成分）都是原始特征的线性组合，这些主成分能够最大限度地保留原始数据中的方差信息，同时降低数据的维度[10]。

PCA 算法的优点包括：①降低了数据的维度，使得数据更易于处理和分析；②保留了数据中的主要变化信息，即数据的最大方差方向；③是一种无监督的学习方法，不需要标签信息。

然而，PCA 算法也有一些局限性：①对数据的线性关系敏感，对于非线性关系可能无法很好地捕捉；②在降维过程中可能会丢失一些重要的信息，特别是当舍弃了一些方差较小的主成分时；③对数据的缩放和噪声敏感，因此在应用 PCA 算法之前通常需要进行数据预处理。

总的来说，PCA 算法是一种强大而灵活的数据降维工具，在机器学习、数据分析和可视化等领域有着广泛的应用。

PCA 算法的主要步骤如下：

1. 数据标准化

假设有 n 个样本，每个样本 p 维特征，则可以构成大小为 $n \times p$ 的样本矩阵 $\boldsymbol{x}$ 为

$$\boldsymbol{x} = \begin{bmatrix} x_{11} & \cdots & x_{1p} \\ \vdots & \ddots & \vdots \\ x_{n1} & \cdots & x_{np} \end{bmatrix} = (x_1, \cdots, x_p) \tag{2-27}$$

对原始数据进行标准化处理，即对每个特征进行缩放，使其均值为 0，方差为 1。这一步是为了消除不同特征之间的量纲差异。

按列计算均值 $\bar{x}_j$ 和标准差 S_j 具体如下：

$$\bar{x}_j = \frac{1}{n} \sum_{i=1}^{n} x_{ij} \tag{2-28}$$

$$S_j = \sqrt{\frac{\sum_{i=1}^{n} (x_{ij} - \bar{x}_j)^2}{n-1}} \tag{2-29}$$

之后对 $\boldsymbol{x}$ 矩阵的每个元素进行标准化后的数据 X_{ij} 如下：

$$X_{ij} = \frac{x_{ij} - \bar{x}_j}{S_j} \tag{2-30}$$

构造成矩阵形式

$$\boldsymbol{X} = \begin{bmatrix} X_{11} & \cdots & X_{1p} \\ \vdots & \ddots & \vdots \\ X_{n1} & \cdots & X_{np} \end{bmatrix} \tag{2-31}$$

2. 计算协方差矩阵

计算标准化后数据的协方差矩阵 $\boldsymbol{R}$。协方差矩阵反映了不同特征之间的相关性，具体计算如下：

$$r_{ij} = \frac{1}{n-1} \sum_{k=1}^{n} (X_{ki} - \bar{X}_i)(X_{kj} - \bar{X}_j) = \frac{1}{n-1} \sum_{k=1}^{n} X_{ki} X_{kj} \tag{2-32}$$

由 r_{ij} 组成协方差矩阵 $\boldsymbol{R}$ 如下：

$$\boldsymbol{R} = \begin{bmatrix} r_{11} & \cdots & r_{1p} \\ \vdots & \ddots & \vdots \\ r_{p1} & \cdots & r_{pp} \end{bmatrix} \tag{2-33}$$

3. 计算协方差矩阵的特征值和特征向量

对协方差矩阵进行特征值分解，得到其特征值和对应的特征向量。这些特征向量就是新的主成分方向 [matlab 中计算特征值和特征向量的函数为 eig($\boldsymbol{R}$)]。这里 $\boldsymbol{R}$ 为半正定矩阵，假设其特征值满足下列条件：

$$\lambda_1 \geqslant \lambda_2 \geqslant \cdots \geqslant \lambda_p \geqslant 0 \tag{2-34}$$

则其迹为

$$\text{tr}(\boldsymbol{R}) = \sum_{k=1}^{p} \lambda_k = p \tag{2-35}$$

特征向量为

$$\boldsymbol{a}_1 = \begin{bmatrix} a_{11} \\ \vdots \\ a_{p1} \end{bmatrix}, \quad \boldsymbol{a}_2 = \begin{bmatrix} a_{12} \\ \vdots \\ a_{p2} \end{bmatrix}, \dots, \boldsymbol{a}_p = \begin{bmatrix} a_{1p} \\ \vdots \\ a_{pp} \end{bmatrix} \tag{2-36}$$

4. 选择主成分

可以根据贡献率和累计贡献率选择主成分。其分别计算如下：

$$\text{贡献率} = \frac{\lambda_i}{\sum\limits_{k=1}^{p} \lambda_k} \quad (i = 1, 2, \cdots, p) \tag{2-37}$$

$$\text{累计贡献率} = \frac{\sum\limits_{k=1}^{i} \lambda_k}{\sum\limits_{k=1}^{p} \lambda_k} \quad (i = 1, 2, \cdots, p) \tag{2-38}$$

一般取累计贡献率超过 80% 的特征值所对应的主成分，$i = 1, 2, \cdots, m$，其中，$m \leqslant p$。

5. 转换数据到新的特征空间

最后，将原始数据投影到选定的主成分上，得到降维后的数据。

$$F_i = a_{1i} X_1 + a_{2i} X_2 + \cdots + a_{pi} X_p \tag{2-39}$$

对某个主成分而言，指标前面的系数越大，代表该指标对该主成分的影响越大。

2.4　本　章　小　结

本章对机器学习中的基本算法进行了深入剖析，涵盖了机器学习概述、监督学习和无监督学习。通过这一章的学习，我们得以一窥机器学习领域的核心技术和应用方法。首先，介绍什么是机器学习，以及机器学习的相关概念和应用场景，使用机器学习可以解决什么样的问题等。接着，详细讲解了机器学习常用算法，如线性回归、逻辑回归、决策树等。同时，我们还讲解了模型评估与优化的方法，帮助读者提高模型的泛化能力和稳定性。还强调了机器学习实践中的注意事项，如避免过拟合、处理不平衡数据以及监控模型性能等。这些实践经验对于确保机器学习项目的成功至关重要。此外，对无监督学习，介绍了经典的 K-means 聚类，以及 PCA 算法。

综上所述，本章全面梳理了机器学习基本算法的相关知识和技术，为读者提供了一个完整的机器学习入门框架。通过学习本章内容，读者可以掌握机器学习的基础知识和应用方法，为后续深入学习和实践机器学习打下坚实基础。

课后习题

2.1 给定一组包含房屋面积和价格的数据集，使用线性回归模型来预测房屋价格。解释你如何确定模型是否过拟合或欠拟合，并给出可能的解决方案。

2.2 假设你有一个包含学生 GPA、考试分数和是否通过课程的数据集。使用逻辑回归来预测学生是否可能通过课程。解释为什么逻辑回归适用于此问题。

2.3 给定一组二维数据点，使用 K-means 算法进行聚类，其中 $K = 3$。解释初始质心选择如何影响最终的聚类结果，并讨论如何确定最佳的 K 值。

2.4 讨论 K-means 算法对异常值或噪声数据的敏感性，并给出一种可能的解决方案来减轻这种影响。

2.5 给定一个高维数据集，使用 PCA 将其降至二维。解释如何选择主成分的数量，并说明 PCA 在降维中的作用。

2.6 给定一个包含多种类型特征的数据集（如数值型、分类型和文本型），解释如何预处理这些数据以使其适用于线性回归或逻辑回归模型。

2.7 讨论 K-means 和 PCA 在无监督学习中的应用场景，并给出一个实际案例，说明你可能如何使用这两种技术来解决一个实际问题。例如，你可以讨论如何使用 K-means 对客户进行聚类，或如何使用 PCA 来可视化高维数据集中的模式。

2.8 通过本章的学习，你掌握最好的知识点是什么？为什么？

第3章 深度学习

深度学习是当今人工智能领域的关键技术之一,使计算机能够自动学习和理解复杂的数据模式,进而完成分类、预测、决策等任务。深度学习在图像识别、语音处理、自然语言理解和智能机器人等重要领域取得了显著成果,极大地推动了人工智能技术的发展和应用。本章将全面介绍深度学习的发展历程与核心理论、多样化网络结构与开源框架以及在计算机视觉和自然语言处理等重要领域的应用,探索深度学习在解决复杂问题中的关键作用。

3.1 深度学习概述

人工智能(AI)技术的快速发展引起了国内外许多专家、学者的广泛关注,它正在以前所未有的速度改变着我们的生活方式和工作方式。在人工智能与各产业深度融合的过程中,深度学习(deep learning,DL)正逐渐成为时代和研究热潮的主角。

3.1.1 深度学习的发展历程

深度学习的发展历程可以概括为图 3-1 中的几个关键时间节点,这些发展里程碑推动着深度学习从一个理论研究领域成长为推动人工智能革命的关键技术。

① 神经网络的初步概念:1943 年,心理学家沃伦·麦卡洛克(Warren McCulloch)和数学家沃尔特·皮茨(Walter Pitts)提出了神经网络的初步概念,为后续的深度学习奠定了基础;

② 感知器与浅层神经网络的发展:20 世纪 50~60 年代,感知器作为神经网络的早期形式被提出,并在简单的模式识别任务中得到有效应用,随着多层感知器的引入,浅层神经网络在解决复杂非线性问题上的能力得到了显著提升;

③ 反向传播算法:1986 年,鲁梅尔哈特(Rumelhart)、欣顿(Hinton)和威廉姆斯(Williams)提出了反向传播算法,这一算法使得多层神经网络的训练成为可能;

④ 卷积神经网络:1989 年,杨立昆(Yann LeCun)等人提出了卷积神经网络,具有局部感受野和权值共享的特点,适用于图像等高维数据的处理;

⑤ 长短期记忆网络:循环神经网络适用于处理序列数据,而 1997 年瑞士人工智能实验室研发主任于尔根·施密德胡伯(Jürgen Schmidhuber)提出一种长短期记忆网络,进一步解决了循环神经网络中梯度消失等问题,加强神经网络在处理长序列数据时的性能;

⑥ 深度信念网络:2006 年,多伦多大学教授杰弗里·欣顿(Geoffrey Hinton)和他的学生提出了深度信念网络(deep belief network,DBN),开启了深度学习的新纪元;

⑦ 生成对抗网络:2014 年,古德费洛(Goodfellow)等人提出了生成对抗网络,这

是一种基于对抗训练的生成模型，能在图像生成、文本生成等领域表现出强大的能力；

⑧ Transformer 模型：2017 年，瓦斯瓦尼（Vaswani）等人提出了完全基于自注意力机制的 Transformer 模型，对自然语言处理领域产生了重大影响。

图 3-1　深度学习的发展历程

2018 年以后，BERT、GPT 等大型预训练模型成为自然语言处理领域的主流方法，为深度学习在各种应用领域带来了新的可能性。随着研究的深入，深度学习应用框架从学术界走向产业界，谷歌、Facebook 等科技巨头研发并开源了多个深度学习框架，推动了深度学习技术的快速迭代。我国在深度学习框架的研究领域也取得显著进展，如百度的飞桨（PaddlePaddle）框架在国内市场占据了重要地位，推动了深度学习技术的本土化和产业化。

3.1.2　深度学习与传统机器学习的对比

机器学习和深度学习已成为目前人工智能领域的研究热点，但初学者难以分辨它们之间的联系，外行人更是雾里看花。因此在研究深度学习理论之前，先从概念上正本清源。如图 3-2 所示，机器学习和深度学习是人工智能领域中的两个密切相关并有所区别的分支，同时深度学习也是机器学习的一个子集。

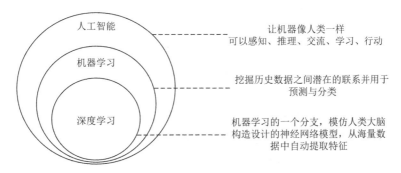

图 3-2　机器学习和深度学习的关系

特征提取与数据表示：特征提取是人工智能技术的一个重要环节，传统机器学习需要领域专家的知识与经验来选择并提取样本数据中最相关的特征。与手动特征提取的机器学习方法相比，深度学习通过其自动化的特征学习过程从原始数据中学习到高级抽象特征，无须人工干预。因此，深度学习在处理大规模、高维度和非结构化数据时表现得更加出色。

训练速度与资源需求：传统机器学习算法通常具有较简单的模型结构，其训练速度相对较快，大部分机器学习任务训练所需的计算资源也相对较少。而深度学习方法中复杂的神经网络架构和庞大的参数量使其在模型训练时通常需要更长的时间和更多的计算资源，依靠图形处理器（GPU）来加速计算。训练深度学习模型可能需要花费数小时甚至数天的时间，具体取决于数据集的大小、模型的复杂度以及可用计算资源的配置。

对数据量和问题复杂度的适应能力：传统的机器学习方法在数据量相对较少或问题相对简单的情况下表现良好，通常适用于特征工程较为成熟且领域知识相对完备的情况。深度学习在处理大规模、高维度数据和复杂问题时表现出色，得益于其强大的特征学习和数据表示能力，能够发掘更多的信息和模式。

可解释性与可靠性：由于传统机器学习算法模型结构相对简单和透明，分析人员能够理解模型的决策过程，并对运行结果进行验证与调整。深度学习模型常被视为黑盒，难以解释深度学习如何使用数据进行具体训练，这给模型的可靠性和可信度带来了挑战。

通过表 3-1 比较传统机器学习与深度学习，可以看到它们各自的优势和局限性。传统机器学习适用于许多轻量级的数据分析和回归预测任务，而深度学习则在处理大规模、高维度和非结构化数据方面表现出色。因此在选择合适的计算方法时，需要根据实际问题的需求和可用计算资源进行综合考虑，为检验所提出的学习模型在生产环境的表现提供科学依据。

表 3-1　传统机器学习与深度学习对比

	传统机器学习	深度学习
特征提取与数据表示	需要手动挖掘特征，依赖领域专家的知识和经验	自动学习并提取数据中的特征，无须人工干预
训练速度与资源需求	参数量较小，训练速度快	超参数较多且难以设置，模型训练速度慢
对数据量和问题复杂度的适应能力	适用于处理一些小样本或数据量较少的简单问题	具有处理大规模、高维度数据和解决非线性复杂问题的能力
可解释性与可靠性	算法模型结构透明，决策规则简单并易于理解	缺乏对预测结果背后底层机制的推理，模型可信度不足

3.2　深度学习基础理论

深度学习的核心在于通过构建神经网络模型来自动学习数据中的高级特征与模式，以实现对大规模数据的高效分析和处理。为了使读者对深度学习有更直观的理解，在本节中我们将提供一个全面理解深度学习的基础理论框架，为后续继续学习各种深度学习模型的网络架构以及应用前景打下坚实基础。

3.2.1　人脑神经系统与人工神经网络

人脑神经系统是一个非常复杂的组织，是由约 860 亿个神经元和 100 万亿个突触组成的巨大复杂网络，负责处理我们的运动、感觉、语言、思维、感情以及记忆等各种功能。其中，神经元（neuron），也叫神经细胞（nerve cell），是携带和传输信息的细胞，是人脑神经系统中最基本的单元。人类大脑的功能协同主要靠神经元的连接，神经元之间依靠突触进行信息传输和处理电化学信号，其连接强度（突触权重）是可变的，这种可塑性是学习与记忆的神经生物学基础，具体结构如图 3-3 所示。

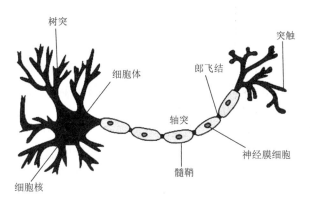

图 3-3 神经元结构

在生物神经元中，突触是信息输入和输出的接口。细胞体相当于一个微型处理器，对输入信号进行加工处理，并在一定条件下输出触发信号。该输出信号沿着通道（树突、轴突等）进行传输，通过突触向下一个神经元传递。人工神经网络（artificial neural network，ANN）正是借鉴了上述神经系统功能原理的一种智能数据计算模型，构建由大量简单的处理单元（神经元）组合级联而成的多层网络以模拟人脑神经元之间的连接关系，并基于连接权重和激活函数来实现信息的处理和传递，完成人脑自主学习与处理信息方式的重现。ANN 常用于对输入与输出之间的潜在复杂映射关系进行建模，可实现自我学习，有助于对呈非线性规律的数据实现较好的分析与预测。

神经网络由三层神经元组成，分别是输入层、隐藏层和输出层。如图 3-4 所示，信息从数据源输入到输入层，再经过中间多个隐藏层逐层传输，最后由输出层单元进行输出。

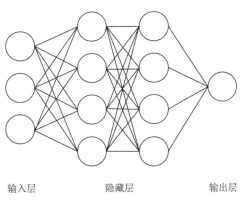

图 3-4 人工神经网络

　　输入层：由人工神经元的集合组成，将信息从初始神经元层传输到系统进行处理。在神经网络中，每个神经元的输入是由其连接权重和对应的数据特征决定的。

　　隐藏层：负责接收上一层所有节点的输入，并从数据中学习特征和模式，进行复杂的计算与变换后传递到下一层。

　　输出层：产生网络的最终输出，其节点数量和类型取决于当前网络的目标任务。

3.2.2　激活函数的类型与特性

　　激活函数引入非线性因素表征输入输出之间的复杂关系，以提高神经网络表达能力，还能起到改善梯度消失或梯度爆炸，有效控制输出范围的作用，从而使模型能够学习到更加深层的特征表示并提高自身泛化能力。

　　激活函数主要分为以下两类：一类是线性激活函数，常见的线性激活函数包括阶跃函数和线性函数（如 ReLU 的线性部分），其特点是神经元的输入和输出在一定区间内满足线性关系，不改变原数据分布的特征；另一类是非线性激活函数，一般具有连续可导、单调性、非饱和性等特点，捕捉多个输入变量之间的非线性关系。其中较常用的非线性激活函数有 Softmax、Sigmoid、Tanh、ReLU 和 Leaky ReLU 等，如表 3-2 所示，它们具有不同的应用场景及非线性拟合能力，为设计神经网络的多样性与灵活性提供了基础。

表 3-2　常用激活函数

激活函数	公式	作用	函数图	适用场景
线性函数（线性）	$f(x) = ax$（a 为斜率）	对数据分布特性进行线性拟合，使神经网络学习到输入与输出之间的线性关系	$f(x) = ax\ (a = 2)$ 函数图	线性可分问题、提取线性特征、避免梯度消失
Softmax 函数（非线性）	$f(y\|x) = \dfrac{e^{x_i}}{\sum\limits_i e^{x_i}}$	将输出映射为概率分布，其中每个元素表示输入数据属于某一类别的概率	Softmax 函数图	作为多分类任务输出层
Sigmoid 函数（非线性）	$f(z) = \dfrac{1}{(1 + e^{-z})}$	Sigmoid 函数将输入变换到 (0, 1) 区间内，实现数值到概率转换	Sigmoid 函数图	作为二分类任务的输出层或者模型隐藏层
Tanh 函数（非线性）	$f(x) = \dfrac{2}{(1 + e^{-2x})}$	类似于 Sigmoid 函数，但 Tanh 函数将输入转换到 (−1, 1) 区间内，缓解了 Sigmoid 函数的梯度消失问题	Tanh 函数图	一般用于特征比较明显的场景，添加到输出层或者隐藏层

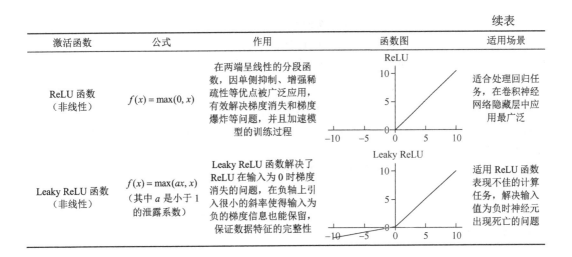

续表

激活函数	公式	作用	函数图	适用场景
ReLU 函数 (非线性)	$f(x) = \max(0, x)$	在两端呈线性的分段函数，因单侧抑制、增强稀疏性等优点被广泛应用，有效解决梯度消失和梯度爆炸等问题，并且加速模型的训练过程	ReLU	适合处理回归任务，在卷积神经网络隐藏层中应用最广泛
Leaky ReLU 函数 (非线性)	$f(x) = \max(ax, x)$ (其中 a 是小于 1 的泄露系数)	Leaky ReLU 函数解决了 ReLU 在输入为 0 时梯度消失的问题，在负轴上引入很小的斜率使得输入为负的梯度信息也能保留，保证数据特征的完整性	Leaky ReLU	适用 ReLU 函数表现不佳的计算任务，解决输入值为负神经元出现死亡的问题

考虑到单调性、计算复杂度以及收敛速度等潜在问题，需要在处理具体任务时选择高性能的神经网络激活函数，才可显著提高网络学习效率，并加快网络收敛速度。首先，根据任务类型判断，对于分类任务，常用激活函数如 Softmax、Sigmoid、ReLU 和 Tanh；而对于回归任务，则一般使用线性激活函数。其次，神经网络的深度也是需要考虑的因素。ReLU 及其变体 Leaky ReLU 在构建深层神经网络的时候能够获得更好的拟合精度和收敛速度，从而提升网络泛化能力。而在浅层的网络模型中，可以选择 Sigmoid 或 Tanh。除了上述要点外，还要考虑所处理数据的范围。若输入数据的范围较大，ReLU 可以不要求对输入进行标准化处理来防止饱和现象，有效缓解梯度消失和梯度爆炸的问题。如果要求将输出范围控制在（0，1）的区间内，Sigmoid 是较好的选择。

总的来说，激活函数的选择依赖于具体的任务需求、网络结构、数据特性以及实验效果验证，并根据网络的性能进行权衡调整，以达到最佳的优化效果。

3.2.3　前向传播与反向传播

以一个简单的全连接神经网络为例，来分别说明前向传播和反向传播的过程。如图 3-5 所示，这个网络包含一个输入层、一个隐藏层和一个输出层。假设输入数据为一个特征向量 $x = [x_1, x_2, x_3]$，并且已知其真实标签为 y。在本场景中，我们可以采用 Sigmoid 函数作

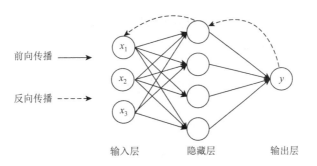

图 3-5　前向传播和反向传播示意图

为激活函数。Sigmoid 函数将输入数据映射到（0，1）区间，输出一个介于 0 到 1 之间的概率值，该值被解释为输入样本属于某类的可能性。因此，训练该神经网络的目标为当输入特征向量 x 时，使得输出的概率分布尽可能接近真实样本标签 y，完成最终的分类任务。

前向传播（forward propagation）是指从输入层到输出层的信息传递过程，用于生成模型的预测或推理结果，最终对比预测结果和真实结果之间的差异计算损失值。在这一过程中，输入数据与初始权重经过隐含层中若干个权重系数矩阵和偏置向量进行逐层计算，其详细步骤如下：

输入数据传播：将输入数据通过输入层传播到隐藏层；

加权与激活：在隐藏层中，每个神经元接收来自输入层的数据，将输入数据与该层的权重矩阵相乘再加上偏置项，并将其加权和通过激活函数进行转换，以引入非线性而得到隐藏层神经元的输出；

计算输出与损失值：输出层对隐藏层结果进行加权求和与激活函数处理输出最终的预测结果。

反向传播（back propagation）是神经网络中用于训练权重的一个优化算法，主要包括误差反向传播和梯度更新两个关键环节。反向传播在前向传播的基础上计算损失函数关于每个权重参数的梯度，更新其权重和偏置来最小化网络输出与真实标签目标值之间的差异，从而完成神经网络自主学习与数据建模的过程。其具体步骤如下：

计算输出层的误差：利用损失函数计算输出层的预测结果与真实标签之间的误差值；

误差反向传播：从输出层开始，基于导数链式法则从后向前逐层求解损失函数对各参数的梯度，每一层的梯度是根据当前层的权重参数与后一层的梯度计算得到的；

模型权重更新：使用梯度下降法或其他优化算法更新权重和偏置参数。

不断反复进行上述前向传播与反向传播的计算过程，神经网络会逐渐学习并调整其权重和偏置参数，实现在给定输入时能够产生更接近原数据真实标签的输出值，训练出一个最优的神经网络模型。

3.2.4　深度学习优化策略

深度学习模型包含大量需要在训练前人为设定的超参数，并且在训练过程中不会被模型本身更新，而不同的超参数设置会对训练结果产生较大的影响。深度学习优化策略的目标就是寻找各类超参数的最佳值（简称调参），控制模型在每一轮迭代中都能朝着减少预测误差的最优方向更新，以优化模型的性能和泛化能力。表 3-3 展示了在构建和训练深度学习模型时常用的关键超参数。

表 3-3　常用的深度学习模型超参数

超参数	含义
学习率（learning rate）	模型在迭代训练过程中更新的步长。学习率设置太高容易导致模型无法收敛，太低则使训练过程缓慢
批量大小（batch size）	指一次训练过程中用于计算损失和更新参数的数据量。设置太大会导致内存不足，太小会影响模型更新的稳定性

超参数	含义
隐藏层神经元（hidden layer neurons）	决定了模型的学习能力与计算复杂度，需要设计好一个能产生良好性能同时不过于复杂的神经网络结构
正则化参数（regularization parameter）	如 L1 或 L2 正则化参数，通过调整惩罚权重值来促进模型泛化能力的提高
迭代轮次（Epochs）	模型在整个数据集上训练的轮次。过多的迭代轮次可能导致模型过拟合，而过少则可能导致欠拟合
dropout 比率（dropout rate）	用于在训练过程中随机丢弃一部分神经元的输出，用于防止模型过拟合
优化器（optimizer）	作为更新神经网络参数的工具，配置了 SGD、RMSprop 和 Adam 等常见梯度下降优化算法

超参数优化在深度学习中是至关重要的，选择合适的超参数可以显著提升模型的性能、训练速度以及泛化能力。一般来说，超参数优化主要为以下几步：①选择合适的深度学习算法：根据问题的性质选择合适的神经网络结构，如卷积神经网络适用于图像识别，循环神经网络适用于序列数据等；②设置初始参数：为各种超参数设置初始值，通常是根据经验设定的；③模型训练：在训练数据集对深度学习模型进行训练，监控并记录训练过程中的性能指标，如损失函数值和准确率；④评估与选择：通过在验证集上评估模型性能，比较不同超参数设置下的模型效果，选择性能最好的模型以及对应的参数值；⑤局部超参数调优：根据初步的评估结果，对某些超参数进行进一步的细化调整，这通常涉及手动调整或自动调参工具；⑥迭代优化：重复评估和调优的过程，直到找到满足预定目标的超参数组合。

在实际应用中，单纯使用人工探索最优超参数会耗费大量时间成本和计算资源，容易出现复杂度呈指数增长的现象，使训练成本变高。为了提高效率，研究者们设计了多种自动化调参方法，旨在利用算法提高超参数最优解的自动搜索效率。尽管自动调参可以显著减少人工调参所需的时间并提高模型性能，但其本身也存在部分局限性，例如超参数的复杂搜索空间可能导致算法变得更加耗时，自动调参算法也可能需要大量的先验知识与经验来设计。

3.3 深度神经网络架构

本节主要介绍深度学习中各种深度神经网络架构，包括前馈神经网络、卷积神经网络、循环神经网络、深度生成网络、注意力机制网络和图神经网络。通过学习理解并掌握深度神经网络架构，能够选择合适的模型来解决实际问题，进一步优化模型的性能。

3.3.1 前馈神经网络

前馈神经网络（feedforward neural network，FNN），也叫多层感知器（multilayer

perceptron，MLP），是一类结构简单、应用广泛的人工神经网络。其核心特征是信息传播方式是单向的，即数据特征从输入层经过一个或多个隐藏层传递至输出层，而不形成任何循环或回路。

前馈神经网络由多个层组成，通常包括输入层、隐藏层和输出层。每层包含多个神经元，且每个神经元（除输入层外）都与前一层的所有节点相连，而不与同一层的其他神经元相连，这种层次化的结构使网络能有效地从输入数据中提取特征并进行分类或预测。

在图 3-6 的前馈神经网络结构中，输入神经元与输出神经元个数分别设置为 4 个和 3 个，中间隐藏层包含了 5 个隐藏单元（hidden unit）。由于输入层不涉及计算，该前馈神经网络为 2 层。图 3-6 中隐藏层神经元与输入层神经元完全连接，输出层神经元和隐藏层神经元也是完全连接，此时这两层都表示为全连接层（fully connected layer）。

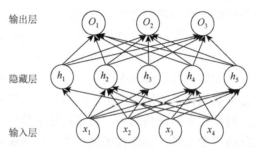

图 3-6　前馈神经网络结构

全连接层，又称为密集层（dense layer），是神经网络中最基本的层之一，其核心特点是网络中的每一层神经元与前一层的所有神经元都有连接。在全连接层中，输入层的每个节点都会对下一层的每个节点有贡献，通过加权求和再加上偏置项，最后引入一个非线性激活函数来提高模型的非线性处理能力。这种设计使全连接层具有较强的特征学习能力，能有效地从输入数据中提取特征并进行复杂的映射，适用于处理任意非线性关系的静态分析任务。

3.3.2　卷积神经网络

卷积神经网络（convolutional neural network，CNN）采用卷积核和其他技术（如 dropout 和池化）来构造网络层，其网络结构主要拥有局部感受野、权值共享以及池化层三个关键特点，能对高维稀疏数据进行有效特征提取，减少了权重数量并大幅提高训练效率，目前已成为计算机视觉领域中最常用的基础网络架构之一。

局部感受野（local receptive field），即每个神经元只需要关注输入数据的某个局部区域，以减少每个神经元所处理的数据量，最后在更高层网络中连接聚合所有局部特征以学习全局信息。这样 CNN 能更加专注于识别样本数据的细节和纹理信息，如边缘、角点、纹理与形状等局部特性信息。权值共享（weight sharing）意味着不同神经元之间的参数可以共享，减少需要训练的参数数量和网络计算复杂度，进一步加快模型学习速率。池化层（pooling layer）在保持重要信息的前提下通过减少数据特征的空间维度来减少参数数量以及计算量，使其增强对输入特征尺度的适应点，从而提高卷积神经网络的鲁棒性，实现更加全面的特征信息提取。以上三种重要特性的结合使卷积神经网络解决了传统神经网络参数多、占用内存大以及训练难度高等问题，有助于提高模型的训练效率以及识别精确度。

CNN 主要由输入层、卷积层、池化层、全连接层以及输出层组成。卷积层是 CNN 的核心计算单元，使用一组可学习的特征过滤器（卷积核）在输入图像上滑动，计算卷积核与图像不同区域信息的点积来提取局部特征，并通过参数共享操作实现了平移不变性使其具有较强的模型泛化能力。卷积层 l 中第 j 个神经元的输出值 a_j^l 的计算过程如式（3-1）所示。

$$a_j^l = f\left(b_j^l + \sum_{i \in M_j^l} a_j^{l-1} \times K_{ij}^l \right) \tag{3-1}$$

式中，M_j^l 代表输入数据的特征集合；b_j^l 为偏置项；K 表示可学习的卷积核；函数 f 为所使用的激活函数。

图 3-7 为二维卷积的计算示例，把形状为 $m \times n$ 的卷积核 K 看作一个滑动窗口，以设定的步长在输入图像上滑动。图中输入图像的维度是 4×4；卷积核大小为 2×2；步长为 1。根据计算公式（3-2）可知，图 3-7 中灰色部分区域信息经过卷积运算输出的映射特征值 $O(0, 0)$ 为 2。

$$O(i, j) = (I \times K)(i, j) = \sum_m \sum_n [I(i-m, j-n) \times K(m, n)] \tag{3-2}$$

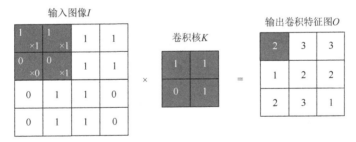

图 3-7 二维卷积的计算过程

池化层又称为下采样层，一般位于卷积神经网络中两个卷积层之间，其本质是用局部数据的总体特征代替该位置的输出来缩减模型的大小，同时保留卷积层的大部分重要特征，有助于提高计算速度和所提取特征的鲁棒性。同时池化层通过降低特征层的空间分辨率获取卷积层中具有空间不变性的特征参数，对卷积层提取后的特征参数进行二次提取，从而提高模型的泛化能力。常见的池化操作有几种类型，如最大池化（取局部区域内最大值）、平均池化（取局部区域信息的平均值）和其他形式的统计池化等。池化层 l 的输出值 a_j^l 的具体计算过程如式（3-3）所示。

$$a_j^l = f\left[b_j^l + \beta_j^l \mathrm{down}\left(a_j^{l-1}, M^l\right) \right] \qquad (3\text{-}3)$$

式中，down() 表示池化函数，而常用的池化函数有平均池化（average pooling）和最大池化（max pooling）；β_j^l 为乘数残差；M^l 表示第 l 层所采用的池化框大小为 $M^l \times M^l$。平均池化和最大池化都属于非重叠池化，即不同池化窗口之间没有重叠部分，只有当池化滑动的步长小于池化窗口大小时才会出现重叠池化。最大池化计算选取输入图像中大小为 $M^l \times M^l$ 的非重叠滑动框内所有像素的最大值，最终输出的特征图在尺寸上缩小了 M^l 倍。如图 3-8 所示，池化操作实现下采样缩小数据维度，以获取更大的感受野，在一定程度上防止模型过拟合。

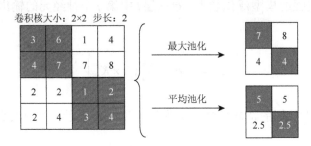

图 3-8　最大池化和平均池化的计算过程对比

著名的卷积神经网络架构主要有 AlexNet、VGGNet、GoogLeNet、Inception V3 和 ResNet 等，都是研究者呕心沥血所设计出来的优秀网络架构。这里以 AlexNet 为例，简单分析一下 CNN 的具体结构。如图 3-9 所示，AlexNet 的结构相对简单，主要由 5 个卷积层、3 个最大池化、2 个全连接隐藏层和 1 个全连接输出层构成，能快速提取输入图像的特征信息。

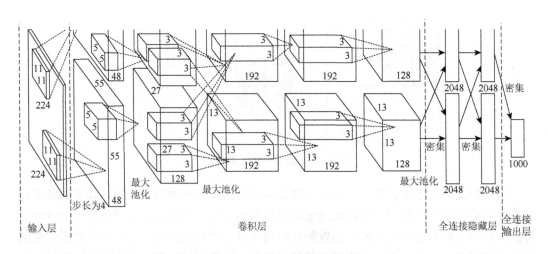

图 3-9　AlexNet 网络架构

卷积层（convolution layer）：由图 3-9 可知从第一个卷积层开始之后的每一层都被分为两个相同的结构进行计算，这是因为 AlexNet 将权重计算平均分配到两块 GPU 显卡上进行。随着卷积层数的增加，相应卷积层的感受野在不断增大，靠前的卷积层学习的是如边缘、颜色、角点等底层特征，最后的卷积层则学习抽象的图像特征；

池化层：采用最大池化除去冗余信息，降低特征维度，加速运算以防止出现过拟合现象；

密集层：也称为全连接隐藏层，将卷积层和池化层提取的特征展开为一维向量并拼接在一起，最后经过 Softmax 激活函数完成数据类别的预测输出。

3.3.3 循环神经网络

循环神经网络（recurrent neural network，RNN）与传统神经网络的根本区别在于，RNN 使用了隐藏层参数共享的方式对上一个时间步的关键信息进行记忆并应用到当前时刻的神经元输出计算中，同时允许信息在网络中循环传递，从而在理论上能够处理任意长度的序列数据。

RNN 的基本结构与传统神经网络一致，如图 3-10 所示。左半图为 RNN 中的循环神经元，是一种基于自连接的循环结构。其中，x、h 和 y 分别表示为输入层、隐藏层和输出层的值，U 和 V 分别代表输入层到隐藏层和隐藏层到输出层的权重矩阵，W 代表隐藏层上一个时间步的值作为当前时刻输入的权重矩阵。而右边部分为将一个单独的循环神经元按照时间序列展开得到的在时间步 t 上的序列结构，每个神经元的输入为当前时刻的信息 x_t 和上一个时刻隐藏层的输出信息 h_{t-1}，从而在处理序列数据时保持相互依赖关系。由于第一个时间步前没有循环神经元，故将 h_0 设为 0。RNN 在各个节点通过共享可学习的权重矩阵 U、W、V 进行网络参数更新，与传统神经网络相比大大降低了参数总量，降低了计算复杂度。

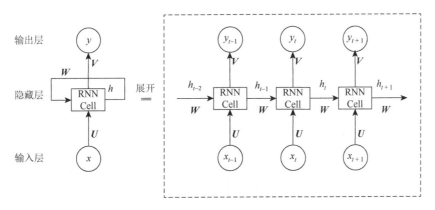

图 3-10 RNN 结构示意图

然而，标准的 RNN 在长序列训练时可能会存在的梯度消失和梯度爆炸问题，难以学习序列数据中长距离依赖关系。为了解决这个问题，研究者们提出几种 RNN 的重要变体，如长短期记忆（long short-term memory，LSTM）网络和门控循环单元（gated recurrent unit，GRU）网络，引入门控机制对长序列问题进行建模并控制神经网络中信息的传递。LSTM

网络增加了输入门、遗忘门和输出门等三个门控单元,顾名思义输入门是用于读取数据,遗忘门的作用是筛选和传递信息,输出门输出预测结果。GRU 网络则是 LSTM 网络的简化,仅包含更新门和重置门两个关键组件——不需要加入额外的记忆单元,利用重置门来遗忘非重要隐藏状态,利用更新门关注更新隐藏状态。上述三种不同网络的详细对比如表 3-4 所示。

表 3-4　RNN、LSTM 网络和 GRU 网络对比

网络	结构特点	优点	缺点	使用场景
RNN	具有循环结构,允许深度神经网络具有"记忆"功能	简单且易于理解,适合处理序列数据	存在梯度消失和梯度爆炸问题,难以学习长距离依赖	适用于简单序列数据的处理任务,如时间序列分析
LSTM 网络	引入三个门控单元和两个状态(隐藏状态和细胞状态)来控制信息的流动	解决了 RNN 的梯度消失或爆炸问题,能够捕捉长距离依赖	模型结构复杂、参数量多,训练过程相对较慢,计算成本高	处理复杂长期依赖关系的序列预测任务,如机器翻译、语音识别、文本生成
GRU 网络	相比于 LSTM 采用了两个门的简化结构,并将隐藏状态和细胞状态合二为一	参数更少,在某些特定任务上的性能与 LSTM 相当或更好	只能单向提取时序特征,在处理序列数据时缺乏全局上下文信息	需要快速训练且对捕捉长期依赖关系要求不是特别高的任务,如文本分类、情感分析

3.3.4　深度生成网络

深度生成网络(deep generative network,DGN),作为深度学习领域的一个重要分支,其核心在于通过训练从大量数据样本中学习先验知识,构建神经网络模型拟合复杂数据的潜在分布,实现对数据样本高维特征的分析与建模。深度生成网络不仅能理解输入数据特性,还能生成与原数据具有相似统计特性的新样本,以解决训练集样本不平衡的问题,极大地扩展了深度学习的应用范围。

深度生成网络的基本结构通常包含生成器(generator)、判别器(discriminator)、潜在空间(latent space)、编码器(encoder)和解码器(decoder)几个关键要素。生成器的目标是创建与真实样本分布相似的数据,通过接收随机噪声作为输入,并通过一系列层(如卷积层、批量归一化层和激活层等)转换成具有特定维度的输出。判别器只应用于生成对抗网络(generative adversarial network,GAN),能提取特征并判别输入数据是否为真实的样本数据,区分真实样本与生成器生成的虚假样本。潜在空间是指抽象的低维表示空间,表征原始高维向量中最有价值的特征信息,增强了特征学习的非线性表达能力。编码器把高维输入编码为低维的隐变量,学习原始数据的潜在特征。解码器的作用是将编码器生成的特征向量还原为原始的维度。

如图 3-11 所示,深度生成网络模型的数据生成过程通常从一个潜在空间向量 Z 开始,可以由随机数生成器构造的噪声向量 Z 或者通过相关网络[如变分自编码器的编码器或者流模型的正向流(forward flow)]逐步将原始高维数据 X 映射为潜在空间的特征表示 Z,并输入到生成对抗网络[如 GAN 的生成器、变分自编码器(VAE)的解码器或者流

模型的逆向流（inverse flow）] 转换成与真实数据分布相似的生成样本 X'。同时，生成对抗网络引入博弈对抗机制同时优化生成器和判别器，以优化生成数据的质量，使模型的泛化能力进一步提升。

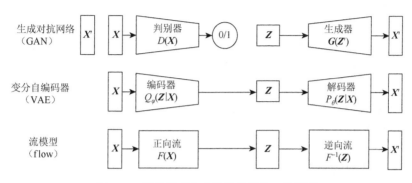

图 3-11　常见深度生成网络模型的工作原理

极大似然估计（maximum likelihood estimation，MLE）法是一种用于估计概率模型参数的统计方法。其核心思想是选择使得观测数据出现概率（即似然函数）最大作为相应的参数值。我们可以采用极大似然估计法构建深度生成模型的目标函数，求解真实数据分布与模型分布之间的距离。根据不同极大似然函数的建模方式，将常见的深度生成模型分成三类，具体分类内容如图 3-12 所示。

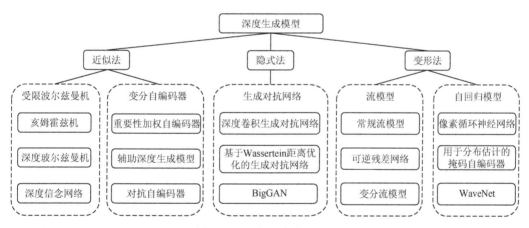

图 3-12　深度生成模型分类

第一类是通过变分或抽样方法来近似求解似然函数的分布，称为近似法，主要包括受限玻尔兹曼机（restricted Boltzmann machine，RBM）和变分自编码器（variational autoencoder，VAE）。受限玻尔兹曼机是一种浅层模型，而基于 RBM 的深度生成模型包括深度玻尔兹曼机（DBM）和深度信念网络（DBN）。变分自编码器使用似然函数的变分下界作为目标函数，比 RBM 的抽样方法更有效率，实际效果也更好，其代表性模型为重要性加权自编码器（importance weighted autoencoder，IWAE）和对抗自编码器（adversarial autoencoder，AAE）。

第二类是使用生成对抗网络的隐式方法，通过对抗性训练生成器与判别器来学习原始数据分布，从而避免直接求解复杂的似然函数，其代表性模型包括深度卷积生成对抗网络（deep convolutional generative adversarial network，DCGAN）、基于 Wassertein 距离优化的生成对抗网络（WGAN）和 BigGAN。

第三类方法是对似然函数进行变形以简化计算，主要包括流模型和自回归模型。流模型通过可逆网络构造似然函数来直接优化模型参数，代表性模型包括常规流模型、变分流模型和可逆残差网络（i-ResNet）。自回归模型则将目标函数分解为条件概率乘积的形式，其代表性模型包括像素循环神经网络（PixelRNN）、用于分布估计的掩码自编码器（masked autoencoder for distribution estimation，MADE）以及第一个能生成人类自然语音的深度神经网络 WaveNet。

3.3.5　注意力机制网络

注意力机制网络（attention mechanism network，AMN）是对人类视觉认知方式的模仿，允许神经网络能够选择性重点关注输入数据的特定区域。为了更好地增强神经网络的特征表达能力并减少无关信息的干扰，引入注意力机制对输入中不同部分的特征进行加权关注，使模型能够自适应地从复杂信息中筛选出与当前任务目标相关的关键特征和结构，从而进一步提高模型的感知能力和泛化能力。

注意力函数（attention function）是注意力机制网络的核心，本质上是将查询向量和一组键向量映射为一个输出向量的过程。计算查询向量 $\boldsymbol{Q}$ 与键向量 $\boldsymbol{K}$ 的相似度来获取注意力权重，进而根据注意力权重系数对值向量 $\boldsymbol{V}$ 进行加权求和，以生成表示查询向量 $\boldsymbol{Q}$ 与键向量 $\boldsymbol{K}$ 相关程度的输出向量，其完整计算过程如式（3-4）所示。

$$\text{Attention}(\boldsymbol{Q}, \boldsymbol{K}, \boldsymbol{V}) = \text{Softmax}\left(\frac{\boldsymbol{Q}\boldsymbol{K}^{\text{T}}}{\sqrt{d_k}}\right)\boldsymbol{V} \tag{3-4}$$

式中，d_k 是键向量的维度，用于缩放注意力权重以避免梯度消失或爆炸问题。查询向量（queryvector）代表了当前的目标或任务，是模型在处理特定任务时需要关注的信息。例如，在翻译任务中，查询可能是当前正在生成的单词，模型需要通过查询来寻找与之相关的信息。键向量（keyvector）从输入序列的每个元素中提取信息，它们是输入数据的一种特征表示，用于匹配查询向量，使得模型能够识别输入序列中哪些部分与当前任务最为相关。值向量（valuevector）包含了输入序列中实际的内容信息，一旦键向量与查询向量匹配成功，相应的值向量就会从输入数据的特征向量中提取出来。例如，当您上淘宝商城购物时，在搜索栏输入关键词，比如：休闲（查询向量）。此时大数据搜索系统去查找一系列与关键词相关的商品名称和图片（键向量），最后点击选择你需要的商品进入商品详情页面查看具体参数（值向量）。

注意力机制的基本思想可以概括为以下三个阶段，具体计算过程如图 3-13 所示。①计算相似度：计算每个查询向量和所有键向量之间的相似度分数，常用计算方式有点积、余弦相似度或者用神经网络拟合相似度函数等；②归一化权重：采用 Softmax 函数对计算的相似度得分进行归一化处理得到对应值向量的权重系数，并确保所有权重之和为 1 的

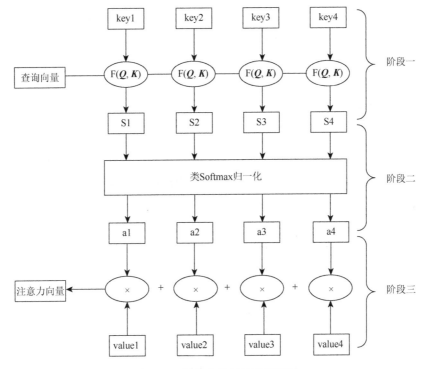

图 3-13　注意力机制的计算过程

概率分布；③输出加权求和的注意力表示：将上一步求得的权重系数 [a1，a2，a3，a4]
与值向量 [value1，value2，value3，value4] 相乘并求和，得到最终的注意力向量（attention
value）。该向量包含了所有值向量的信息，并且不同区域的信息被赋予了不同的权重。

　　在深度学习中，注意力机制网络也可以与前面描述的卷积神经网络（CNN）、长短期
记忆（LSTM）网络等结合使用，也可以单独构建纯注意力神经网络模型。表 3-5 是对这
些注意力优化模型的简述。

表 3-5　注意力机制网络模型

模型	特点
CNN + AMN	在 CNN 中，注意力机制可以应用于卷积操作之前或之后，或者作为池化层的一部分。卷积前的注意力可以使网络更加关注于输入序列中重要的部分，提高特征提取能力；卷积后的注意力可以帮助网络关注于最有价值的特征图区域，提高特征的判别能力；使用注意力机制代替传统的池化操作，可以使模型更加灵活地选择和聚合特征，提高输出的鲁棒性
LSTM + AMN	LSTM 的门控机制其实是一种隐式注意力，能够选择性地处理信息。结合显式注意力机制，LSTM 能更有效地捕捉序列关键信息，特别是在处理长序列数据时，有助于缓解长期依赖问题。此外通过加权时间步的隐藏状态，融合模型更关注与当前任务相关的序列部分
纯注意力神经网络模型	例如，Transformer 模型是一个完全基于自注意力机制（self-attention）的深度学习模型，在经典论文 "Attention is all you need" 中首次被提出，没有包含任何卷积层或循环神经网络层，只是采用自注意力机制来对输入序列进行编码，并通过解码器生成输出序列，实现对输入特征建立全局依赖关系，提高模型的特征提取能力，避免了 CNN 难以建模较长序列和 RNN 计算当前状态依赖历史信息等局限性。而且 Transformer 模型能够并行化计算，进一步加快模型的训练和推理速度

　　注意力机制的引入，提高了深度学习模型在处理长序列数据时的性能与泛化能力。同时，注意力机制也提供一定程度的可解释性，更好地了解模型在做出决策时重点关注了哪部分重要信息。

3.3.6　图神经网络

　　深度学习在模式识别和数据挖掘领域取得了显著的成功，特别是在处理欧几里得空间数据方面。然而，许多实际应用场景中的数据是来自更为复杂的非欧氏空间，如图结构数据，传统的深度学习算法难以学习非欧氏结构数据。针对上述问题，应用于非欧氏结构的图神经网络（graph neural network，GNN）应运而生，能够很好地捕捉非欧几里得空间数据中复杂的连接关系。

　　在图 3-14 的图结构数据中，节点（vertex 或 node）和边（edge）是其基本组成元素，节点表示实体，边表示实体间的关系（如权重等）。GNN 的核心思想是通过节点间的消息传递来学习节点的特征信息聚合，捕捉图的复杂拓扑结构与连接关系，进而完成对图数据分类、聚类、链接预测等多种任务的处理。GNN 的核心机制为消息传递（message passing），它允许每个节点通过聚合邻居节点的信息来更新自己的特征表示，包括消息函数、聚合函数和更新函数三个主要模块。消息函数决定了节点如何从其邻居节点收集信息，聚合函数决定了节点对邻居节点信息所采用的聚合手段，更新函数则决定了节点如何根据收集到的信息来更新自己的状态。

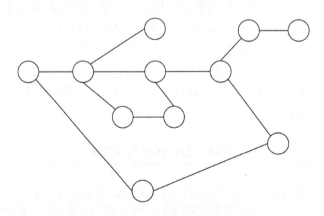

图 3-14　图结构数据

　　GNN 的消息传递机制如图 3-15 所示，该图详细描绘了目标节点 A 是如何通过聚合邻居节点信息迭代更新节点特征表示。首先，每个节点先根据其邻居节点的特征和连接类型来计算一个聚合特征表示，该聚合过程可以通过多种方式实现，如求和、取平均值或者引入更复杂的机制如注意力机制来加权计算邻居节点的贡献。接着，更新函数会结合当前节点自身的特征和聚合其邻居节点的特征向量来生成新的节点表示。最后，通过迭代的方式捕获节点之间的依赖关系，使得每个节点的表示不仅包含自身的特征信息，还包含其邻居的结构与特征信息。

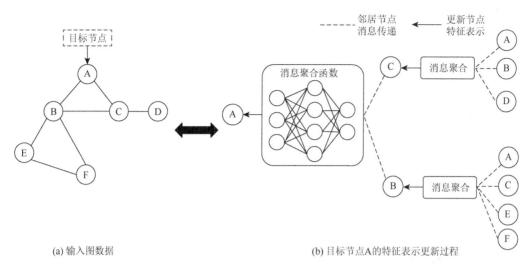

(a) 输入图数据　　　　　　　　　　　　　　(b) 目标节点A的特征表示更新过程

图 3-15　GNN 的消息传递机制

在详细探讨了图神经网络的消息传播机制之后，从消息传递方式、网络结构类型与应用场景等多角度，将图神经网络划分为以下五大类别：

图卷积网络（graph convolutional network，GCN）：GCN 是受卷积神经网络启发而设计的图神经网络，利用节点的邻接关系和本身特征信息，通过局部卷积来更新节点的特征表示。这种局部卷积操作有效捕获图结构中的空间结构关系，使 GCN 在节点分类、图分类等任务中表现出色。

图注意力网络（graph attention network，GAT）：GAT 是一种引入了注意力机制的图神经网络，能够自动学习不同邻居对当前节点特征贡献的重要性。通过为每个邻居节点分配不同的权重，GAT 能够更加灵活地学习图结构的复杂依赖关系，这使 GAT 在处理图数据时具有更好的可解释性。

图自编码器（graph autoencoder，GAE）：GAE 是一种无监督学习模型，通过编码器将图数据编码为低维表示，再通过解码器重建图结构，目标是在低维空间中保留图的结构与节点信息以便开展后续的计算任务。GAE 在图嵌入、节点分类和链接预测等任务中有着广泛的应用。

图生成网络（graph generative network，GGN）：GGN 专注于从数据中学习图的结构和特征分布，生成具有相似属性的图。图生成网络在社交网络生成、分子图生成等领域中具有重要应用。

时空图神经网络（spatial-temporal graph neural network，STGNN）：STGNN 专门用于处理具有时间与空间维度信息的图结构数据，能够建模时空图的动态关系，在交通流量预测、气象预测、路径规划等领域协助理解时空图数据的模式与趋势。

与传统深度学习模型相比，图神经网络模型在非欧几里得空间数据处理的目标任务中能更好地提取特征，因此被广泛应用于推荐系统、社交网络分析以及生物信息学等多个领域。随着研究的深入，这些技术将继续推动深度学习在处理复杂图结构数据方面的发展。

3.4　常用的深度学习框架

目前 PyTorch、TensorFlow 和 Keras 是最受欢迎的三个深度学习框架，为开发者提供了丰富的功能和灵活的接口，使研究人员和开发工程师能够轻松地在各种实际应用场景中构建、训练和部署深度学习模型。

3.4.1　PyTorch

PyTorch 是一个由 Facebook 人工智能研究团队开发的开源深度学习框架，旨在简化深度学习模型的设计、训练以及部署的全过程，为用户提供了一个便捷且高效的开发环境。由于其丰富的功能和灵活性，PyTorch 广泛应用于学术界与工业界的各种人工智能任务。以下是一些显著特性：

动态计算图：也称作自动微分系统，它允许用户在运行时修改和调试模型，并进行按需的动态计算，在搭建复杂的神经网络结构时非常灵活。

灵活性与易用性：PyTorch 提供丰富且简洁的应用程序接口（API），如各种常见的预定义网络层、优化器和损失函数等支持快速原型开发的组件设计接口，使深度学习模型的构建与调试更加直观且方便，降低了初学者的学习门槛。同时，PyTorch 与 Python 生态系统无缝集成，遵循面向对象的编程原则，使其更易于与其他 Python 科学计算库一起结合使用。

强大的社区支持：PyTorch 拥有一个活跃的开发者社区，初学者和研发人员从丰富的教程、论坛和第三方开源项目等资源中获取宝贵的学习经验和解决问题的途径。

跨平台部署与分布式支持：PyTorch 集成 TorchScript 和 ONNX 等工具库，使模型可以轻松部署到不同的平台和设备上。此外，它还提供模型并行化和分布式训练框架，借助 CUDA 和 cuDNN 的支持，高效地在 NVIDIA GPU 上运行，适合处理大规模数据集的训练任务。

以下示例演示了如何使用 PyTorch 搭建简单的线性回归模型，基本步骤是：先准备训练所需数据，再定义模型网络结构和损失函数，并设置优化器，最后完成模型的训练与测试。

PyTorch 搭建简单的线性回归模型

```
1: import torch
2: import torch.nn as nn
3: import torch.optim as optim
4:
5: # 准备数据
6: # 输入数据
7: x = torch.tensor([[1.0],[2.0],[3.0],[4.0]])
8: # 目标数据
```

```
9:  y = torch.tensor ([[ 2.0 ], [ 4.0 ], [ 6.0 ], [ 8.0 ]])
10:
11:    # 定义模型
12:    class LinearRegression (nn.Module):
13:        def __init__ (self):
14:            super (LinearRegression, self).__init__ ()
15:            # 定义一个全连接层, 输入维度为 1, 输出维度为 1
16:            self.linear = nn.Linear (1, 1)
17:
18:        def forward (self, x):
19:            # 前向传播, 将输入数据传入全连接层
20:            return self.linear (x)
21:
22:    # 初始化模型
23:    model = LinearRegression ()
24:
25:    # 定义损失函数
26:    criterion = nn.MSELoss ()
27:
28:    # 定义优化器
29:    optimizer = optim.SGD (model.parameters (), lr = 0.01)
30:
31:    # 训练模型
32:    num_epochs = 1000
33:    for epoch in range (num_epochs):
34:        # 前向传播
35:        outputs = model (x)
36:        # 计算损失
37:        loss = criterion (outputs, y)
38:        # 反向传播
39:        optimizer.zero_grad ()
40:        loss.backward ()
41:        optimizer.step ()
42:        # 每训练 100 轮输出一次损失
43:        if (epoch + 1) % 100 = = 0:
44:            print('Epoch [{}/{}], Loss:{:.4f}'.format(epoch + 1,
num_epochs, loss.item ()))
45:
```

```
46:    # 测试模型
47:    # 输入新数据
48:    test_x = torch.tensor([[5.0]])
49:    # 使用训练好的模型进行预测
50:    predicted = model(test_x)
51:    # 打印预测结果
52:    print('Predicted value: {:.2f}'.format(predicted.item()))
```

3.4.2 TensorFlow

TensorFlow 是一个由 Google 开发的开源机器学习框架，广泛用于构建和部署机器学习模型，其核心为强大的计算图概念，允许用户以直观的方式定义复杂的计算结构，并通过自动微分功能简化模型训练过程中的梯度计算。

TensorFlow 拥有丰富的 API，支持从简单的线性回归到复杂的深度学习的模型构建。它也提供了用于数据预处理、模型训练、评估和部署的一系列工具，使得从原型设计到生产部署的过程变得更加高效和系统化。由于其丰富的功能和灵活性，TensorFlow 已经成为全球深度学习研究学者的首选学习框架之一，其主要模块如表 3-6 所示。

表 3-6　TensorFlow 主要模块

模块	功能
tf.keras	高级神经网络 API，用于构建和训练深度学习模型
tf.nn	包括各种预定义的神经网络层以及操作函数
tf.image	图像处理库，用于图像增强和预处理
tf.data	数据输入流水线工具，高效处理大规模数据集
tf.train	模型训练相关工具，包括优化器设置、学习率调整和模型保存等
tf.losses	各类损失函数，用于评估模型性能并指导训练
tf.metrics	包含评估模型性能的指标，如准确率、精确率、召回率等
tf.summary	训练过程中记录运行日志与可视化的模块
tf.saved_model	导出不同格式的部署模型，使其可以在不同平台和应用环境中运行
tf.distribute	分布式训练工具，支持在多个 GPU、TPU 或机器上进行分布式训练

下面提供一个示例代码，展示完成手写数字识别任务的完整流程，具体步骤为：先加载 MNIST 数据集并进行预处理，再完成从模型构建、编译、训练到评估的全流程。

TensorFlow 实现手写数字识别

```
1:    import tensorflow as tf
```

```
2:
3:  # 加载数据集
4:  mnist = tf.keras.datasets.mnist
5:  (x_train, y_train), (x_test, y_test) = mnist.load_data ( )
6:
7:  # 数据预处理
8:  x_train, x_test = x_train/255.0, x_test/255.0
9:
10:   # 构建神经网络模型
11:   model = tf.keras.models.Sequential ([
12:      # 将输入层展平
13:      tf.keras.layers.Flatten (input_shape = (28, 28)),
14:      # 添加全连接隐藏层, 使用 ReLU 激活函数
15:      tf.keras.layers.Dense (128, activation = 'relu'),
16:      # 添加 Dropout 层, 减少过拟合
17:      tf.keras.layers.Dropout (0.2),
18:      # 输出层, 10 个节点对应 10 个数字类别
19:      tf.keras.layers.Dense (10)
20:   ])
21:
22:   # 编译模型
23:   model.compile (optimizer = 'adam',
24:
loss = tf.keras.losses.SparseCategoricalCrossentropy
(from_logits = True),
25:               metrics = ['accuracy'])
26:
27:   # 训练模型
28:   model.fit (x_train, y_train, epochs = 5)
29:
30:   # 评估模型
31:   model.evaluate (x_test, y_test, verbose = 2)
```

3.4.3　Keras

Keras 是由纯 Python 编写而成的高层神经网络 API, 能够运行在 TensorFlow、CNTK 或 Theano 等框架之上, 其设计初衷是提供一种易于使用且用户友好的接口, 不用过多关注底层细节, 让开发者能够轻松构建和验证不同深度学习模型。

Keras 提供了几个开箱即用的预训练模型和序列化工具，使模型的复用和保存变得更加方便。目前 Keras 已经被 TensorFlow 官方收录，添加到 TensorFlow 中，成为 TensorFlow 默认的高级 API，其主要模块如表 3-7 所示。

表 3-7　Keras 主要模块

模块	功能
keras.models	用于构建神经网络模型和管理模型的类
keras.layers	包含各类神经网络层，如全连接层、卷积层、循环层等
keras.optimizers	提供各种用于模型权重更新的优化算法，如 SGD、Adam 等
keras.losses	定义了多种损失函数，用于衡量模型预测值和真实值之间的差异
keras.metrics	包含各种评估模型的性能指标，如准确率、AUC 曲线、召回率等
keras.preprocessing	提供数据预处理工具，如图像数据和序列数据的预处理等
keras.callbacks	提供各类回调函数，在训练过程中监控模型并采取相应的操作，如提前停止训练以防止过拟合、设置模型检查点用于保存最佳模型等
keras.utils	包含各种实用工具函数，如数据集加载、模型加载与保存等

下面提供一个搭建单层神经网络的示例代码，大体上步骤为：首先定义模型结构，再编译模型，之后训练模型拟合数据特征，最后对输出预测结果进行评估。

Keras 搭建单层神经网络

```
1:  import numpy as np  # 导入 NumPy 库用于数值计算
2:  from keras.models import Sequential  # 导入 Sequential 模型，构建神经网络模型
3:  from keras.layers import Dense, Activation  # 导入 Dense 和 Activation 层，用于构建网络层和激活函数
4:  from keras.utils.vis_utils import plot_model  # 导入 plot_model 函数，用于可视化模型结构
5:
6:  # 创建 Sequential 模型
7:  model = Sequential ( )
8:
9:  # 添加一个全连接层，输入维度为 500，输出维度为 1
10:  model.add ( Dense ( 1, input_dim = 500 ) )
11:
12:  # 添加 sigmoid 激活函数层
13:  model.add ( Activation ( activation = 'sigmoid' ) )
14:
```

```
15:    # 编译模型,使用 rmsprop 优化器、二元交叉熵损失函数和准确率指标
16:    model.compile (optimizer = 'rmsprop',
loss = 'binary_crossentropy', metrics = ['accuracy'])
17:
18:    # 生成随机数据作为训练集
19:    data = np.random.random ((1000, 500))
20:
21:    # 生成随机标签作为训练集标签,标签取值为 0 或 1
22:    labels = np.random.randint (2, size = (1000, 1))
23:
24:    # 计算模型在训练前的损失值和准确率
25:    score = model.evaluate (data, labels, verbose = 0)
26:    print ("训练前: ", list (zip (model.metrics_names, score)))
27:
28:    # 使用训练集训练模型,共进行 10 轮训练,每批次 32 个样本
29:    model.fit (data, labels, epochs = 10, batch_size = 32,
verbose = 0)
30:
31:    # 计算模型在训练后的损失值和准确率
32:    score = model.evaluate (data, labels, verbose = 0)
33:    print ("训练后: ", list (zip (model.metrics_names, score)))
34:
35:    # 可视化模型结构并保存为图片
36:    plot_model (model, to_file = 's1.png', show_shapes = True)
```

3.5 深度学习的应用领域

作为人工智能技术的重要分支,深度学习在工业界和学术界取得了显著的发展,因其强大的模式识别和特征学习能力被广泛应用于各个领域。本节旨在探讨深度学习在几个主要领域的应用现状,包括计算机视觉、自然语言处理和多智能体优化等方面,并展望深度学习在不同领域中的重要应用趋势。

3.5.1 计算机视觉

计算机视觉(computer vision,CV)的研究目标是使计算机像人一样通过视觉观察、分析、理解物理真实世界,提升自主适应环境的能力进而实现各种智能化决策。在计算机视觉领域,通常需要借助图像处理、模式识别、机器学习和深度学习等相关技术,以

及多种传感器（如相机、激光雷达等）进行视觉数据采集和处理，从而实现准确高效的视觉感知与理解。

图 3-16 为计算机与人类看到的图片信息对比，人类能够赋予图像丰富的含义，将其视为一幅描述故事场景的生动画面。相比之下，由于计算机缺乏对图像所蕴含语义信息的理解，计算机所看到的图像只是一个抽象的数字矩阵，每个像素点都是冰冷的数字编码。

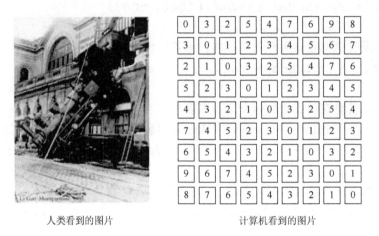

人类看到的图片　　　　　　　　计算机看到的图片

图 3-16　计算机与人类看到的图片信息对比

在计算机视觉应用中，系统接收来自传感器输入的图像或视频数据，利用解释器中图像识别与处理技术执行来提取图像的关键特征，进而理解并解释静态图像以及视频序列中的视觉信息，最后实现图像分类、目标检测以及图像分割等核心任务。如图 3-17 所示，根据输入的水果拼盘图片，人类视觉系统能够通过观察物体的颜色、形状和纹理等

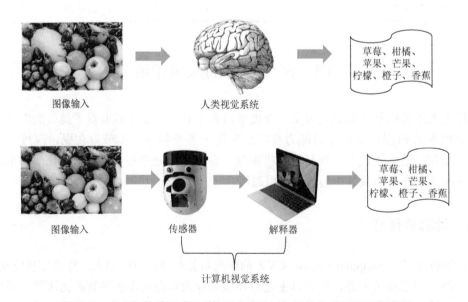

图像输入　　　　　　　人类视觉系统　　　　　草莓、柑橘、苹果、芒果、柠檬、橙子、香蕉

图像输入　　　　传感器　　　解释器　　　草莓、柑橘、苹果、芒果、柠檬、橙子、香蕉

计算机视觉系统

图 3-17　人类视觉系统和计算机视觉系统以相似的方式处理视觉数据

特征来识别不同的水果。类似地，计算机视觉系统可以应用深度学习模型（例如卷积神经网络）捕获并提取有意义的水果特征，将不同图片中属于相同类别的图像归为一类，最终分类结果为草莓、柑橘、苹果、芒果、柠檬、橙子和香蕉等多种水果。

随着深度学习的迅速发展，尤其是卷积神经网络和注意力机制网络的应用，在图像分类、目标检测、场景重建等计算机视觉任务上展现出卓越的性能，能够自动学习图像的层次化特征表示，进一步提高系统的识别率与鲁棒性。

3.5.2 自然语言处理

自然语言处理（natural language processing，NLP）是一门结合了计算机科学、人工智能和语言学的交叉学科，旨在使计算机能够理解、解释和生成人类语言，常应用于文本分类、命名实体识别、机器翻译、情感分析以及知识问答等业务。

NLP 的发展始于计算机科学的早期，最初依赖于预设的语法规则来解析文本。随着时间的推移，尤其是高速互联网的普及以及数据量的爆炸性增长，NLP 开始转向研究数据驱动方法，利用统计学习与机器学习等人工智能技术挖掘并学习海量文本数据的潜在规律。深度学习技术的引入，尤其是循环神经网络、长短期记忆网络和 Transformer 等具有更强特征表示能力和泛化能力的主流模型，极大地推动了自然语言处理领域的发展。这些技术使模型能够从上下文中捕捉长距离依赖关系，进而处理复杂的语言结构和语义关系。综上，传统 NLP 与基于深度学习 NLP 的工作流程对比如图 3-18 所示。

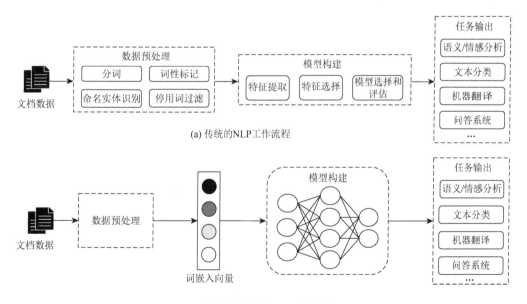

图 3-18　传统的 NLP 与基于深度学习的 NLP 的工作流程对比

自然语言处理技术的快速发展使许多计算机应用融入日常生活中的方方面面，包括以下几个方面：在推荐系统中，NLP 用于分析用户评论和偏好，以提供个性化的推荐；

在语音识别方面，当你向智能手机的语音助手询问今日天气时，NLP 将语音转换成文本，理解查询意图并从网络数据库中检索出相应的天气信息，并以易于理解的形式呈现出来；在命名实体识别方面，有时候接收到的手机短信中时间、地点或手机号等关键信息会被识别出来，自动添加下划线以提醒用户需要重点关注；在情感分析方面，NLP 能够识别和分类用户评论和帖子文本中的情感倾向，以更好地理解客户的需求和情绪，主要用于客户服务、市场研究、社交媒体监控等；在机器翻译领域，如谷歌翻译、百度翻译等工具自动将不同语言的语音文本快速精准翻译成目标语言，极大地促进了跨语言的交流和信息共享。

近年来，NLP 领域正朝着预训练模型的通用泛化以及基于大语言模型的生成式多模态人工智能等方向发展，旨在实现更好的人机协作和更深层次的智能信息处理，为不同语言形式的文本分析与不同行业领域的知识发现开辟广阔前景。

3.5.3　多智能体优化

多智能体优化（multi-agent optimization，MAO）是一种在复杂系统中应用的优化策略，受到自然界中生物群聚行为的启发，建立协同优化数学模型，以探索最优的群体智能决策，有效解决控制领域的实际问题。

多智能体优化将现实业务定义为一组智能体在复杂动态环境中相互作用以学习如何实现相应目标的场景，其中环境内每个实体都视为一个具备丰富的领域知识、集目标识别、推理规划和控制决策等能力于一身的智能体。在图 3-19 的多智能体优化框架中，多个智能体通过相互协作或竞争的联合行动方式与共同环境进行交互，再根据环境状态和反馈迭代更新算法模型参数，以探索全局最优解。

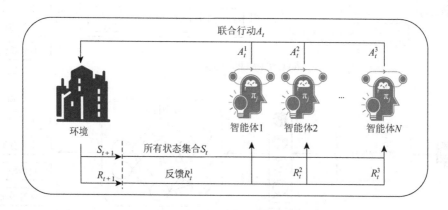

图 3-19　多智能体优化框架

深度学习在多智能体优化领域中正逐渐成为研究的热点，结合深度神经网络的特征提取能力与多智能体系统的分布式决策特性，为解决复杂优化问题提供了新的应用视角。这一领域的研究已经催生了一系列创新的深度强化学习（deep reinforcement learning，DRL）模型，如多智能体深度确定性策略梯度（multi-agent deep deterministic policy gradient，MADDPG）算法、价值分解网络（value decomposition network，VDN）以及单调值函数因子分解方法 QMIX 等，使多智能体系统能够学习联合策略与行为模式。

在实际应用中，深度学习可以用于设计智能体的决策网络，使智能体能够根据环境状态做出更加精确的行动选择。同时，多智能体优化框架的协作与竞争机制可以促进智能体之间的信息交流和策略共享，进一步提升整个系统的性能。在自动驾驶与路径规划、智能电网调度以及在线游戏策略学习等多个领域，深度学习增强的多智能体优化方法已经展现出显著发展潜力，有效提升多智能体系统的自适应性与鲁棒性。

3.6　本　章　小　结

以深度学习的发展前景为出发点，本章首先回顾了深度学习的发展历程，对比分析深度学习与传统机器学习方法的区别。随后，系统梳理了深度学习的核心理论，包括基础网络架构、激活函数、传播算法与优化策略，有助于更好地理解深度学习模型的工作原理。接着，重点介绍了深度学习中常用的网络结构，如卷积神经网络、循环神经网络和注意力机制网络等。最后，简要剖析了深度学习在计算机视觉、自然语言处理和多智能体优化等领域的应用前景。随着研究的深入和技术的成熟，深度学习有望解决更多复杂的问题，不断推动各行业智慧化服务模式的创新，为社会各领域应用和变革带来新的机遇。

课后习题

3.1 简述深度学习的发展历程，并列举至少两个深度学习发展中的关键里程碑事件。

3.2 解释深度学习与传统机器学习在处理特征表示方面的主要区别。

3.3 描述激活函数在人工神经网络中的作用，并列举至少两种激活函数及其特性。

3.4 解释前向传播和反向传播在深度学习中的作用。

3.5 列举并简要描述至少两种深度神经网络架构及其应用场景。

3.6 讨论深度学习在计算机视觉领域的一个应用，并说明其重要性。

第4章 联邦学习

在隐私保护意识不断增强的今天，如何在确保合规合法的前提下有效利用数据，正逐渐成为计算机科学领域面临的一个重要而紧迫的课题。联邦学习，凭借其独特的数据"可用不可见"优势，有望成为推动人工智能领域未来发展的关键研究方向之一。本章将全面介绍联邦学习的发展历程、重要技术理论、开源部署框架以及应用领域，在保护个人隐私和数据安全的同时实现数据的价值最大化，为人工智能领域的发展注入新的活力。

4.1 联邦学习概述

联邦学习（federated learning）是一种新兴的分布式隐私计算技术，它允许多个计算节点在本地设备上存储数据和协同训练模型，降低数据传输风险，实现在保护用户隐私的同时提高全局模型的性能，非常适用于数据量大、数据源分布广、信息敏感度高的场景。

4.1.1 联邦学习的诞生背景

在传统的中心化机器学习方法中，用户个人数据需要集中传输到中央服务器进行模型训练，容易造成隐私泄露的风险。大数据时代的到来提供了海量数据，但众多行业数据都以孤岛形式存在于内部，在处理大规模分布式数据时也面临着传输与存储的瓶颈。因此，解决"数据孤岛"问题，同时保障数据隐私安全，对于推动人工智能行业的持续进步至关重要。

联邦学习的诞生，源于社会对数据隐私和安全性的持续关注，以及对集中式数据处理模式所遭遇挑战的一种创新解决方案，其具体发展历程如图 4-1 所示。1996 年以来，随着分布式数据库的实现和关联规则挖掘技术的发展，如何在保障数据隐私的前提下高效利用分散的数据资源成为了研究的热点。2006 年，Yu 等人在横向和纵向分割的数据上初步实现了带有隐私保护的分布式支持向量机建模。随后 2012 年王爽及其团队提出了医疗在线安全的联邦学习框架，标志着联邦学习技术在实际应用领域的初步探索。2016 年，谷歌（Google）首次提出了联邦学习这一概念，主要用于解决安卓手机用户在本地更新应用模型的问题，展示了联邦学习在移动端应用框架与隐私保护方面的新进展，进一步推动了联邦学习的理论发展。2019 年，微众银行发布联邦学习开源项目 FATE，为联邦学习的实际应用部署提供了重要研发工具。2020 年李晓林教授提出了"知识联邦"的理论体系，首次将认知和知识引入隐私计算范畴，目标是实现下一代可信、可解释、可推理、可决策的人工智能。2021 年，IEEE 标准协会发布了联邦学习首个国际标准，为这一领域的标准化和规范化发展奠定了基础。

图 4-1 联邦学习发展历程

上述重要里程碑事件共同勾勒出联邦学习从概念提出到技术成熟的发展轨迹，反映了学术界和工业界对于在保护隐私的同时实现数据价值挖掘的共同追求。

4.1.2 联邦学习的范式

联邦学习是一种安全可信的多方分布式机器学习范式，其核心思想是在实现数据隐私保护的前提下，完成跨多个设备或组织的模型训练，避免用户隐私敏感数据的直接共享，降低了数据泄露的风险。

在图 4-2 的分布式隐私计算的范式下，原始数据和模型的私密参数都保留在本地存储服务器并保持对外不可见，通过可信赖的隐私保护措施来防御潜在的攻击，确保了数据和模型的安全性。联邦学习能够在不泄露原始数据的前提下，允许多个参与者积极协作训练模型，从而在保护隐私的同时最大化模型的效用。

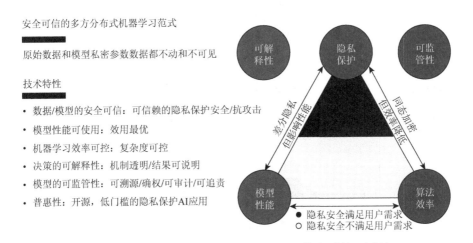

图 4-2 联邦学习范式

此外，联邦学习范式强调决策的可解释性与计算模型的可监管性，意味着不仅要求模型内部训练机制透明，还要求对模型的决策结果进行合理的解释说明。该可监管性为企业与监管部门都提供了数据信息交换的全生命周期追踪溯源能力，便于追责定界，这对数据隐私有严格要求的行业尤为重要，如金融、医疗和政府机构等。

最后，联邦学习范式倡导普惠性，即通过知识开源等方式使更多的组织和个人能够享受到隐私保护的智能化定制服务，有助于缩小不同地区和组织之间的技术差距，还促进了隐私保护技术的创新与可持续性发展。联邦学习技术为构建一个更加智能、安全的未来奠定了坚实的基础，为多样化的应用场景提供了创新的解决方案。

4.2　联邦学习的基础理论

联邦学习的基础理论涉及数据的分布式存储、通信效率优化与安全加密原理等多个方面，旨在以隐私保护的方式联合利用多个参与者的数据构建机器学习协作模型。

4.2.1　分布式计算架构

分布式计算架构是联邦学习理论的核心组成部分，它源于对多方算力资源的高度利用和高效计算的迫切需求。在图 4-3 的联邦学习框架下，这一架构思想经过了进一步的发展和优化，主要体现在以下几个关键设计原则：

并行处理与任务分割：在分布式计算架构中，首要目标是将庞大而复杂的计算任务划分成小而可管理的子任务，并在多个计算节点上并行处理，这些节点可以是地理位置

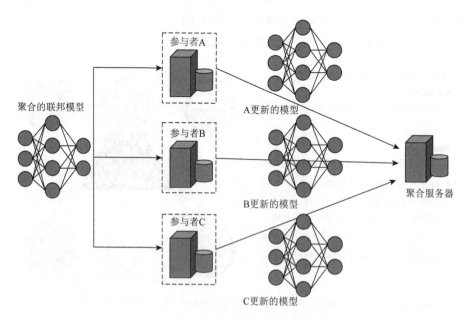

图 4-3　基于分布式计算架构的联邦学习框架

分散的服务器、工作站，甚至是移动设备终端。每个计算节点利用本地数据集进行本地模型训练，且无须上传原始数据，仅需将训练后的模型参数上传到服务器进行全局模型聚合。

弹性资源与容错机制：为了应对网络通信延迟与系统不稳定性，基于分布式计算架构的联邦学习能根据计算负载的变化自适应调整资源分配，同时设计了关于节点故障和网络中断的应对机制。即便在部分节点失效的情况下，确保系统仍能持续提供稳定的可靠服务，从而提高模型训练过程的连续性和鲁棒性。

协作通信与可扩展性：在联邦学习架构中，节点间的通信主要涉及模型参数或计算梯度的交换，而非原始数据的传输。这就要求系统必须支持高效的数据传输与同步机制，最小化通信开销并确保节点之间能够实时交换信息，以高效协同工作。随着参与联邦学习的节点数量增加，系统需要灵活地扩展以适应更大的计算需求。

随着分布式计算架构的持续优化，联邦学习框架能适应日益增长的计算任务，同时在确保用户隐私数据安全方面起到了至关重要的作用。

4.2.2 用于隐私保护的安全加密机制

为了维护参与者的隐私并确保联邦学习过程中的数据传输安全，研究人员和工程师们研发了一系列先进的安全加密机制，如图 4-4 所示，其核心目标是在不泄露敏感信息的前提下，允许多方协作完成计算任务。

安全多方计算（secure multi-party computation，SMC）是一种允许多个参与者在不泄露各自输入的情况下共同计算特定函数的技术。在联邦学习中，SMC 可以用于各参与者之间安全地计算模型更新，例如，通过秘密共享（secret sharing）方法，将模型参数分割成多个部分，每个参与者只持有一部分，只有当所有部分被合并时才能重构出完整的模型更新。

同态加密（homomorphic encryption）是一种完全加密技术，允许在不进行解密的条件下对密文直接计算得到与明文对应的计算结果。一般的加密方案注重数据存储安全，密文结果需要妥善保管，以免导致解密失败。而同态加密技术保证数据在联邦学习过程中始终保持加密状态，对加密的模型参数或梯度信息直接进行相应计算操作，有效防止数据被非法获取或篡改。但是在同态加密中，其加密和解密的过程需要消耗大量的计算资源。

可信执行环境（trusted execution environment，TEE）是一种由硬件和软件共同构成的安全计算环境，硬件部分负责为应用提供了一个高级别、安全可靠的隔离空间，以保护代码和数据免受外部攻击或未授权访问，而软件部分则用于管理 TEE 的内部资源。在联邦学习中，TEE 可以用来保护各参与者的模型更新和计算过程。

联邦学习可以与安全多方计算、同态加密、可信执行环境等技术有机结合，保障数据在流通与应用过程中"可用不可见"，构建出一个更加安全可靠的隐私计算平台。

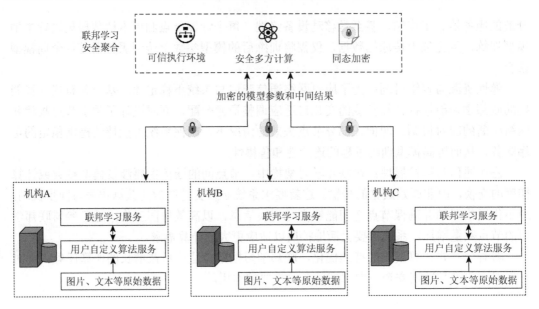

图 4-4　用于隐私保护的安全加密机制

4.3　联邦学习的分类

　　根据数据分布与协作方式的不同，将联邦学习划分为横向联邦学习、纵向联邦学习、联邦迁移学习和联邦强化学习四种主要范式。横向联邦学习关注特征空间的多样性，纵向联邦学习则聚焦于样本空间的共享，联邦迁移学习注重为跨领域的知识迁移提供解决方案，而联邦强化学习探索了在非独立同分布隐私环境下的智能体协作。

4.3.1　横向联邦学习

　　横向联邦学习（horizontal federated learning，HFL）是一种解决"数据孤岛"问题的有效方法，最初设计主要针对的是处理跨设备的协同训练场景。根据 IEEE 标准协会发布的标准文档，横向联邦学习遵循联邦学习框架的设计规范，联合多个参与者中具有相同特征空间的不同样本进行信息共享与模型训练，即所提供的训练数据集是横向划分的（对数据矩阵按行划分，每行一个样本，每个样本的数据特征维度一致），最终实现对样本集的数量扩充。

　　如图 4-5 所示，不同的参与者拥有相同特征空间的数据集，但这些数据来自不同的用户群体，且各参与者只能使用自身存储的数据进行模型训练。例如，两家位于不同地区的电子商务企业，他们拥有不同用户，因此样本空间不同。然而由于业务相似性，用户数据特征类似，如两家企业的客户都喜欢在商品打折时将其加入购物车。考虑到各参与者的数据特征重叠较多而数据样本重叠较少，研究者提出通过横向联邦学习框架为上述场景提供联合训练的解决方案，在多个设备上独立训练本地私有数据获得各自的局部模型，然后与中心服务器协调交换更新参数并聚合生成性能更优的全局模型。在模型训练的全过程，各参与者的训练数据均保留在本地设备，不涉及原始数据的交换与传输，从而在源头上保障了数据的安全，相较于传统的集中式机器学习方法实现了数据分离，进一步降低了隐私数据泄露的风险。

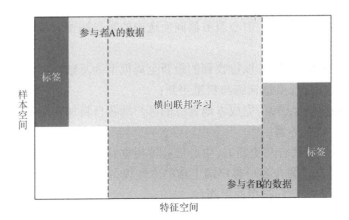

图 4-5　横向联邦学习

横向联邦学习算法的执行实体一般包括中心服务器和客户端，其中各数据持有方作为客户端参与联邦学习训练。中心服务器负责协调整个训练流程，完成权重更新的聚合与全局模型分发。客户端则负责本地模型训练和模型上传，并接收中心服务器返回更新后的全局优化模型。基于服务器-客户端架构的横向联邦学习训练框架如图 4-6 所示。

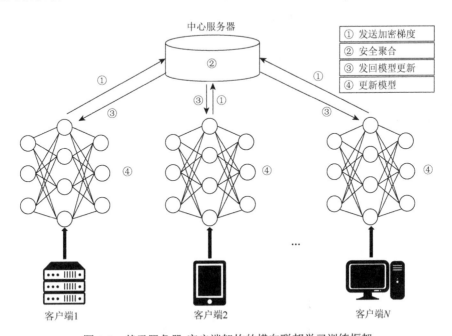

图 4-6　基于服务器-客户端架构的横向联邦学习训练框架

横向联邦学习算法允许多个参与者在保持各自数据隐私的前提下共同训练模型，其训练过程主要包括以下 6 个步骤：

步骤 1（训练任务初始化）：中心服务器随机（或按预定义规则）选择一定比例的客户端参与联邦学习模型的训练，并初始化模型的超参数，例如学习率、批量大小、迭代轮次等；

步骤 2（全局模型同步）：中心服务器向所选中的客户端发送最新的全局模型参数和具体训练任务目标；

步骤 3（本地模型训练）：以接收到的最新全局模型为基础模型，客户端在本地私有数据集上对基础模型进行多次训练与权重更新；

步骤 4（本地模型上传）：完成本地训练的客户端各自将加密后的本地模型参数或者计算梯度上传至中心服务器；

步骤 5（全局模型聚合与更新）：中心服务器根据具体应用场景和模型类型采用加权平均、梯度平均等方式聚合多个客户端上传的本地模型，并以最小化横向联邦学习的全局损失函数为目标完成全局模型的更新；

步骤 6（模型评估）：中心服务器按指定的评价指标（如准确率等）对全局模型进行性能评估；最后重复步骤 2～步骤 6，直到全局模型收敛或者达到设定的最大迭代轮次为止。

4.3.2 纵向联邦学习

纵向联邦学习（vertical federated learning，VFL）适用于各参与者之间用户空间（即样本空间）重叠较多而特征空间重叠较少或没有重叠的场景，联合多个参与者中样本空间相同而特征空间不同的数据进行联邦学习，即所提供的训练数据集是纵向划分的（对数据矩阵按列划分，不同列的数据具有相同的样本标识符 ID），最终实现对样本数据的特征扩充。

如图 4-7 所示，不同的参与者可能拥有大量相同的用户群体，但他们所持有的数据特征是不同的。例如，在同一地区中金融、医疗和电商等不同行业的公司，这些企业往往拥有共同的客户，但各自维护着不同的数据特征空间。针对各参与者的数据集样本对齐

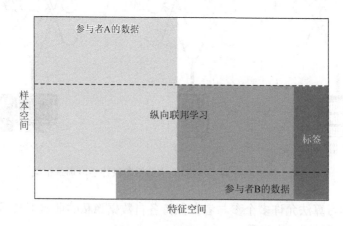

图 4-7　纵向联邦学习

问题，研究提出通过纵向联邦学习框架为上述场景提供联合训练的解决方案，确定所有参与者的共有用户（样本），然后用基于加密的用户样本对齐技术，协作式联合所有共同用户的多样化特性来构建一种更加准确、更加健壮的共享学习模型，训练出有效的共享空间挖掘的数据表征。

纵向联邦学习通过在不同参与者之间共享样本 ID，保持数据的本地化训练，其框架由加密样本对齐和加密模型训练两部分构成，具体结构如图 4-8 所示。企业 A 和 B 的各自用户分别持有不同特征数据且用户样本存在交集，想要在不泄露隐私的前提下共享训练模型。由于企业 A 和 B 不能直接交换原始数据，需要加入一个可信的第三方协作者 C，其角色可以由权威信用机构（如政府）扮演或由安全计算节点代替，主要负责训练过程中公私密钥的发放以及全局模型聚合。纵向联邦学习模型训练的重要阶段如下。

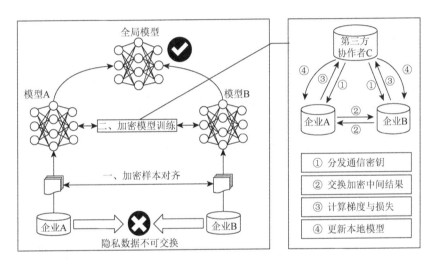

图 4-8　纵向联邦学习的模型训练框架

第一阶段（加密样本对齐）：首先，系统利用加密技术对样本用户 ID 进行对齐，确保在不暴露任何一方的原始数据的情况下，识别并匹配企业 A 和 B 共有的用户。这一样本对齐的过程中，企业 A 和 B 不会共享彼此不重叠的用户，用户隐私得到了严格保护。

第二阶段（加密模型训练）：在成功对齐相同用户后，企业 A 和 B 分别进入加密模型训练阶段，利用已经对齐的样本数据来训练模型，该阶段主要包括以下四步：

① 分发通信密钥：第三方协作者 C 生成用于加密通信的公钥与密钥，并将公钥分发给企业 A 和 B；

② 交换加密中间结果：企业 A 和 B 使用公钥对模型训练过程中的中间结果进行加密，并实施可靠安全通信传输，以便更好地协作计算梯度和损失值；

③ 计算梯度与损失：企业 A 和 B 双方分别计算加密梯度，并加入随机掩码以增强安全性，同时企业 B 根据其标签数据计算加密损失值，最后向第三方协作者 C 发送加密的运算结果；

④ 更新本地模型：第三方协作者 C 利用本地存储的私钥解密接收到的梯度和损失信息并进行聚合处理，将加密聚合结果回传给企业 A 和 B，接着企业 A 和 B 解码后根据这些梯度信息更新各自的本地模型。最后迭代上述步骤直至全局的损失函数收敛为止。

在整个训练过程中，企业 A 和 B 交互的只是中间结果，并不涉及原始数据，且双方接收到的梯度与损失值和独自在没有隐私加密约束的场景下训练的结果一致，因此可以在基于联邦学习的框架下共同优化和提升联合模型的性能。

4.3.3　联邦迁移学习

联邦迁移学习（federated transfer learning，FTL）是一种结合了联邦学习和迁移学习的技术，旨在解决参与者之间特征空间和样本空间的重合程度都较低的问题，允许参与者共享模型知识而不是原始数据，最终在只有少量数据和少量标签的基础上建立精确有效且泛化能力强的机器学习模型。

在真实场景中，如图 4-9 所示，参与者之间数据分布差异较大：①参与者的数据集之间可能只有少量重叠的用户样本或者数据特征；②不同参与者的数据集规模也可能有所不同；③某些参与者可能只有数据，没有或只有很少的真实标签。为了解决上述问题，联邦迁移学习应运而生，它允许不同组织拥有不同的特征空间与样本空间，同时借鉴了迁移学习的思想，将来自多个特征空间的异构特征转换为共同的潜在表示，然后利用不同参与方收集的有标签数据进行训练，从而提高模型的整体训练效果和泛化能力。

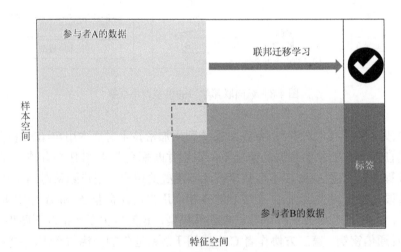

图 4-9　联邦迁移学习

联邦迁移学习的训练框架如图 4-10 所示，关键步骤与纵向联邦学习类似，只是模型训练的中间传输结果不同。

①源域模型预训练：选择在源域中一部分参与者的本地数据集上进行预训练，得到初始的基础模型，并通过微调进一步优化模型以适应本地数据的特征分布；

②目标域模型微调：源域参与者将预训练的模型参数加密后共享给其他目标域的参与者，目标域参与者使用自己的本地数据集和基础模型参数进行本地模型微调；

③模型聚合：加密的子模型上传至云端后，通过特定的聚合算法与其他参与者的子模型合并，形成一个泛化能力更强的通用全局模型；

④模型更新：最终聚合后的模型参数更新发送回各个参与者，将全局模型应用于本地的预测和决策任务。随着更多参与者的加入以及模型的持续优化，全局模型会不断迭代更新，系统的整体性能将逐步提升。

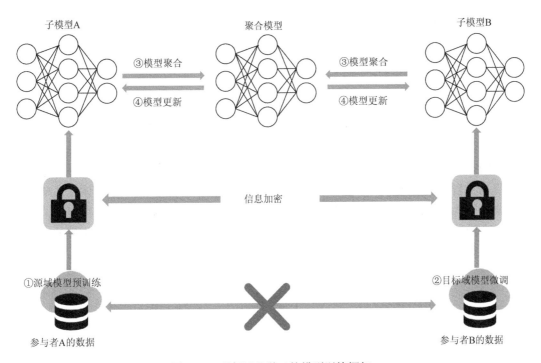

图 4-10 联邦迁移学习的模型训练框架

联邦迁移学习通过加入更多的学习用户来扩展纵向联邦学习架构的样本空间，实现了在不同数据分布之间共享模型知识，为跨领域和跨机构的合作提供了一种有效的解决方案。

4.3.4 联邦强化学习

联邦强化学习（federated reinforcement learning，FRL）是一种结合了联邦学习和强化学习（reinforcement learning，RL）的新兴研究方向，适用于多智能体系统在分布式隐私保护环境中的学习与决策优化。在 FRL 中，每个智能体都主动与环境交互来学习一个优化策略，通过共享学习经验以提升学习效率，增加对环境的适应能力并加快训练速度。

根据环境与目标任务，联邦强化学习可以划分为横向联邦强化学习（horizontal federated reinforcement learning，HFRL）和纵向联邦强化学习（vertical federated reinforcement learning，VFRL）。各类联邦学习方法对比见表 4-1。

表 4-1　各类联邦学习方法对比

范式	适用场景	协作方式	面临的挑战
横向联邦学习（HFL）	数据特征空间重合度高,样本空间重合度低	共享模型更新或梯度信息	如何整合相同特征空间的不同样本
纵向联邦学习（VFL）	数据特征空间重合度低,样本空间重合度高	共享模型更新或中间结果	如何处理相同样本空间的特征融合
联邦迁移学习（FTL）	数据样本与特征空间均有较少的重叠部分,缺少有效标签数据	共享预训练模型或知识	如何在不同数据分布中迁移知识
横向联邦强化学习（HFRL）	多个智能体与不同但相似的环境交互	共享策略或价值函数更新	如何在不同环境中找到通用策略
纵向联邦强化学习（VFRL）	处于同一环境,但智能体的角色或任务不同	共享局部观察和决策信息	如何在单一环境中协调不同智能体的决策

在图 4-11 的横向联邦强化学习的模型训练框架中,智能体 A 和 B 各自与本地环境进行交互,这些环境可能具有不同的状态与奖励反馈,但智能体的训练目标都是学习一个能够在各自环境中取得最佳性能的策略。由于每个智能体面对的是不同的环境,因此它们学习的策略也会有所不同,但智能体之间可以通过联邦学习的方式共享模型中间参数,从而提高各自的学习效率和模型性能。同时为了保护隐私数据安全,智能体在共享策略时通常会引入噪声,图 4-11 中的噪声 A 和 B,有助于在不泄露敏感信息的前提下,实现策略的有效传递与学习。因此,HFRL 适用于那些需要在多样化环境中进行决策的多智能体系统,如自动驾驶车队在不同道路条件下的导航、无人机在不同天气条件下的飞行控制等。

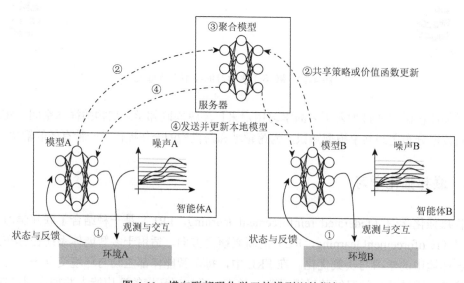

图 4-11　横向联邦强化学习的模型训练框架

由图 4-12 可知,纵向联邦强化学习中多个智能体与相同的全局环境进行交互,共享相同的状态空间和奖励函数。但每个智能体只能观察到有限的环境状态信息,有可能存在部分观察信息重叠，并且所有智能体根据局部观察结果所做出的动作决策都会影响全局环境状态更新与奖励反馈。在 VFRL 中，智能体需要学习如何根据局部观察和行动结果来获取更多的数据特征信息，以最大化整体的累积奖励。最终训练出的多智能体模型的结构和参数各不相同，能够实现不同功能，有效提升各智能体的竞争或合作能力。

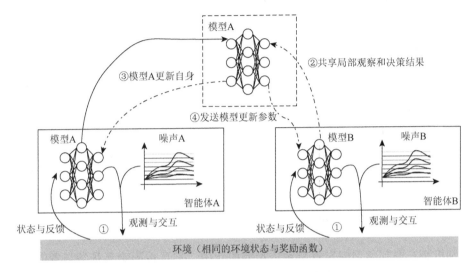

图 4-12 纵向联邦强化学习的模型训练框架

总的来说，HFRL 和 VFRL 分别针对不同的环境特性和任务需求，提供了相应的联邦强化学习解决方案。HFRL 侧重于在不同环境中的知识整合与策略共享，而 VFRL 则侧重于在相似环境中的协作学习，但都旨在通过联邦学习框架实现隐私保护下的多智能体决策优化。

4.4 联邦学习的激励机制

在联邦学习环境中，激励机制扮演着至关重要的角色，它直接影响参与者是否愿意贡献自己的数据和算力资源。参与者需要在不共享原始数据的前提下协作训练模型，会面临着安全隐私保护与计算资源投入等挑战。因此，设计有效的激励策略可以提高参与者的积极性，促使他们更积极主动地参与到联邦学习过程中，从而加速模型的训练和优化。

4.4.1 激励机制的基本要素

激励机制是为了解决客户端参与度不足和数据共享动力不足的问题而设计的，通常由以下几点基本要素构成：

贡献度量：激励机制首先需要一个公正而准确的评估方法来衡量参与者的贡献，包括对数据质量、模型改进的贡献度以及计算资源的投入等方面的量化。

奖励分配：奖励可以是货币形式，也可以是数据访问权限、计算资源、声誉积分等非货币形式。奖励分配应当公平且及时，以维持参与者的持续动力和方案的整体吸引力。

隐私保护：隐私保护是激励机制的核心元素，鼓励参与者采取措施保护数据隐私，如采用加密技术、匿名化处理等，同时对采取额外隐私保护措施的参与者给予额外的奖励。

系统稳定性：这意味着激励机制不应仅仅基于短期目标，而应考虑到长期的合作和贡献，确保参与者在联邦学习中的持续活跃与投入。

透明度：激励机制应该是透明且简洁的，所有参与者都能够理解其工作原理和自己的收益来源，从而促进更广泛的合作。

灵活性与适应性：由于联邦学习环境的多样性和动态性，激励机制需要能够适应不同参与者的需求、不同数据特征和不断变化的外部环境，并且能够随着技术进步和政策变化进行自适应科学调整。

4.4.2　激励机制的设计原则

激励机制在联邦学习中发挥着至关重要的作用，它直接影响着各参与者的合作积极性和整个系统的性能。为了确保激励机制的有效性和公平性，设计者需要严格遵循相关的设计原则，主要包含以下几个方面：

公平性原则：确保各方在协同学习中能够享有平等的机会和权益，包括对奖励的公正分配、任务的公平分配以及参与者之间的权限平衡等，有助于建立长期的信任，促进联邦学习系统的健康发展。

可量化的贡献评估原则：提供明确的评估机制来量化参与者的贡献，如数据质量、模型改进的贡献度或算力资源的投入量等。通过可量化的重要评价指标，参与者可以更清晰地了解其贡献的价值，并据此获得相对应的激励。

激励多样性原则：为了激发各方的积极性，奖励不仅仅以经济利益为主，还可以给予声誉分数、允许资源共享以及提高组织的社会认可度等非经济激励。

隐私保护原则：激励机制不应强迫参与者牺牲隐私以获取奖励，采用差分隐私、加密通信等技术手段以确保用户敏感信息不被泄露。同时防范对抗攻击、数据篡改等各类攻击手段，是保障激励机制正常运作的基本要求。

长期激励原则：激励机制设计要注重长期效应，而非仅仅关注短期收益，使得各方更愿意投入时间和资源，促进系统的稳定发展。

可扩展性原则：激励机制应与不同的联邦学习场景兼容，具备良好的扩展性，能够随着参与者数量的增加和数据量的增长而进行有效改进。

可解释性原则：激励机制的设计应简单明了，便于所有参与者理解与接受。高度透明和易于理解的机制有助于建立参与者的信任，进而减少误解和潜在的冲突。

通过综合上述设计原则，可以构建一个有效的激励机制，不仅能够促进更多的参与者积极贡献，还能维护联邦学习系统的可持续发展并实现隐私保护的长久目标。

4.5　开源的联邦学习框架

在探索联邦学习的实际应用与学术研究时，相关的开源框架为开发者和研究人员提供了一套完整的工具和库，便于实现和测试联邦学习算法。在本节中，我们将深入了解这些框架的特点以及它们在解决实际问题中的应用潜力。

4.5.1　PySyft

PySyft 是 OpenMined 在 2018 年提出、开源于 2020 年的一个基于 Python 的隐私保护深度学习框架，采用差分隐私和加密计算等技术，对联邦学习过程中的隐私数据和计算模型进行安全分离。

PySyft 的核心设计理念是基于张量的链抽象模型，旨在以一种可扩展的灵活方式支持联邦学习的研究与开发，让研究人员可以利用这一特性轻松地添加新的联邦学习算法或隐私保护机制。如图 4-13 所示，模型的关键部分是_Syft 张量，这是一种特殊的数据结构，用于表征数据的状态及其转换操作。同时_Syft 张量通过链式结构相互连接，形成了一个层次化的数据表示体系。在这个体系中，每个_Syft 张量都可以有一个或多个子张量，通过子属性（.child）可以访问这些子张量，而通过父属性（.parent）则可以追溯到更高层次的变换操作或状态。

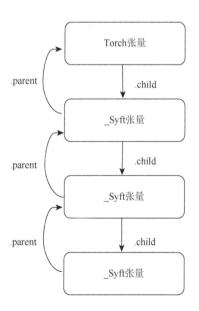

图 4-13　基于张量的链抽象模型

PySyft 是为横向联邦学习量身定制的，配备联邦平均算法（FedAvg）等多种优化算法，允许多个参与者在保护数据隐私的前提下协作训练一个共享的模型。目前尽管 PySyft

主要用于横向联邦学习，但它也提供了一些优化纵向联邦学习算法的功能，例如基于拆分神经网络的方法。PySyft 能够与 PyTorch、Keras 和 TensorFlow 等主流深度学习框架集成，快速构建传统机器学习算法和各种深度神经网络模型，如深度卷积生成对抗网络（DCGAN）、变分自编码器（VAE）等。

PySyft 设有同步与异步更新机制，为不同的网络条件和计算资源提供了灵活的解决方案。在操作系统兼容性方面，PySyft 提供了 Mac、Windows 和 Linux 操作系统的兼容性支持，使得研究人员能够在多种开发环境下进行联邦学习框架部署和相关实验测试。

4.5.2　TensorFlow Federated

TensorFlow Federated（TFF）是 Google Research 团队在 2019 年发布的开源联邦学习框架，旨在解决传统集中式机器学习方法在数据隐私和安全性方面的挑战。TFF 是基于深度学习框架 TensorFlow 的 API 扩展库，专门设计用于构建和部署联邦学习应用。

TFF 的架构分为客户端、联邦学习中心服务器和协作者三大关键部分。客户端运行在用户数据所在的终端设备上，主要功能包括与联邦学习中心服务器通信以及进行本地模型的训练与更新；联邦学习中心服务器负责聚合来自所有客户端的模型参数或计算梯度来更新全局模型，同时还需要传输模型的部分超参数以及必要状态信息；协作者是客户端与联邦学习中心服务器端的分布式通信桥梁，是客户端集群的管理员。在图 4-14 的架构下，客户端通过协作者与联邦学习中心服务器进行交互，构建协同训练模型的模式，其训练流程主要包括以下 3 步：①联邦学习中心服务器从终端集群中筛选出参与该轮联邦学习任务的设备；②联邦学习中心服务器向客户端设备发送当前模型的超参

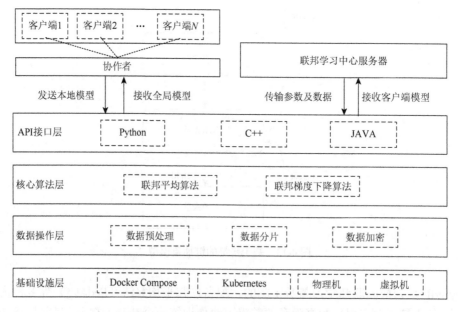

图 4-14　TensorFlow Federated 系统架构

数以及必要状态数据，客户端设备基于上述参数以及本地数据集进行模型训练，并将相关梯度信息加密后发向联邦学习中心服务端；③联邦学习中心服务端聚合来自所有客户端的模型更新参数，利用接收到的梯度信息来更新全局模型，并重新开启下一轮的迭代训练。

TFF 提供了一套较为完备的联邦学习算法库，包括但不限于联邦平均算法（FedAvg）和联邦梯度下降算法（FedSGD）等优化策略。在人工智能算法应用方面，TFF 不仅支持传统的机器学习模型，还能与深度学习框架 TensorFlow 无缝集成，快速构建卷积神经网络（CNN）、循环神经网络（RNN）等深度学习模型。由于其强大的隐私保护特性，TFF 在对数据隐私有严格要求的行业中尤为受欢迎，如用户移动设备上的数据分析、医疗数据隐私保护以及金融风险评估服务等。

TFF 的开源特性和活跃的社区氛围也预示着它将成为联邦学习研究和实践的一个重要工具，未来预计将增加更多功能和对其他联邦学习方法的支持，进一步扩展其在联邦学习领域的应用范围。

4.5.3 FATE

Federated AI Technology Enabler（FATE）是微众银行在 2019 年开源的联邦学习平台，是世界上第一个工业级的开源联邦学习框架，使不同企业和机构能够在保护隐私数据安全的同时协作处理数据。

FATE 系统架构如图 4-15 所示，各个模块和服务组件之间通过高效的代理通信机制进行交互。其中 FATE Flow 作为作业调度的核心，根据用户的需求自适应协调各个组件的运行过程。当需要执行数据处理或模型训练等作业时，FATE Flow 会调用联邦机器学

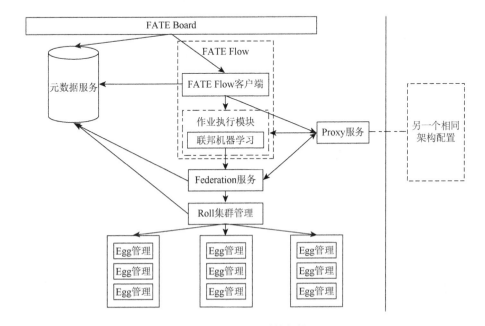

图 4-15 FATE 系统架构

习服务，并与元数据服务模块进行交互以获取所需的数据和参数。此外，Federation 服务在整个系统中扮演着消息传输和协调的角色，负责在不同组件之间传递消息和指令，以确保整个系统的协同工作。Proxy 服务提供网络通信与路由功能，主要用于连接不同的计算集群。当某个组件出现故障或负载过高时，Proxy 组件自动将请求转发到其他正常的服务节点。最后，Roll 集群管理作为系统硬件信息的管理工具，可以通过 Egg 管理接口实时了解系统的运行状态、资源使用情况以及性能瓶颈等重要信息，从而进行针对性的优化和调整。

综上，FATE 的优势在于其能够提供一套完整的联邦学习生命周期管理工具，包括模型训练、评估、部署和监控等丰富组件，有效降低开发成本。同时因其全面支持横向联邦学习、纵向联邦学习以及联邦迁移学习等多种算法部署开发的能力，FATE 框架在业界获得了显著的关注和认可。在实际应用中，FATE 已经在金融、医疗、电信等多个行业展现出其价值，帮助机构在遵守数据隐私法规的同时，提升服务质量和业务效率。

4.5.4　FedML

FedML 是由美国南加州大学联合 MIT、Stanford、MSU、UW-Madison、UIUC、腾讯、微众银行等众多知名高校与公司联合发布的开源联邦学习框架，为实现在任何规模的计算设备上运行多样化联邦学习算法的目标而提供简单灵活且通用的 API 支持。

如图 4-16 所示，FedML 主要包括服务端、客户端以及管理节点三个角色，它们通过

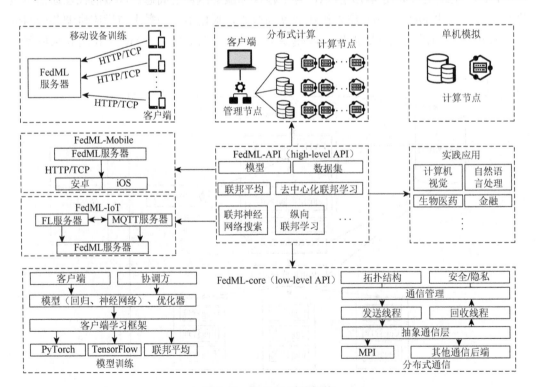

图 4-16　FedML 系统架构

HTTP/TCP 协议进行通信，确保数据的高效传输。在移动设备训练方面，FedML-Mobile 提供了直接在安卓（Android）和 iOS 等移动操作系统上进行联邦学习模型训练的一系列组件，减少对中心服务器的依赖，有助于保护用户数据隐私。FedML-IoT 进一步扩展了框架的应用范围，使其能够适应物联网（IoT）设备的算力资源。同时 FedML 也具备去中心化联邦学习部署方案，这是一种不依赖于单一中心服务器的联邦学习架构，通过 MQTT 服务器等分布式通信机制，允许客户端之间直接交换信息，进一步提高系统的鲁棒性和可扩展性。

FedML-core 和 FedML-API 这两个核心组件，分别提供低级别接口（low-level API）和高级别接口（high-level API）的开发支持，以便研究人员可以通过不同级别的 API 接口定制多层次安全通信与隐私管理策略。同时，FedML-core 还能适配多种通信后端，如 MPI 和其他通信协议的专用后端，以及对多种编程语言和计算框架的兼容，都为模型训练和分布式通信提供了强大的支撑。而 FedML-API 建立在 FedML-core 之上，提出将模型、数据集和算法分离的高阶机器学习实践方案。通过使用 FedML-API，用户可以专注于算法设计和模型优化，而不必关心底层的实现细节，从而加速联邦学习研究进展和实际应用的落地。

总体而言，FedML 凭借其模块化设计、跨平台兼容性以及对多种联邦学习范式的支持，能灵活应对各种业务需求以及分布式计算模型的重用，为联邦学习的研究和应用提供了一个全面、灵活且高效的解决方案。FedML 可将现有联邦学习算法轻松移植到算力资源有限的边缘移动设备上，采用流行的物联网协议 MQTT 实现异构设备之间的通信，这种可扩展性使 FedML 成为推动联邦学习应用发展的有力工具。

4.6 联邦学习的应用领域

从金融、医疗、教育到边缘计算，联邦学习正逐渐成为解决数据孤岛问题、提升服务质量、保护用户隐私的关键技术。在本节中，我们将探讨联邦学习在不同领域中的应用实例，以及它是如何帮助企业和组织在遵守数据隐私法规的同时，实现数据价值的最大化和业务的创新。

4.6.1 跨行业隐私保护数据的分析与合作

大数据成为推动数字经济时代发展的关键资源，鼓励不同行业之间加强合作与交流，推动资源整合和协同合作。然而，对数据隐私保护等安全性问题的担忧往往成为多方合作的障碍。联邦学习可以打破不同行业数据壁垒，在不共享原始数据的前提下进行联合模型训练和知识提取，为跨行业合作提供了一种新的技术方案，推进数字化融合发展。

在传统的数据合作中，不同机构或组织需要共享原始数据，但这往往涉及隐私问题和安全风险。在图 4-17 的跨行业隐私数据保护的分析与合作框架中，各方的数据仍然存储在本地，仅需在训练过程传输模型更新所需参数，通过差分隐私或者区块链等方式建立隐私数据保护机制，使各参与者能够受益于全局模型的训练优化而无须担忧敏感信息泄露问题。

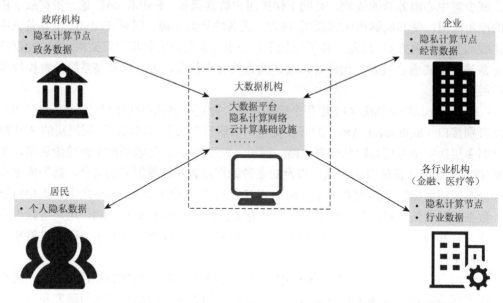

图 4-17　跨行业隐私数据保护的分析与合作框架

通过引入先进的联邦学习技术，银行、支付平台和投资机构能够在不泄露客户敏感信息的情况下，与互联网、电信运营等行业机构在满足数据隐私保护规定的前提下共同开发社交金融反欺诈风控模型，充分利用多维度的特征数据，有效提高金融服务的安全性和效率。医学领域是联邦学习的另一个重要应用场景，利用多家医院与医药机构的数据构建协作模型来提高疾病诊断的准确性，促进医学研究与临床实践的进步。在物联网领域，每天边缘端设备都要产生大量运行数据。联邦学习允许这些设备在本地训练模型，并将模型更新发送到云端进行聚合，减少数据传输的需求和隐私泄露的风险，从而有助于工业自动化、智慧城市和智能家居等领域实现多方隐私数据共享，挖掘数据联合价值，从而实现多方安全计算。

联邦学习通过在保护数据隐私的前提下实现跨行业数据合作，促进数据共享和耦合模型协同训练，实现数据价值的最大化利用，以解决更多协同场景下的 AI 应用难题。

4.6.2　协作式机器学习

协作式机器学习是联邦学习的一个关键应用领域，它允许不同参与者在保护数据隐私的条件下共同开发和改进机器学习模型。这种协作模式不仅能够打破"数据孤岛"现状，充分利用分散在各处的数据资源，促进知识和技术的交流与共享。

在图 4-18 的协作式机器学习中，参与者可以是不同行业的公司、研究机构，甚至是不同地区的政府部门。在这种模式下，协作式机器学习的一个关键优势是数据始终保持在各自的本地服务器或存储设备上，不直接共享给其他参与者。相反，参与者通过交换模型的参数更新、梯度信息或者预测结果来进行协作。协作式机器学习的另一个关键优势是其通信效率的提升，通过精心设计的通信协议和数据压缩技术，减少在模型训练过程中需要传输的数据量。此外，协作式机器学习框架的灵活性和扩展性使其能够适应各种不同的应用需求，允许研究人员和开发者根据具体问题定制和优化模型，以包含更多的参与者和处理更大规模的数据。

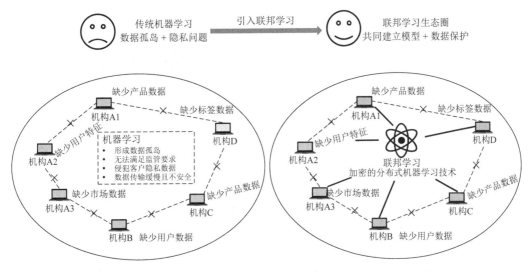

图 4-18 协作式机器学习

协作式机器学习在金融风控方面有着显著的应用潜力。通过协作式机器学习，不同金融机构将各自的客户行为数据特征融合，构建更加全面和准确的信用评分模型。供应链管理是另一个协作式机器学习的典型应用领域。在全球供应链中，各个环节的信息关系复杂，涉及众多的合作伙伴。不同企业应用协作式机器学习框架共同优化供应链预测模型，更好地协调生产计划和物流供应，以适应市场的变化。

4.6.3 云边协同的智能决策优化

云边协同的智能决策优化是一种新兴的协同计算模式，它结合了云计算的强大处理能力和边缘计算的实时快速响应优势，实现云边协同服务的智能决策优化，满足不同用户对高带宽、低时延、大连接以及数据隐私保护的差异化需求。

如图 4-19 所示，边缘设备负责收集和预处理数据，在边缘本地数据集进行局部模型训练，从而减少了数据泄露的风险。而云计算中心则提供更复杂的数据分析和模型训练支持，完成多方模型参数的加权聚合，实现算力资源的动态分配和联邦学习模型的更新。

云边协同模式适用于需要即时决策和实时反馈的应用场景，如自动驾驶、智能制造和智慧城市等。在智慧交通系统中，智能化车辆在本地训练并学习自适应驾驶策略，再通过联邦学习框架与其他车辆分享行为操作信息，共同构建更加完备的自动驾驶模型，而无须将行驶数据传输到更为遥远的中心服务器。在智能制造领域中，联邦学习模型能在边缘端实时处理工厂运营中产生的敏感数据，并接受云端优化策略构建边缘智能协作

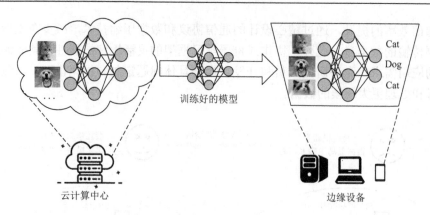

图 4-19 云边协同的智能决策优化

系统，为提高工业制造智能水平提供了具体的方案。在智慧城市建设中，多个气象监测站对采集到的大气温度、湿度、风速、风向、气压以及降雨量等数据进行本地分析和模型训练，并将模型的更新参数上传至云端并完成聚合更新，有效提高气象预警的准确性和时效性，为城市的规划发展提供科学依据，推动建成全城超高密度的气象感知网络。

在联邦学习技术的助力下，云边协同模式逐渐成为各领域、各行业寻求安全智能化转型的突破口。打造云边端协同的算力调度与 AI 服务机制，构建立体化的隐私保护架构，将成为实现全面感知与精准决策的基础，从而满足各行业高质量发展的需求。

4.7 本 章 小 结

在本章中，我们全面探索了联邦学习这一充满创新机遇和技术挑战的前沿领域。首先，回顾了联邦学习的发展轨迹以及其背后的基础理论，包括分布式计算架构和用于隐私保护的加密技术。随后，具体阐述了联邦学习的多种模式，并探讨构建有效激励机制的重要性与必要性。此外，本章还从架构机理上分析了当前几种主流的开源联邦学习框架，为学术界和工业界的研究者及开发者提供了宝贵的工具。最后，通过介绍联邦学习在多个行业的应用案例，展示了其更好的应用前景和广泛的发展空间。通过本章的学习，读者将能够更好地理解联邦学习的价值和潜力，以及如何在保护数据隐私的同时实现高效的机器学习模型训练。

课后习题

4.1 简述联邦学习诞生的背景，并解释它如何帮助解决数据隐私保护的问题。

4.2 解释横向联邦学习、纵向联邦学习和联邦迁移学习的区别，并给出各自适用的应用场景。

4.3 讨论联邦学习中激励机制的重要性，并设计一个简单的激励机制来鼓励参与方贡献数据。

4.4 列举并简要描述至少两种开源的联邦学习框架，并讨论它们各自的优势。

4.5 阐述联邦学习在云边协同的智能决策优化中的应用，并给出一个简易应用实例。

第 5 章　AI 大模型

5.1　AI 大模型概述

5.1.1　AI 大模型的相关概念

AI 大模型本质上是一个使用海量数据训练而成的深度神经网络模型，其巨大的数据和参数规模，实现了智能的涌现，展现出类似人类的智能，AI 大模型通常也称为大语言模型（large language model，LLM）。随着模型参数的提高，人们逐渐接受模型的参数越多，其性能就越好，但是大模型与普通的深度学习模型有什么区别呢？

如果把普通模型比喻成一个小箱子，那么其容量是有限的，只能存储和处理有限的数据和信息。普通模型只能完成分类、预测等任务。而 AI 大模型则是通过使用大量的数据和参数进行训练，以生成与人类类似的文本或回答的问题。AI 大模型是通过使用大量的多模态数据作为输入，并通过复杂的数学运算和优化算法来完成 AI 大模型的训练，使模型能够学习和理解输入数据的特征。数据的特征最终会在大模型庞大的参数中进行表征，以获得与输入数据和模型设计相匹配的能力，进而最终能够完成更复杂、更广泛的任务，如自然语言处理、计算机视觉、自动编程等任务。

根据以上定义和理解可以得出 AI 大模型的特点。

庞大的参数：AI 大模型通常具有庞大的参数规模，拥有数以亿计的参数，这些参数表征着模型的知识和经验，更多的参数意味着模型具有更强大的学习能力和表示能力，能够更好地捕捉数据中的复杂模式和特征，以便进行推理和预测。

上下文理解和生成：AI 大模型能够理解和生成更具上下文和语义的内容，通过注意力机制、上下文编码器等关键技术来学习和训练大量的语言、图像等输入数据，可以从复杂的真实场景中提取有用的信息。

强大的泛化能力：AI 大模型通过在大规模数据上进行训练，具有强大的泛化能力。它们从大量的数据中学习到广泛的特征和模式，并且能够在未学习过、未见过的数据上也同样表现良好。对未学知识的泛化能力也是评估 AI 大模型的重要指标。

计算资源需求大：AI 大模型对于数据和计算资源的需求非常大。需要强大的计算资源来进行参数优化和推理，这需要具备出色的并行计算能力的 GPU、TPU 集群，这使得训练和使用这些模型成为一项具有挑战性的任务。

迁移学习能力：AI 大模型在一个或多个领域上进行预训练，并能够将学到的知识迁移到新任务或新领域中。这种迁移学习能力使得模型在新任务上的学习速度更快，同时也提高了模型在未知领域中的性能。

预训练与微调：AI 大模型可以采用预训练和微调两个阶段策略。在预训练阶段，模型通过大规模无标签数据进行学习，学习到一种通用表示。在微调阶段，模型使用有标签数据对模型进行细化训练，以适应具体的任务和领域。在大规模数据上进行预训练，再在具体任务上进行微调，能够让 AI 大模型适应不同的应用场景。

多领域应用：AI 大模型应用领域广泛，可应用于多个领域，并解决多种任务，如自然语言处理、计算机视觉、语音识别等。AI 大模型不仅在单一模态领域中有很强的表现，而且能够进行跨模态的任务处理。

最近几年，随着深度学习和硬件技术的快速发展，出现了一系列强大的 AI 大模型，其中最著名的就是以 Transformer 架构为基础的 BERT、GPT 和 T5 等模型。以 GPT-3 为例，它具有 1750 亿个参数。该模型在自然语言处理任务中表现出色，能够生成高质量的文本、回答问题和进行对话。

5.1.2　AI 大模型的发展历程

AI 大模型的发展可以追溯到早期的人工神经网络和机器学习算法，但真正的突破始于深度学习的兴起和计算能力的提升。AI 大模型的发展历程其实就是深度学习的发展过程，其发展阶段如图 5-1 所示。

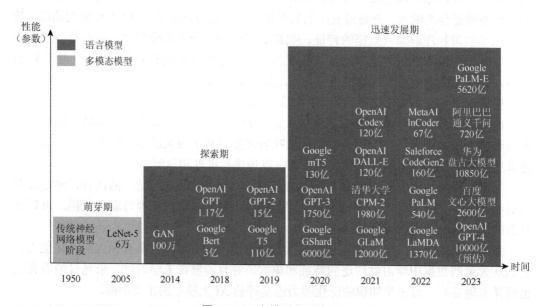

图 5-1　AI 大模型发展阶段

深度学习领域自 20 世纪 80 年代以来经历了多个里程碑式的发展阶段。从最早的多层感知器（MLP）到循环神经网络（RNN）、卷积神经网络（CNN）、长短期记忆（LSTM）网络以及深度信念网络（DBN），每一种模型都在特定任务中展现出了卓越的性能。2012 年以后，随着计算能力的提升和大规模数据集的可用性，深度学习经历了一次重大发展，尤其以 AlexNet、GoogleNet 和 AlphaGo 等为代表的模型在图像识别和游戏领域取得了巨大成功。近年来，大规模预训练模型如 Transformer 和 BERT 的崛起更是为自然语言处理领域带来了革命性的进展。随着模型规模不断扩大，如 ChatGPT、GPT-3.5 和 GPT-4 等更为庞大和先进的模型相继问世，深度学习技术不断推动着人工智能领域的发展，并为 AI 大模型广泛应用提供了更多可能性。

5.1.3　AI 大模型的构建流程

目前 AI 大模型的构建主要有两种路径，一种是从头构建完整 AI 大模型，另一种是基于开源的 AI 大模型基座的优化。前者所需数据、算力、时间投入较大，但 AI 大模型的性能更为突出。后者模型的参数和能力受限于开源模型，但成本较低，可以快速形成所需的 AI 大模型。

（1）从头构建完整 AI 大模型

从头构建完整 AI 大模型是一个复杂且精细的过程，涉及多个流程（图 5-2），包括数据准备、模型设计、训练、微调和评估。首先，需要收集和处理大量高质量的数据，这是构建模型的基础。接着，根据任务需求选择或设计合适的模型架构，如 Transformer。随后，通过高性能计算资源对模型进行训练，让它学习数据中的模式和规律。训练完成后，需要对模型进行微调，以优化其在特定任务上的表现。最后，通过标准测试集对模型进行评估，确保其满足预定的性能要求。整个过程需要跨学科的知识和技术，以及对模型性能与应用场景之间平衡的深刻理解。

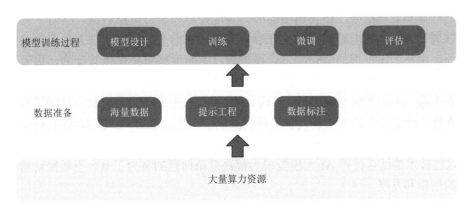

图 5-2　完整 AI 大模型构建流程

（2）基于开源 AI 大模型基座的优化

基于开源的 AI 大模型基座进行参数微调是一个低成本的选择，也是 AI 大模型下游玩家最常见的选择。通过利用开源的 AI 大模型基座，在 1 张高性能显卡中，大约用 5 小时就能够完成包含 200 万条数据的模型参数微调。参数高效微调方法也是目前业界主流的调优方式，在保持原有 AI 大模型的整体参数或绝大部分参数不变的情况下，仅通过增加或改变参数的方式获得更好的模型输出，影响的参数量可仅为 AI 大模型全量参数的

0.1%以下，典型参数微调的方法有 Prefix Tuning、Prompt Tuning、LoRA 等，其中 Prompt Tuning 微调流程如图 5-3 所示。

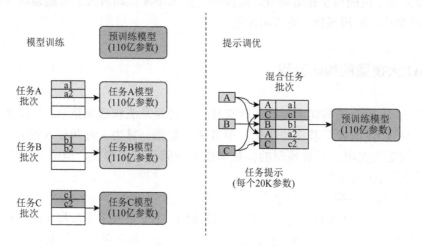

图 5-3　Prompt Tuning 微调流程

5.2　AI 大模型的核心技术

AI 大模型的核心技术是当代人工智能领域最前沿的研究方向之一，它们的发展标志着人工智能技术的一大进步。首先，基于 Transformer 的模型基座为 AI 大模型提供了一个强大的计算和处理框架，使得模型能够高效地处理和学习海量数据。接着，提示学习和指令微调技术让模型能够更准确地理解人类语言和指令，增强了与人类用户的交互能力。此外，基于人工反馈的强化学习让模型通过不断地试错来优化其行为，提升了其在特定任务上的表现。思维链方法与集成学习则是通过模仿人类的思考方式和整合不同模型的知识来进一步提高问题解决能力。而 AI 大模型的推理与评价机制则确保了模型的性能和可靠性，通过持续的评估和调整来维护其高效运作。最后，多模态 AI 大模型的发展使得模型不仅能处理文本信息，还能理解图像、声音等多种数据，极大地拓宽了其应用范围。这些技术的结合使得 AI 大模型成为解决复杂问题的有力工具，不断推动着人工智能领域的创新和发展。

5.2.1　基于 Transformer 的模型基座

基于 Transformer 的模型基座是当前人工智能领域的一个重要突破，它为处理大量数据和复杂任务提供了强大的支持。想象一下，如果我们把语言理解的过程比作是在一座图书馆中寻找信息，那么 Transformer 模型就像是一位非常高效的图书管理员，能够迅速找到你需要的信息，并理解它们之间的联系。

Transformer 模型最初是在 2017 年被提出，用于改进机器翻译系统。它的核心思想是自注意力（self-attention）机制，这使得模型能够在处理一个序列（比如一句话）时，同时考虑序列中的每个元素（比如每个词）与其他所有元素的关系。这种能力让 Transformer 模型特别擅长理解文本中词与词之间复杂的依赖关系，例如长距离的语法结构或上下文含义。

让我们用一个简单的例子来说明自注意力机制的工作原理。假设我们有一句话，"天气很好，我决定去公园散步。"为了理解这句话的含义，我们需要知道"散步"这个动作是由"我"来执行的，而"天气很好"是散步的原因。自注意力机制通过计算每个词对句子中其他词的"关注度"来实现这一点。简单来说，模型会为每对词分配一个分数，表示它们之间的相关性有多强。这样，模型就可以把注意力集中在与当前处理的词最相关的其他词上，从而更好地理解句子的整体含义。

Transformer 模型的这种能力不仅适用于语言处理任务，还被广泛应用于图像识别、语音识别等多模态领域。它的灵活性和强大的处理能力使得 Transformer 模型成为了人工智能研究和应用的重要基石。

图 5-4 是 Transformer 模型的简化图解。在这个简化的图解中，我们可以看到 Transformer 模型如何通过自注意力机制处理一句话。每个词都与句子中的其他词相连接，

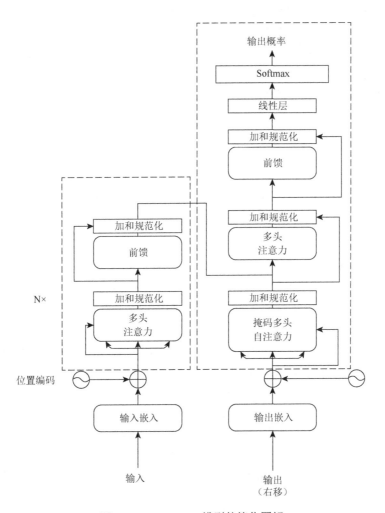

图 5-4 Transformer 模型的简化图解

模型计算每对词之间的关注度，以理解它们之间的关系。这个机制使得模型能够集中注意力处理与当前的词最相关的其他词，进而更好地捕捉句子的整体含义。

通过这种方式，Transformer 模型能够处理复杂的依赖关系和上下文信息，从而在多种语言和多模态任务中取得优异的性能。这种模型的强大之处不仅在于其处理信息的能力，还在于它的灵活性和扩展性，使得研究人员和开发者可以在此基础上构建出适用于各种复杂应用的人工智能系统。

Transformer 模型之所以成为深度学习领域的一个重大创新，还在于它极大地提升了训练效率和模型性能。在自注意力机制的帮助下，Transformer 模型能够并行处理整个序列，这与之前的模型如循环神经网络（RNN）或长短期记忆（LSTM）网络相比，是一个巨大的进步。RNN 和 LSTM 网络处理序列时必须按顺序逐个处理元素，这限制了训练速度和扩展性。Transformer 模型通过一次性处理整个序列，极大地加快了训练过程。

此外，Transformer 模型的另一个关键特点是它的编码器-解码器结构。在机器翻译等任务中，编码器部分负责理解输入序列（如一句话），而解码器则用于生成输出序列（如翻译后的句子）。这种结构使得 Transformer 模型不仅能够用于语言处理任务，还能广泛应用于图像生成、语音识别等领域，展现了其多功能性。

总之，Transformer 模型不仅改变了我们处理和理解数据的方式，也为未来的人工智能发展铺平了道路。随着技术的不断进步和应用的拓展，我们可以期待 Transformer 模型将在人工智能领域扮演更加重要的角色。

5.2.2　提示学习与指令微调

在人工智能（AI）的世界里，AI 大模型已经成为了开创性的技术之一，而"提示学习"与"指令微调"则是这些 AI 大模型核心技术中的重要组成部分。为了理解这两个概念，我们可以将它们比作是教育一个超级聪明的学生。你不仅要教他如何学习，还要指导他如何在特定情况下运用所学的知识。

提示学习（prompt learning）是一种使 AI 大模型能够更好地理解和执行给定任务的技术。在这种方法中，我们通过构建一种"提示"或者说是问题的特定形式，来引导模型理解任务的具体需求。这就像在给这个超级聪明的学生出一道数学题，但是你会特别指明"使用代数方法来解决这个问题"。

在 AI 大模型中，这种提示可能是一段文字、一组例子，甚至是一种特定的问题格式，它们都旨在引导模型以特定的方式处理信息。例如，在一个基于文本的 AI 大模型中，如果我们希望模型生成一篇关于历史的文章，我们可能会这样提示模型："写一篇介绍古罗马历史的文章。"这种提示直接告诉模型我们的期望输出是什么样的。

与提示学习相辅相成的是指令微调（instruction tuning）。这是一个更加深入的过程，它涉及调整模型的内部参数，以便模型能更好地理解和遵循给定的指令。这就好比是在告诉你的超级聪明的学生："当我让你使用代数方法时，我希望你首先考虑使用什么样的公式。"图 5-5 为指令微调的流程。

在实践中，指令微调通常需要大量的数据和复杂的训练过程。它可能包括给模型展示大量的例子，并明确指出哪些是正确的处理方式，哪些不是。通过这种方式，模型学会了如何更准确地解读和执行复杂的指令。

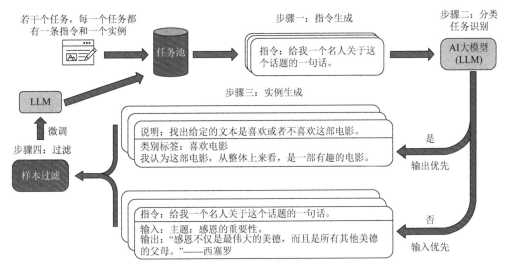

图 5-5　指令微调的流程

提示学习和指令微调在 AI 大模型中的重要性主要体现在灵活性和准确性两个方面。通过有效地使用这两种技术，模型不仅能够理解更加复杂和多样化的任务，还能以更高的准确度执行这些任务。这在很大程度上提高了模型的实用性和可靠性，使其能够在更广泛的应用场景中发挥作用。

总的来说，提示学习和指令微调为 AI 大模型提供了一种新的学习和执行任务的方式，使得模型能够更好地适应复杂多变的现实世界。通过这些技术，AI 大模型不仅能够执行简单的重复任务，还能处理需要深度理解和创造力的任务。随着这些技术的进一步发展，我们可以期待 AI 大模型将在我们的生活中扮演更加重要和积极的角色，帮助解决人类面临的各种挑战。

5.2.3　基于人工反馈的强化学习

在探索 AI 大模型的辽阔世界中，强化学习占据了一席之地，而"基于人工反馈的强化学习"则是其最引人注目的分支之一。想象一下，如果我们把 AI 大模型比作正在学习驾驶的新手司机，那么基于人工反馈的强化学习就好比是坐在副驾驶位置的教练，通过不断地指导和反馈，帮助新手司机成为一名经验丰富的司机。

首先，让我们理解强化学习是什么。强化学习是一种机器学习方法，它教会 AI 大模型通过试错来学习如何达成目标。简单来说，就是让 AI 大模型在一个虚拟环境中自由尝试，每当它做出正确的决策时，就给予奖励，反之，则给予惩罚。通过这种方式，AI 大模型逐渐学会如何做出最优的决策。然而，仅仅依靠机器自我尝试的强化学习有时候效率不高，尤其是在复杂的任务中。在这种模式下，人类参与到训练过程中，通过给予模型直接的反馈来指导学习过程。这种反馈可以是简单的奖励/惩罚信号，也可以是更复杂的指导信息，比如解释为什么某个决策是好的还是坏的。基于人工反馈的强化学习的流程图如图 5-6 所示。

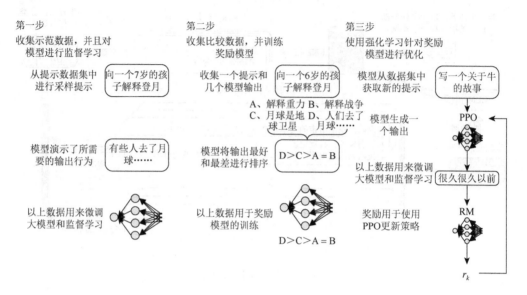

图 5-6　基于人工反馈的强化学习的流程图

　　设定一个让 AI 大模型进行尝试和学习的环境。这个环境应能够模拟真实世界中 AI 大模型需要解决的问题。AI 大模型开始在环境中自由探索，尝试不同的行动方案。在 AI 大模型做出特定行动后，人类观察其表现，并给予相应的反馈。这种反馈既可以是正面的奖励，也可以是负面的惩罚。AI 大模型根据人工反馈调整其行为模式，以期在未来做出更优的决策。重复上述过程，直至 AI 大模型能够在没有或很少人工干预的情况下，做出高质量的决策。

　　基于人工反馈的强化学习已经在多个领域显示出了其强大的潜力。例如，在视频游戏设计中，游戏开发者可以通过这种方法训练 AI 大模型，使其能够提供更具挑战性的游戏体验。在医疗领域，通过模拟临床情况，AI 大模型可以学习如何做出更精确的诊断决策。在自动驾驶技术中，基于人工反馈的强化学习可以帮助汽车更好地理解复杂的交通环境和应对突发状况。

　　然而，这种方法也面临着一些挑战。首先，它依赖于高质量的人工反馈，这就要求参与训练过程的人类必须具备相关领域的专业知识和经验。其次，这种方法可能需要大量的人工参与，尤其是在任务非常复杂的情况下，这会导致训练成本的显著增加。此外，人类的偏见和误解有时也会被引入训练过程中，这可能会影响 AI 大模型学习的质量和公正性。

　　尽管存在挑战，基于人工反馈的强化学习仍然是 AI 大模型领域的一个非常有前景的研究方向。研究人员正在探索如何通过自动化工具和算法减少人工反馈的需求，同时保证训练过程的效率和质量。此外，通过结合其他机器学习技术，如无监督学习或半监督学习，可以进一步提高模型的学习效率和适应性。

5.2.4　思维链方法与集成学习

在 AI 的发展过程中,"思维链方法"与"集成学习"成为了推动 AI 大模型进步的两个核心技术。它们如同给 AI 大模型装上了一对能从多个角度看复杂问题的"万花筒",让 AI 大模型不仅能"看到"问题,还能"思考"问题的各种可能性,并从中找到最优解。

思维链(chain-of-thought,CoT),可以理解为让 AI 大模型学会像人类一样进行逻辑推理和连贯思考。在处理一个复杂问题时,人类会自然地将问题分解为若干个子问题,然后逐个解决这些子问题,最终将所有子问题的解答串联起来,形成对原问题的完整解答。这个过程就像是在脑海中构建了一条"思维链"。简单来说,思维链是一种离散式提示学习,更具体的,AI 大模型下的上下文学习(即不进行训练,将例子添加到当前样本输入的前面,让模型一次输入这些文本进行输出完成任务)。相比于之前传统的上下文学习,思维链多了中间的推导提示,以图 5-7 为例。

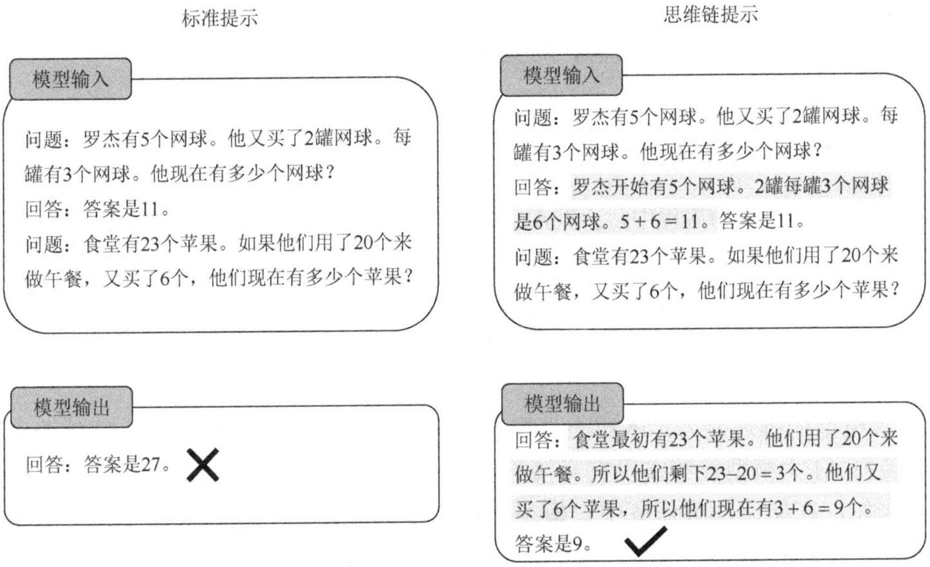

图 5-7　思维链推导过程

在 AI 大模型领域,实现思维链方法意味着让机器能够模拟这种逐步推理的过程。例如,当 AI 大模型面对一个复杂的多步骤问题时,它会先尝试理解问题的整体结构,然后将其拆解成一系列更易管理的任务。之后,AI 大模型会逐个解决这些子任务,并将结果组合起来,形成对原始问题的解答。这种方法不仅提高了 AI 大模型处理复杂问题的能力,而且增强了 AI 大模型的理解深度和解决问题的灵活性。

集成学习,则是从另一个角度提升 AI 大模型的智能。如果说思维链方法是让 AI 大模型学会"深思熟虑",那么集成学习则是让 AI 大模型有"群策群力"。简单来说,集成学习是一种机器学习范式，它通过构建并组合多个学习模型来解决同一个问题，目的是通过模型之间的互补和协作，达到比单一模型更好的预测性能。

想象一下，如果有一个非常难的问题，即使是最聪明的人也可能无法独自解决。但如果将这个问题交给 LLM，让 LLM 从不同的专业角度出发思考，然后再将它们的见解集合起来，往往能得到一个更全面、更深入的解决方案。集成学习正是基于这样的理念，通过整合多个模型的"智慧"，以期获得更优的决策和预测。

思维链方法与集成学习的结合使用，为解决一些历史上难以克服的难题提供了新的可能。例如，在解决复杂的环境保护问题时，AI 大模型可以通过思维链方法来分析和拆解问题的不同方面，然后通过集成学习来综合不同的解决方案评估，从而提出更全面、更有效的策略。因此，普林斯顿大学和谷歌 DeepMind 联合推出思维树（tree of thoughts，ToT），思维树类似于集成学习的结构，搭建了一个树形结构并打破了基于自洽性（self-consistency）的思维链（CoT-SC）多链之间的独立性，通过树形结构，ToT 赋予了模型在多条推理链间进行搜索的能力。

随着这些技术的不断发展，它们对社会的影响也日益显著。在医疗领域，可以通过结合思维链方法和集成学习的 AI 大模型系统来辅助医生进行疾病诊断和治疗方案的选择，提高医疗服务的质量和效率。在教育领域，AI 大模型可以根据学生的学习习惯和能力，提供个性化的学习计划和资源，助力教育的普及和平等。

5.2.5　AI 大模型的推理与评价

在探索 AI 大模型的旅程中，了解 AI 大模型的推理与评价成为了一项至关重要的任务。这不仅涉及 AI 大模型如何利用其庞大的知识库来进行逻辑推理，还包括了如何评估这些模型的性能和可靠性。想象一下，AI 大模型就像是一位全知全能的智者，它能够回答几乎所有问题。但是，我们如何确保这位智者的答案是正确的，又如何评判它的知识是否真的全面呢？

AI 大模型的推理能力，本质上是指它处理信息、解决问题和作出决策的能力。这种能力使得 AI 大模型能够在没有直接答案的情况下，通过逻辑推演来找到问题的解决方案。比如，在阅读理解任务中，模型不仅要理解文本的字面意义，还要能够推理出文中的隐含信息和作者的意图。由于 AI 大模型的通用性强，能够胜任多种任务，因此 AI 大模型的全方位评价涉及的范围广、工作量大、评价成本高昂。另外，由于数据标注工作量大，许多维度的评价基准仍然有待构建。再者，自然语言的多样性和复杂性，使得许多评价样本无法形成标准答案，或者标准答案不止一个，这导致相应的评价指标难以量化。此外，AI 大模型在现有评价数据集的表现难以代表其在真实应用场景的表现。

因此，当前 AI 大模型的评价按照评价维度的不同分为了 5 个评价类别，分别是知识和能力评价、对齐评价、安全评价、行业 AI 大模型评价、（综合）评价组织。

知识和能力评价：知识和能力评价是 AI 大模型的核心维度之一。对于 AI 大模型是否可以胜任真实场景任务，需要对 AI 大模型的知识和能力水平进行综合评估。在推理能力评价中，目前常见的 4 种推理类型有常识推理、逻辑推理、多跳推理和数学推理。在常识推理中，常用的评价数据集有 ARC、QASC、PIQA、MCTACO 等。在逻辑推理中，常用的评价数据集有 SNLI、MultiNLI、LogiQA 2.0、LSAT 等。在多跳推理中，常用的评价数据集有 HybridQA、MultiRC、Medhop 等。在数学推理中，常用的评价数据集有 SVAMP、MATH、C-EVAL、CMATH 等。

对齐评价：对 AI 大模型进行对齐评价能够提前预知 AI 大模型带来的负面影响，以便提前采取措施消除伦理价值未对齐问题。在对齐评价中，包括 AI 大模型的道德和伦理评价、偏见性评价、毒性评价和诚实性评价。在 AI 大模型的道德和伦理评价中，常用的评价数据集有 eMFD、TrustGPT、MFT、ANECDOTES 等。在偏见性评价中，常用的评价数据集有 GAP、GICOREF、WinoMT Challenge Set、EEC、DynaHate、CBBQ、BOLD 等。在毒性评价中，常用的评价数据集有 OLID、SOLID、COVID-HATE、HarmfulQ 等。在诚实性评价中，常用的评价数据集有 NewsQA、BIG-Bench、Factual Consistency Evaluation、NLI 等。

安全评价：虽然 AI 大模型在许多任务中已经展现出媲美甚至超越人类的表现，但由其引发的安全问题也不容忽视，因此需要对 AI 大模型进行安全评价以确保其在各种应用场景中的安全使用。在安全评价主要包括鲁棒性评价和风险评价两个方面。

鲁棒性评价主要包括：①提示词鲁棒性，即通过在提示词中加入拼写错误、近义词等模拟用户输入的噪音来评估 AI 大模型的鲁棒性；②任务鲁棒性，即通过生成各种下游任务的对抗样本评估 AI 大模型的鲁棒性；③对齐鲁棒性，AI 大模型通常会经过对齐训练以确保其生成的内容与人类的偏好和价值对齐，防止模型生成有害信息。然而，已有的研究表明有些提示词能够绕过对齐训练的防护，触发 AI 大模型生成有害内容，这种方法也被称为越狱攻击方法。因此，对齐鲁棒性主要评价的是 AI 大模型在面临各种引导模型生成有害内容的越狱攻击时能否仍然生成与人类偏好和价值对齐的内容。

风险评价则主要集中于两个方面：①AI 大模型的行为评价，即通过与 AI 大模型进行直接交互的方式，评估 AI 大模型是否存在追求权力和资源，产生自我保持等潜在危险行为或倾向；②将 AI 大模型视为智能体进行评价，即在特定的模拟环境中对 AI 大模型进行评价，如模拟游戏环境、模拟网上购物或网上冲浪等场景。与 AI 大模型的行为评价不同，此项评价更侧重于 AI 大模型的自主性以及其与环境和其他 AI 大模型之间的复杂交互。

行业 AI 大模型评价：行业 AI 大模型指专门针对某个特定领域或行业进行训练和优化的 AI 大模型（亦可以称为垂直 AI 大模型）。与通用 AI 大模型不同，行业 AI 大模型一般都经过了特定领域数据的微调，因此其更加专注于某一特定领域的知识和应用，如法律、金融、医疗等。

（综合）评价组织：评价组织的综合性评价基准归类为两种：①由自然语言理解和自然语言生成任务组成的评价基准，如早期的 GLUE、SuperGLUE 和近期的 BIG-Bench 等；②由人类各学科考试题组成的学科能力评价基准，其目的是评价 AI 大模型的知识能力，如 MMLU、C-Eval、MMCU 和 M3KE 等。

AI 大模型的推理与评价是确保人工智能健康发展的关键。随着模型变得越来越复杂，如何确保它们的推理能力既强大又正确，评价机制既全面又高效，成为了 AI 领域面临的重要挑战。未来，随着技术的进步和研究的深入，我们有理由相信，AI 的推理能力和评价方法将变得更加先进，帮助人工智能在为人类社会服务的同时，也能成为一个可信赖和可靠的"智者"。

5.2.6 多模态 AI 大模型

在 AI 大模型的发展历程中，多模态 AI 大模型成为了一项革命性的进步。这种模型能够处理和理解多种类型的数据——如文本、图像、声音甚至视频，使 AI 大模型能够更全面地理解复杂的信息和环境。想象一下，如果传统的 AI 大模型是通过一种感官来感知世界的话，那么多模态 AI 大模型就好比是拥有多种感官的超级生物，能够从不同维度感知和理解周围的世界。多模态 AI 大模型的一般模型架构和每个组件的实现选择如图 5-8 所示。

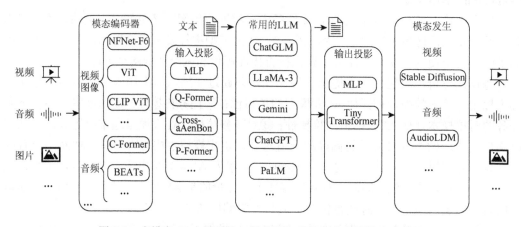

图 5-8　多模态 AI 大模型的一般模型架构和每个组件的实现选择

多模态 AI 大模型的核心在于其能够整合和处理多种类型的数据。在日常生活中，人类能够同时处理来自眼睛、耳朵、鼻子等多个感官的信息，这种能力使得我们能够全面理解周围的环境。同样，多模态 AI 大模型通过整合文本、图像、视频、音频等数据，能够获得更加丰富和深入的信息理解能力。例如，当多模态 AI 大模型需要分析一条新闻时，它不仅能阅读文本内容，还能理解相关的图片和视频，甚至是新闻主播的语音和语调，从而获得一个全面的新闻理解。

多模态 AI 大模型的实现通常依赖于深度学习技术，特别是神经网络。这些模型通过设计特定的网络结构，使得它们能够同时接收和处理多种形式的输入数据。例如，卷积神经网络（CNN）非常适合处理图像数据，而循环神经网络（RNN）或 Transformer 模型则更适合处理序列化的文本或语音数据。多模态 AI 模型通常会将这些不同的网络结构组合在一起，通过一些融合层来整合不同模态的数据，实现信息的交互和融合。

随着技术的不断进步，多模态 AI 大模型的发展前景十分广阔。一方面，随着模型和算法的优化，我们可以期待多模态 AI 大模型在准确性和效率上会有进一步的提升；

另一方面，随着更多的数据类型被整合到多模态 AI 大模型中，多模态 AI 大模型将能够在更多领域发挥其独特的优势，如增强现实（AR）、虚拟现实（VR）以及跨领域的创新应用等。

多模态 AI 大模型以其全面的信息理解能力和广泛的应用前景，正逐渐成为 AI 大模型领域的一个重要研究方向。随着技术的不断进步和应用场景的持续拓展，多模态 AI 大模型有望为人类社会带来更加智能、高效和人性化的服务。然而，要实现这一目标，还需要克服包括数据处理、模型设计、伦理隐私等在内的一系列挑战。未来，随着研究的深入和技术的发展，多模态 AI 大模型将在智能化的道路上发挥更加关键的作用，开启人工智能技术新的篇章。

5.3　典型 AI 大模型简介

近年来，人工智能领域得到了显著的进步，特别是在大语言模型的开发上。这些模型由不同的科技巨头和研究机构推出，旨在处理和理解自然语言，为各种应用提供强大的基础。OpenAI 的 GPT 系列是最先进的语言理解模型之一，以其强大的语言生成能力著称，广泛应用于文本生成、聊天机器人和复杂语言理解任务。谷歌推出的 PaLM 和 Gemini 模型，依托于谷歌庞大的数据和计算资源，展示了在语言理解和生成方面的卓越性能。特别是 Gemini 模型，它被设计来处理更复杂的多模态输入，如结合文本和图像的理解。Meta 的 LLaMA 则聚焦于提供一个更高效的训练框架，以实现在大规模数据集上的高效学习，从而支持复杂的语言理解任务。百度的文心大模型体现了中国在大语言模型领域的研发实力，它旨在更好地处理中文语言特性，为中文语言处理提供强大支持。科大讯飞推出的星火认知大模型也专注于中文处理，利用深度学习技术，为语音识别、自然语言理解等应用提供基础。最后，智谱的 GLM 同样展现了在自然语言处理方面的强大能力，它的设计注重于泛化能力和多任务学习，旨在通过单一模型解决多种语言处理任务。这些大型 AI 模型的发展不仅推动了自然语言处理技术的进步，也为人机交互、自动内容生成等众多领域开辟了新的可能性。

5.3.1　OpenAI：GPT

OpenAI 的 GPT（generative pre-trained transformer）系列模型是近年来人工智能领域的一大突破，引领了自然语言处理（NLP）技术的新纪元。从最初的 GPT 到最新的 GPT-4，每一代模型的推出都带来了性能的显著提升和应用范围的广泛扩展。这一系列模型基于预训练的 Transformer 架构，通过大规模数据集学习语言模式，能够执行包括文本生成、翻译、摘要、问答和更多复杂任务在内的广泛 NLP 任务。GPT 系列模型的发展历程如图 5-9 所示。

GPT 的旅程始于 2018 年，当 OpenAI 发布了第一个版本，简称为 GPT-1。它是基于 Transformer 架构的先驱之一，采用了一种新颖的预训练和微调范式，这种方法后来成为 NLP 领域的标准实践。GPT 通过在大量文本数据上预训练，学习到了丰富的语言表示，然后可以通过少量的任务特定数据进行微调，以优化特定任务的性能。这一模型虽然在当时已经显示出了强大的能力，但相比后续版本，它的规模和性能还相对有限。

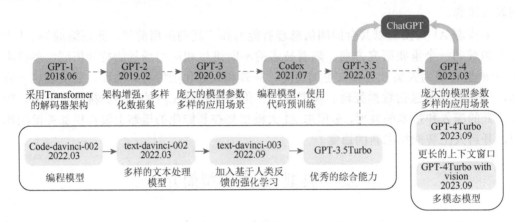

图 5-9　GPT 系列模型的发展历程

2019 年，OpenAI 发布了 GPT-2。相较于 GPT-1，GPT-2 的规模大幅增加，参数数量从 1.5 亿提升到了 15 亿。GPT-2 的训练数据也更加广泛和多样化，这使得它在文本生成等任务上展现出了远超前作的性能。GPT-2 在发布时因其生成文本的逼真度引发了广泛讨论，OpenAI 最初甚至因担心潜在的滥用风险而延迟了完整模型的公开发布。

2020 年，OpenAI 推出了 GPT-3，这一版本的规模和复杂度达到了前所未有的水平。具有 1750 亿个参数的 GPT-3 不仅在文本生成的质量和多样性上取得了巨大进步，还在许多任务上实现了近乎或超越人类的表现，而且在很多情况下无须任务特定的微调。GPT-3 的成功展示了大语言模型在理解和生成语言方面的巨大潜力，同时也引发了关于 AI 伦理、偏见和可解释性等方面的广泛讨论。

在 GPT-3 和 GPT-4 之间，OpenAI 推出了 GPT-3.5，作为对 GPT-3 的改进和过渡。虽然在规模上与 GPT-3 相近，但 GPT-3.5 在性能上做出了优化，特别是在理解和生成文本的质量方面。GPT-3.5 改进了一些 GPT-3 的弱点，比如更好地处理复杂的理解和生成任务，显示出 OpenAI 在持续优化其语言模型方面的努力。

2023 年，OpenAI 推出了 GPT-4，它是 OpenAI 发布的最先进的大语言模型。GPT-4 标志着 OpenAI 在 GPT 系列中的又一重大突破，其规模和能力远超以往所有版本。尽管具体细节和参数数量未完全公开，但公开的信息表明，GPT-4 在理解深度、文本生成质量、多模态能力（处理文本之外的数据类型，如图像）方面取得了显著进步。GPT-4 模型的概念架构如图 5-10 所示。

GPT-4 主要特点包括：①可以根据不断输入的数据和信息来不断学习和提高自己的知识和能力；②可以执行各种任务，包括回答问题、生成文本、解决问题等，适用于多种场景和应用；③具有一定的创造力，能够使用图片和文件输入以及具有一定的推理能力；④GPT-4 的模型是基于自回归架构和多层的注意力机制组成，这使得 GPT-4 在生成文本时，会根据先前的输入文本来预测下一个可能的词或字符。在处理长文本时保持信息的相关性，并且在生成文本时能够考虑到全局的上下文。

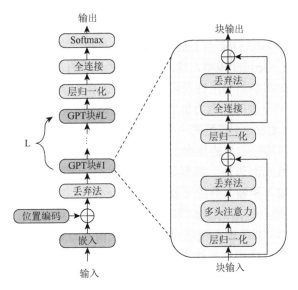

图 5-10　GPT-4 模型的概念架构

GPT 系列的发展极大地推动了自然语言处理技术的创新。每一代 GPT 模型的发布都引领了新的技术突破，如更复杂的预训练策略、更高效的学习算法和更广泛的应用场景。这些进步不仅提高了机器理解和生成自然语言的能力，也为其他 AI 领域的研究提供了宝贵的经验和方法。从文本生成到自动化客服，从内容创作辅助到编程帮助，GPT 系列的应用范围广泛，正变革着许多行业。同时，GPT 系列的成功也激发了全球对于大规模预训练模型研究的投资和兴趣，催生了一系列类似的模型和技术创新。

5.3.2　谷歌：PaLM 和 Gemini 模型

谷歌的 PaLM（pathways language model）和 Gemini 模型标志着自然语言处理（NLP）和机器学习技术的两个重大进步。这两个模型在谷歌的人工智能研究领域均占有重要地位，代表了技术演进和研究方向的关键转变。下面，我们将详细探索这两个模型的发展历程，以及它们如何推动了自然语言理解和生成的边界。

PaLM 是谷歌在 2022 年推出的一款大语言模型，是 Pathways 系统的一部分。Pathways 旨在创建一个统一、高效且可扩展的模型架构，能够处理多种任务和数据类型。PaLM 通过巨量的数据训练，达到了令人瞩目的性能，尤其是在多语言理解、复杂推理任务以及创新性任务（如诗歌创作）上的表现。通过引入更高效的训练技术和更大规模的参数模型，PaLM 能够理解和生成极其复杂的语言结构，推动了机器理解语言的能力向前迈进了一大步。此外，PaLM 还展示了其在跨语言学习和适应新任务方面的卓越能力，这得益于其设计中的创新技术，如分阶段训练方法和高效的数据采样策略。

PaLM 的主要特点如下：①PaLM 利用 Pathways 系统，在大规模 TPU v4 芯片上进行高效训练和分布。PaLM 仅采用解码器的 Transformer 架构，专注于生成文本，而不是编码和解码序列。②PaLM 利用相对注意力，这是一种改进的注意力机制，可以更有效地捕获长距离依赖关系。③PaLM 将 Pathways 系统集成到其架构中，能够跨多个设备进行高效训练和扩展。PaLM 在 6144 个 TPU v4 芯片上进行了训练，为模型训练提供了巨大的计算能力。

随后，谷歌推出了 Gemini 模型，这是一个更进一步的革新，它不仅在语言处理能力上进行了改进，而且在模型的通用性和可扩展性上也有所增强。Gemini 模型采用了最新的深度学习技术，例如改进的注意力机制和更加复杂的神经网络结构，使其能够更好地理解和预测文本序列。Gemini 模型的一个关键创新是它对多模态输入的处理能力，能够同时处理文本、图像和其他类型的数据。这一特性使 Gemini 模型在理解和生成内容方面具有前所未有的灵活性和准确性，特别是在图像描述、视觉问答以及其他结合视觉和文本信息的任务上，其输入和输出响应可以参考图 5-11。

Gemini 模型主要特点包括：①多模态编码器充当初始处理阶段，对不同模态的输入数据转换为统一的表示；②跨模态注意力在 Gemini 模型理解不同模态之间关系方面发挥着至关重要的作用，它允许模型关注来自其他模态的相关信息，增强其对输入的整体理解；③Gemini 模型融合了 MoE 架构以增强其效率。MoE 将模型分为多个"专家"网络，每个网络专门用于处理特定任务或输入模式。这允许模型选择性地激活最相关的专家，从而降低计算开销。

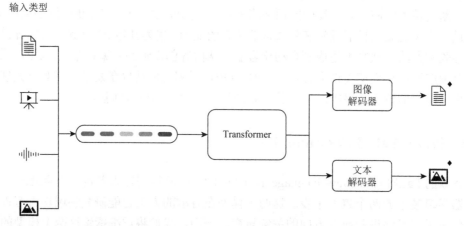

图 5-11　Gemini 模型输入和输出响应

PaLM 和 Gemini 模型的发展反映了谷歌在自然语言处理和人工智能领域不断追求创新和突破的决心。这两个模型都体现了通过使用巨量的数据和海量的参数的特点，这两个模型能够理解和生成极为复杂的语言结构。PaLM 和 Gemini 模型都引入了创新的技术，如改进的训练方法、注意力机制和多模态处理能力，这些都大大提升了模型的性能。从文本生成到复杂推理，从语言翻译到多模态任务，这些模型展示了广泛的应用潜力。

谷歌的 PaLM 和 Gemini 模型不仅是技术上的巨大飞跃，也代表了人工智能领域向更加通用、高效和智能化方向发展的趋势。他们的成功不仅仅体现在技术成就上，还在于他们对未来研究方向和应用领域的启示。通过这些模型，谷歌不仅推动了自然语言处理的边界，还为人工智能技术在更广泛领域的应用奠定了基础。

5.3.3　Meta：LLaMA

　　Meta（前 Facebook）推出的 LLaMA（large language model Meta AI）是一个重要的里程碑，代表了 Meta 在大语言模型领域的重要贡献。LLaMA 旨在为研究社区提供一个高效、可访问的大语言模型，以支持各种 NLP 任务和研究。

　　Meta 首次公布 LLaMA 的消息是在 2023 年初，旨在通过提供一个相对于其他大语言模型如 GPT 系列更易于训练和部署的选项，促进自然语言处理技术的研究和发展。2024 年 4 月 18 日，Meta 开源了其最新版本的大语言模型 LLaMA-3。LLaMA-3 提供了三个版本的模型，参数量分别为 80 亿、700 亿和 4000 亿的预训练模型和指令微调模型，后续将会推出 4000 亿＋版本。LLaMA-3 仍旧使用 Decoder-only 的 Transformer 架构，其结构如图 5-12 所示。

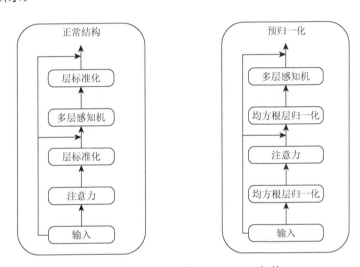

图 5-12　LLaMA-3 的 Transformer 架构

　　LLaMA-3 选择了相对标准的纯解码器转换器架构。与 LLaMA-2 相比，进行了几项关键改进。LLaMA-3 使用具有 128K 标记词汇表的分词器，可以更有效地编码语言，从而大大提高模型性能。为了提高 LLaMA-3 的推理效率，在 80 亿和 700 亿大小中都采用了分组查询注意力（GQA）。我们在 8 192 个令牌的序列上训练模型，使用掩码来确保自我注意力不会跨越文档边界。LLaMA-3 的推理、代码生成和指令理解都有了极大提升，使 LLaMA-3 更具可操作性。此外，LLaMA-3 采用了一种新的系统级方法来负责任地开发和部署 LLaMA-3。将 LLaMA-3 设想为更广泛系统的一部分，让开发人员坐在驾驶座上。LLaMA-3 将作为系统的基础部分，开发人员在设计时会考虑到他们独特的最终目标。

　　得益于这些优势，LLaMA-3 在各种自然语言处理任务中表现出色。它可以生成不同创意文本格式，如诗歌、代码、脚本、音乐作品等，并能准确、流畅地翻译语言，打破语言障碍。此外，LLaMA-3 还能构建问答系统，全面地解答复杂问题，并从自然语言描述中生成不同编程语言，助力软件开发。

LLaMA 项目展现了 Meta 在推动 AI 和 NLP 技术发展方面的贡献，特别是在提升模型的可访问性和计算效率方面。通过与研究社区共享高质量的语言模型，Meta 不仅支持了科学研究的进步，也为解决 AI 技术中的关键挑战和推动技术的民主化做出了贡献。随着 LLaMA 项目的进一步发展，期待它将在自然语言处理和人工智能的未来研究中扮演更加重要的角色。

5.3.4　百度：文心大模型

百度文心大模型是中国百度公司研发的一款产业级知识增强型人工智能大模型，它以其卓越的自然语言处理能力以及对海量数据与多元知识的深度融合，在全球 AI 领域独树一帜，成为推动人工智能技术落地应用的关键力量。

文心大模型系列的核心理念在于"知识增强"，这意味着它不仅仅依赖于大规模的数据训练，更是在学习过程中充分吸收和利用了丰富的结构化和非结构化知识资源，从而形成了超越传统模型的理解、生成、逻辑推理和长期记忆四大关键能力。这就好比一个既具有广博学识又拥有超强记忆力的学者，能够快速掌握新的知识点，并能在不同语境下准确运用，甚至进行复杂的思考和创造性的产出。

自首次发布以来，文心大模型经历了数代技术革新，至 2023 年推出的 4.0 版本，模型参数量已达到惊人的千亿级别，采用先进的 Transformer 架构，并结合百度自研的飞桨深度学习框架，进行了软硬件协同优化训练。这一重大升级使得文心大模型在各项指标上均有显著跃升，不仅在通用自然语言处理任务上表现优异，还能够在特定领域和行业中展现出强大的专业性和定制化服务能力。

具体来说，文心大模型可以轻松应对诸如文本生成、问答系统、机器翻译等各种自然语言处理任务，同时也能在工业制造、能源管理、金融服务、新闻传媒、教育培训等领域提供定制化解决方案，帮助企业实现业务流程自动化、决策智能化以及用户体验个性化。

5.3.5　科大讯飞：星火认知大模型

科大讯飞的星火认知大模型，是国内领先的认知智能大模型，被誉为自然语言处理领域的革新之作。这款模型采用了独特的设计和强大的功能，使得人工智能真正融入日常生活，助力产业升级与社会进步。星火认知大模型的核心竞争力在于其全方位的语言理解和生成能力，它能像无边界图书馆的馆长和博学多才的智者合体，不仅能与人类流畅对话，还能解答从历史到数学，再到编程的各种复杂问题。在技术层面，星火认知大模型采用了先进的深度学习算法和大规模预训练技术，拥有庞大的模型参数和经过海量数据训练的广泛知识储备，能够深入理解和生成跨领域的文本内容。它在文本生成、语言理解、知识问答、逻辑推理、数学计算、编程能力及多模态交互七大核心能力方面达到国际领先水平，并展现出对中国特色场景的强大适应性和实用性。

科大讯飞最新发布的星火认知大模型 V3.5 版本，在性能上有显著提升，强化了逻辑推理和数学解题能力，部分能力甚至超过了国际知名的 GPT-4 Turbo 模型。该模型依托国产自主知识产权的"飞星一号"算力平台进行训练，进一步巩固了我国人工智能技术的独立自主地位，为国家安全与产业发展提供坚实支持。在实际应用方面，星火认知大模型被广泛应用于教育、办公、汽车等多个领域，无论是作为教育中的智能助教，还是办公环境中的高效个人助理，或是汽车领域中提供人性化交互体验的智能车载系统，星火都能提供优质服务。科大讯飞的星火认知大模型不仅是中国人工智能科技创新的代表，也是推动社会智能化水平提升的重要力量，持续刷新我们对未来智慧生活的想象与期待。

5.3.6　智谱：GLM

智谱 GLM-4 是由清华大学科研团队孕育并由智谱 AI 公司深度研发推广的先进大型预训练语言模型。这一模型基于深度学习技术，专注于解决复杂的自然语言处理问题，同时展现出卓越的跨模态处理能力。GLM-4 在 2024 年初推出，引入了多项创新技术，实现了相较前代模型超 60%的性能提升。它的模型参数量庞大，训练数据丰富多样，使其在语言理解和生成方面的性能已接近业界领先的 GPT-4。GLM-4 特别擅长多模态处理，整合了视觉、听觉和语言信息，能高效处理和生成文字、图像、音频等数据，适用于智能客服、虚拟助手、多媒体创作等广泛应用场景。

GLM-4 在长文本处理方面具有突出优势，其上下文窗口长度可达 128K tokens，远超同类模型标准，确保在处理超长文档和连续篇章时能保持理解和推理的精准连贯性。这对于法律文书分析、长篇小说写作指导、大规模文献综述生成等高阶 NLP 任务至关重要。智谱 AI 还围绕 GLM-4 构建了全面的应用生态——GLM-4 All Tools 平台，提供一站式解决方案，涵盖文件处理、数据分析报告撰写、代码自动生成等多个实际应用场景，极大提高了工作效率和智能化水平。此外，GLM-4 在无人驾驶等前沿科技领域也展示了巨大潜能，通过精细建模和情境理解，可能为车辆决策系统提供精确、人性化的支持。智谱 AI 通过发起"Z 计划"及大模型开源基金项目，积极推动 GLM 系列模型及相关技术的开源共享，鼓励产学研合作，加速我国人工智能技术的自主研发和提升全球影响力。

5.4　AI 大模型应用开发基础

在 AI 大模型应用开发基础的讨论中，我们贯穿了从技术架构设计到具体实施的全过程。首先，我们探讨了 AI 大模型应用技术架构的重要性，这为整合大规模 AI 大模型提供了框架和方向。随后，转向提示工程与指令调优的实践，这部分强调了如何通过精细调整交互指令来提升模型的性能和输出的相关性。AI 大模型 API 函数的调用则是技术实施的关键，它指导开发者如何有效地与 AI 大模型进行交互，以实现特定的应用功能。对基于向量数据库的检索增强生成技术的讨论，进一步展示了如何通过先进的技术手段，增强模型的检索能力，为用户提供更加丰富和准确的内容生成。开发工具如 LangChain、Semantic Kernel 和 AutoGPT，提供了强大的辅助，使得开发者可以更加高效地开发和优化 AI 应用。最后，我们讨论了 AI 大模型应用产品的部署，这一部分关注于如何将开发好的产品有效地部署到生产环境，确保应用的稳定性和可扩展性。

5.4.1　AI 大模型应用技术架构

构建一个有效的 AI 大模型应用技术架构不仅需要选择合适的技术和工具，而且涉及深入理解模型、数据、硬件资源及其如何相互作用以实现目标。下面，让我们一步步探索构建这种架构的关键组成部分及其作用，从而提供一个更加详细和专注于技术架构的视角。

AI 大模型应用技术架构通常分为数据层、模型层、服务层和应用层等关键层次。

数据层是整个架构的基础。它不仅包括数据的收集、存储和处理，还涉及数据的质量控制、标注以及安全性。对于 AI 应用来说，高质量的数据是模型训练成功的关键。因此，构建高效的 ETL（提取、转换、加载）流程、实现数据湖或数据仓库来管理多源数据，以及采用先进的数据加密和匿名化技术，都是数据层极为重要的组成部分。

模型层是架构的核心，包括模型的选择、训练、评估、优化和更新。选择正确的 AI 大模型（如 GPT、BERT 或自定义模型）并对其进行训练以适应特定的业务需求是模型层的主要任务。此外，模型的持续优化和迭代更新也是必不可少的，以保证应用随着时间的推移而不断进步。模型层还需要考虑到模型的可解释性和公平性，确保 AI 应用的决策是透明和公正的。

服务层负责模型的部署和管理，包括模型的加载、预测、监控和故障恢复。使用容器化技术（如 Docker）和自动化部署工具（如 Kubernetes）可以大大提高模型的可部署性和可扩展性。此外，服务层还需实现 API 网关和微服务架构，以便安全高效地处理外部请求，并提高模型作为服务（model as a service，MaaS）的能力。

应用层是用户与 AI 大模型交互的前端界面，它可以是网站、移动应用或其他任何用户界面。这一层需要根据用户需求设计友好的用户体验（UX）和用户界面（UI），并确保应用的性能和稳定性。此外，应用层还需要考虑到多渠道接入，比如通过社交媒体、聊天机器人等不同方式与用户互动。

构建 AI 大模型应用技术架构是一个复杂但极其重要的过程，它涉及多个层面的考虑和细致的规划。通过明智地选择技术栈，采用最佳实践和原则，以及不断迭代和优化架构，可以有效支持业务目标，同时保持应用的灵活性、可扩展性和创新能力。

5.4.2　提示工程与指令调优

在 AI 大模型应用开发基础中，提示工程与指令调优是一项至关重要的技能，它关乎如何有效地与 AI 大模型沟通，以产生精确、相关的输出。这个过程本质上是一种艺术，也是一门科学，它要求开发者深入理解模型的工作机制，以及如何通过精心设计的指令（即"提示"）来引导模型的行为。

提示工程的核心在于创造性地设计输入，这些输入能够清晰地告诉 AI 大模型我们希望它完成的任务。这看似简单，实则包含了对模型理解、语言精度、预期目标之间精细的平衡。一个好的提示能够显著提高模型输出的准确性，减少需要进一步处理或校正的必要。

在进行指令调优时，我们的目标是优化这些提示，使得模型能够在给定的指令下产生更加准确和有用的回应。这个过程往往涉及反复试验，通过调整指令的措辞、结构，甚至是提供特定的上下文信息，来观察模型行为的变化，从而找到产生最佳输出的指令形式。

实践中，开发者会遇到各种各样的任务，从文本生成到内容摘要，再到问题解答。对于每一种任务，有效的提示设计都有可能不同。因此，开发者需要不断尝试和学习，随着对模型行为的理解加深，他们将能够更加熟练地设计出高效的提示。比如：

零样本的提示工程：将文本分类为中性、负面或正面。文本：我认为这次假期还可以。情感：

AI 大模型的输出：中性

少样本的提示工程："whatpu"是坦桑尼亚的一种小型毛茸茸的动物。一个使用 whatpu 这个词的句子的例子是我们在非洲旅行时看到了这些非常可爱的 whatpus。"farduddle"是指快速跳上跳下。一个使用 farduddle 这个词的句子的例子是：

AI 大模型的输出：孩子们在草地上快乐地 farduddle，充满了活力。

总之，提示工程与指令调优是 AI 大模型应用开发的一个关键组成部分。它不仅需要对模型有深入的理解，还要求开发者具备创造性思维和细致的观察力，通过不断地实践和优化，以达到与 AI 大模型高效沟通的目的。

5.4.3　AI 大模型 API 函数调用

AI 大模型 API 函数调用是构建现代应用程序中不可或缺的一环，它使得开发者能够利用复杂的 AI 大模型来实现特定的功能。这一部分将详细探讨如何通过 API 与 AI 大模型交互，以及在应用开发中如何有效利用这些 API。

在开始使用 AI 大模型的 API 之前，开发者通常需要通过模型提供方获取访问密钥或令牌。这些凭证在 API 调用时用于认证，确保了调用的安全性。API 函数调用的过程大体可以分为以下几个步骤：

①准备请求：根据需要调用的 API 文档，准备好请求的 URL、必要的头信息（如认证令牌），以及作为请求体发送的数据。这些数据需要根据 API 要求的格式（通常是 JSON）来组织，包括指定的参数和输入内容。

②发送请求：使用 HTTP 客户端库（如 Python 的"requests"库）发送准备好的请求到 API 服务器。这一步骤实际上是一个网络通信过程，涉及客户端与服务端的数据交换。

③处理响应：API 调用后，服务器会返回一个响应，开发者需要对这个响应进行处理。通常，响应体中包含了模型处理的结果，也可能包括状态码和错误信息。

④解析和应用结果：将从响应中获取的数据解析为可用的格式，并将其应用到应用程序中。例如，如果 API 返回一个文本生成的结果，开发者需要将这段文本显示在用户界面上；如果是图像识别的结果，则需要进一步处理这些数据，如分类标签的展示或相关操作的执行。

在这个过程中，开发者还需要考虑错误处理和异常管理。例如，如果 API 返回一个错误状态码，或者响应超时，应用程序需要能够妥善处理这些情况，可能通过重试机制或者向用户展示错误信息等方式。

5.4.4　基于向量数据库的检索增强生成技术

基于向量数据库的检索增强生成技术是 AI 大模型应用开发中的一项前沿技术，它结合了最新的自然语言处理能力和高效的信息检索技术，旨在提升生成任务的相关性和准确性。这种技术通过将文本内容转化为向量形式并存储在向量数据库中，实现了对大规模数据的快速、准确检索，从而为 AI 大模型提供了丰富、精确的背景信息，增强了模型的生成能力。

在传统的 AI 大模型生成任务中，模型通常只依赖于其训练时接触到的数据。这意味着模型的输出质量在很大程度上受限于其训练数据的范围和质量。而基于向量数据库的检索增强生成技术，则通过实时检索相关信息来扩展模型的知识基础，使模型能够在生成内容时考虑到更广泛、更新鲜的信息源。

这项技术的核心在于两个关键步骤：一是将文本数据转化为向量并存储于向量数据库中；二是在模型生成内容时实时检索这些向量，以找到最相关的信息，如图 5-13 所示。

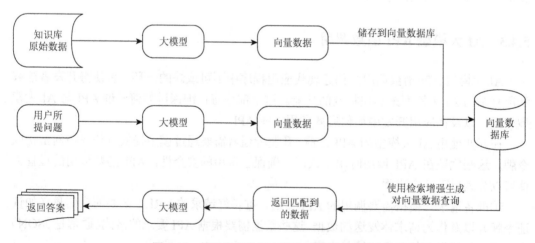

图 5-13　基于向量数据库的检索增强生成技术

首先，文本内容通过预训练的语言模型（如 BERT、GPT 等）转化为高维空间中的向量。这些向量能够捕捉文本的语义信息，使得相似的文本在向量空间中彼此接近。然后，这些向量被存储在专为高效执行向量搜索而设计的数据库中。在 AI 大模型执行生成任务时，它会首先将任务相关的查询转化为向量，然后在向量数据库中检索最相似的向量及其对应的文本内容。这些检索到的内容随后被用作生成任务的背景信息或直接融入到生成的内容中，从而增强了模型的输出质量。

基于向量数据库的检索增强生成技术通过结合先进的自然语言处理能力和高效的信息检索技术，显著提升了 AI 大模型在各种生成任务上的表现。随着向量数据库技术和自然语言处理领域的不断进步，这种检索增强生成技术将进一步优化，为 AI 大模型开发带来更多的可能性和应用场景。

5.4.5　开发工具：LangChain、Semantic Kernel、AutoGPT

在 AI 大模型领域，开发工具的创新和进步不仅加速了 AI 技术的应用，也极大地简化了开发流程，让更多开发者能够轻松地构建和部署复杂的 AI 系统。LangChain、Semantic Kernel、AutoGPT 等开发工具正是这一趋势下的杰出代表，它们各自以独特的方式支持 AI 大模型的开发和应用。

（1）LangChain

LangChain 是一个专为语言模型应用开发而设计的工具，旨在简化从复杂的自然语言处理（NLP）任务到具体应用实现的整个过程。

LangChain 的核心之一是其为语言模型提供的高度抽象化的交互层。这意味着开发者无须深入了解底层模型的复杂性，就可以通过简单的 API 调用来执行各种语言任务，包括文本生成、摘要、翻译等。这种抽象化大大降低了技术门槛，让更多开发者能够利用最新的 NLP 技术。LangChain 采用模块化设计，允许开发者根据需要轻松添加或修改功能模块。这种设计不仅提升了框架的灵活性，还使得定制化开发变得更加简单。

LangChain 致力于与多种语言模型和技术栈的兼容，支持从小型的 BERT 模型到大型的 GPT-3 模型等多种选择。此外，它还提供了与常见开发环境和框架的集成支持，比如 Python 语言环境，使得将 LangChain 集成到现有项目中变得无缝且高效。通过预定义的高级 API 和丰富的示例代码，LangChain 大大提升了开发效率。开发者可以快速实现原型设计和迭代开发，加速从概念到产品的开发周期。LangChain 的框架图如图 5-14 所示。LangChain 适用于广泛的语言处理应用场景，如自动化客服与聊天机器人、内容生成与摘要、数据分析与知识提取。

（2）Semantic Kernel

Semantic Kernel 是一种先进的技术框架，专注于通过深度语义理解来增强自然语言处理（NLP）应用的性能。它采用最新的机器学习和人工智能技术，将文本转化为语义向量，即在高维空间中的点，这些点能够捕捉并表示文本的深层语义信息。通过这种方式，Semantic Kernel 能够实现对大量文本数据快速和精确地检索，以及高效的语义分析和理解，为各种 NLP 应用提供支持。

Semantic Kernel 的核心在于其能够将文本数据转换成高质量的语义向量表示。这一过程通常涉及预训练的深度学习模型，如 Transformer 架构的模型，它们能够理解文本之间复杂的关系和上下文信息。这些向量嵌入捕获了文本的深层含义，而非仅仅基于表面

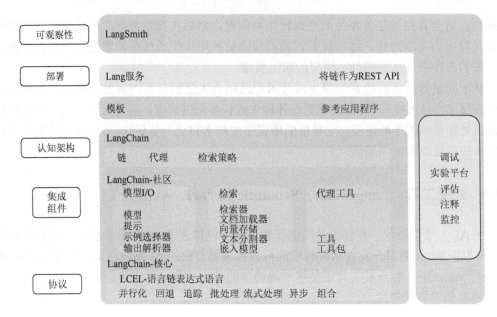

图 5-14　LangChain 的框架图

的词汇匹配，从而实现更精确的语义检索和分析。Semantic Kernel 在许多 NLP 应用场景中都发挥着重要作用，包括但不限于信息检索、内容推荐、问答系统。

（3）AutoGPT

AutoGPT 代表了自动化生成式预训练变换器（generative pre-trained transformer，GPT）模型微调与应用部署的一种方法和工具。它旨在降低 GPT 模型自定义和优化的复杂度，使开发者能够更容易地将先进的自然语言处理能力集成到各种应用中。AutoGPT 的核心优势在于其自动化流程，该流程涵盖从模型选择、微调参数优化以及到最终部署的全过程。

AutoGPT 通过自动化的机制来微调 GPT 模型，适应特定的应用需求。传统上，微调一个如 GPT 这样的大型模型需要大量的手动实验和专业知识，以找到最佳的训练参数和策略。AutoGPT 采用先进的算法自动搜索最优参数配置，显著简化了这一过程。AutoGPT 内置了对不同版本的 GPT 模型的评估机制，能够根据应用场景的特定需求推荐最适合的模型。

除了模型的自动化微调外，AutoGPT 还提供了简化的模型部署流程，使得将微调后的模型集成到生产环境变得更加直接和容易。这包括模型的打包、优化以及与应用程序的接口集成等，为开发者提供了一站式的解决方案。AutoGPT 的框架图如图 5-15 所示，其应用场景非常广泛，适用于几乎所有需要自然语言理解和生成的领域，例如内容创建、聊天机器人、数据分析、语言翻译。

LangChain、Semantic Kernel、AutoGPT 等开发工具的出现，极大地丰富了 AI 大模型应用开发的生态系统，为开发者提供了更多的可能性和便利。它们各自解决了模型集成、语义理解和自动化微调等关键问题，极大地降低了 AI 应用开发的门槛，加速了创新应用的推出。

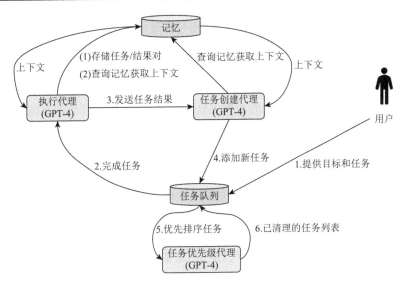

图 5-15 AutoGPT 的框架图

5.4.6 AI 大模型应用产品的部署

AI 大模型应用产品的部署是将经过训练的人工智能模型整合到最终的应用程序中，并将这个系统发布到生产环境中使其可被终端用户访问和使用的过程，所以模型部署更多是工程化的过程，就是解决实际的模型应用问题。模型部署的流程如下：

（1）模型格式转换

通过各种训练框架训练好的模型一般都需要进行模型格式适配。模型训练可以选择各种不同的训练框架，例如 TensorFlow、Pytorch、Caffe 等一系列的开源框架。不同的训练框架训练出来的模型格式都有各自的标准，各不相同，部署要解决的第一个问题就是要适配各种不同的模型格式。但是如果要一个个训练框架去适配格式，工作量太大，也不适合扩展，所以微软联合 Facebook 等推出一种中间格式 ONNX，无论是什么训练框架训练出来的模型格式，最终都是用 ONNX 格式来进行部署。

（2）模型压缩

模型压缩是对已经训练好的深度模型进行精简，进而得到一个轻量且准确率相当的模型，压缩后的模型具有更小的结构和更少的参数，可以有效降低计算和存储开销，便于部署在受限的硬件环境中。

训练的时候因为要保证前向传播和反向传播，每次梯度的更新是很微小的，这个时候需要相对较高的精度，一般来说需要 float 型，如 FP32（32 位的浮点型来处理数据）。但是在推理（inference）的时候，对精度的要求没有那么高，很多研究表明可以用低精度，如半长（16 位）的 float 型，即 FP16，也可以用 8 位的整型（INT8）来做推理。所以，一般来说，在模型部署时会对模型进行压缩。模型压缩方法有蒸馏、剪枝、量化等。

（3）模型推理和前后处理

前处理：因为模型推理的输入是 Tensor 数据，但是正常 AI 应用的输入数据都是图片、视频、文字等，所以前处理就是要将业务的输入数据预先处理成模型推理可以接收的数据——Tensor 数据。以图像处理为例，前处理动作就包括但不限于图像格式转换、颜色空间变换、图像变换、图像滤波等操作。

　　模型推理：模型推理是模型部署综合解决方案中最核心的部分，就是在实际应用环境中（具体部署设备）将实际输入的数据（转换成 Tensor 数据后）在训练好的模型中跑通，并且在性能和精度等商业指标上达到预期效果。这个过程包括了对部署设备的适配，要想将模型跑在任何一种设备上，都需要提前针对设备进行适配，并且还要保证性能和精度等指标。

　　后处理：就是将模型推理后的 Tensor 数据转换成业务可以识别的特征数据（不同的业务会呈现不同的最终效果数据）。

5.5　AI 大模型的典型应用

　　AI 大模型在当今社会的应用已经变得愈发广泛，为各行各业带来了深远的影响。在自然语言处理领域，大语言模型被用于智能助手、机器翻译、情感分析和文本生成等任务，使得人机交互更加自然和高效。在计算机视觉方面，多模态 AI 大模型实现了图像识别、人脸识别、图像生成和编辑等功能。AI 大模型在各个领域都发挥着重要作用，未来随着技术的不断进步和应用场景的不断拓展，其应用前景将会更加广阔。图 5-16 为 AI 大模型应用领域趋势。

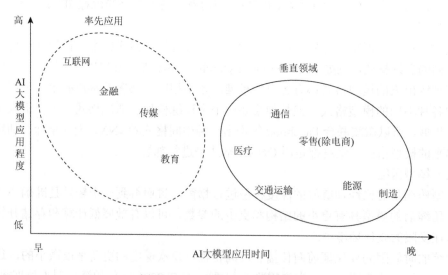

图 5-16　AI 大模型应用领域趋势

5.5.1　自然语言处理

　　AI 大模型在自然语言处理领域的应用主要涵盖了机器翻译、文本分类和情感分析三个方面。

机器翻译：机器翻译是自然语言处理的重要应用之一，AI 大模型通过深度学习技术和大规模双语数据训练，能够准确捕捉源语言和目标语言之间的语义和语法信息，实现高质量的翻译。同时，它具备处理多种语言对和适应新任务的能力，包括通过迁移学习和零样本学习快速适应新的语言对或领域。

文本分类：文本分类是自然语言处理的基础任务之一，AI 大模型通过深度学习技术提取文本的语义和特征信息，在大规模标记的文本数据训练下，实现了准确的分类。它能够处理各种类型的文本数据，并结合注意力机制和上下文信息提升分类性能，更好地理解文本内容的语境和背景。图 5-17 为使用 GPT-3.5 进行文本分类的例子。

情感分析：情感分析是对文本情感倾向进行分析和识别的任务，AI 大模型通过深度学习技术有效捕捉文本中的情感特征和语义信息，实现了准确的情感分析。它能够识别并区分出文本中的各种情感表达，并结合情感词典和语义信息，更准确地识别文本中的情感倾向。

HU You
prompt = """
题目：
销售说：您好！
客户说：您好！
销售说：请问是王先生吗？
客户说：嗯。
销售说：王先生，我是XX地产的置业顾问，我们这边在深圳龙岗这边新开了一个楼盘，低首付，
低密度，您有意向吗？
客户说：龙岗哪里？
销售说：坂田这边，坂田地铁站附近。
客户说：你能详细说一下吗？
销售说：房子很大，绿化很好，你有空过来看房吗？
客户说：嗯嗯额，可以。
上述是销售和客户的电话聊天记录，请问这个客户是否有购房意向：
"""

ChatGPT
这个客户似乎对销售提到的楼盘感兴趣，因为他表达了对地理位置的兴趣，并询问了关于楼盘的更多细节。最后，他也表示了愿意去看房的意向。因此，可以推断这个客户有购房的意向。

图 5-17　GPT-3.5 进行文本分类

综上所述，AI 大模型在机器翻译、文本分类和情感分析等自然语言处理任务中发挥着关键作用，通过深度学习技术和大规模数据训练不断推动着这些任务的发展和应用。

5.5.2　计算机视觉

AI 大模型在计算机视觉中的图像分类、目标检测和视频生成等领域展现了巨大的潜力。

图像分类：图像分类是计算机视觉中的基础任务之一，AI 大模型通过深度学习技术，

特别是卷积神经网络（CNN），能够准确地捕获图像特征，并具有很好的泛化能力和适应性。图 5-18 为使用 Gemini 模型进行图像分类的例子。

目标检测：目标检测是在图像或视频中确定和定位特定目标的位置，AI 大模型采用区域提议网络（RPN）等技术生成候选区域，并通过多尺度处理和引入注意力机制提高检测性能。在多尺度和多尺寸目标方面表现出良好的适应性，并结合上下文信息提高检测准确性。

视频生成：视频生成任务是生成连续运动和变化的视频序列，AI 大模型通过 RNN 或 GAN 等架构学习视频帧间的时空关系，并实现对特定场景或物体的控制。结合自然语言处理技术，可以实现基于文本描述的视频生成，为虚拟现实等领域提供更加个性化和交互式的体验。

Q　请你告诉我这是什么动物？

◆　根据您提供的图像，该动物是**一只猫**。猫是小型、毛茸茸的驯养哺乳动物，是猫科的成员。他们以独立、聪明和顽皮的天性而闻名。猫也是受欢迎的宠物，有许多不同品种的猫，每一种都有自己独特的特点。

图片中的猫是它脸部的特写。它有一双又大又圆的眼睛，黑色的瞳孔和绿色的虹膜。它的鼻子很小，呈粉红色，嘴巴微微张开。它的皮毛短而棕色，带有虎斑斑纹。它的耳朵尖而直立，胡须又长又白。

基于这些特征，我确信图像中的动物是一只猫。

图 5-18　Gemini 模型进行图像分类

综上所述，AI 大模型在图像分类、目标检测和视频生成等计算机视觉任务中发挥着关键作用，通过深度学习技术和大规模数据的训练不断推动着这些任务的发展和应用。

5.5.3　语音识别与语音合成

在 AI 技术尤其是 AI 大模型的发展背景下，语音识别和语音合成这两项技术发展迅速，它们在许多方面对我们的日常生活和工作方式产生了深远的影响。

语音识别：语音识别使得机器能够理解和转录人类的语音，将口语转化为文字。这项技术基于复杂的算法和大量数据训练，以识别不同的语言、口音、语速等。在实际应用中，语音识别被广泛应用于智能助理（如 Siri、Alexa）、客户服务系统、会议记录等场合。随着技术的进步，语音识别的准确性和速度有了显著提高，使得与机器的交互更加自然和高效。

语音合成：语音合成则是将文本转换为语音，这使得机器能够以流畅的人声读出文本。这一技术不仅在智能助理中得到应用，还广泛用于导航系统、读屏软件、电子阅读器和娱乐行业等。语音合成的关键挑战在于生成自然流畅、情感丰富的人类语音。

这两项技术的结合使用为有特殊需求的人群（如视觉障碍者）提供了极大的便利，使他们能够通过语音技术更加方便地访问信息和服务。

5.5.4　智能推荐

智能推荐系统包括个性化推荐、广告推荐和智能问答等系统，它们在 AI 大模型的帮助下，为用户提供了更加个性化和精准化的服务。

个性化推荐系统利用 AI 大模型分析用户的行为数据，如浏览历史、购买记录等，来了解用户的兴趣和喜好。通过深度学习等技术，系统能够更准确地理解用户的行为模式，从而向用户推荐符合其个性化需求的内容、产品或服务。

广告推荐系统利用 AI 大模型分析用户的兴趣偏好和行为模式，预测用户对不同广告内容的接受程度，从而实现精准的广告投放。通过深度学习等技术，系统可以更准确地理解用户的行为特征和广告内容之间的关联性，提高广告的投放效果。

智能问答系统利用自然语言处理技术，理解用户的查询意图，并提供准确、相关的回答。通过深度学习等技术，系统能够从大量的数据中找到答案，并进行逻辑推理。系统需要足够智能，能够理解用户的意图和上下文，同时及时更新知识库，保证信息的准确性和时效性。图 5-19 为使用 GPT-3.5 进行一个简单的电影推荐智能问答例子。

Ⓢ GPT-3.5
你好！你对什么类型的电影感兴趣呢？动作片，喜剧片，科幻片，还是其他类型？

ⓗ You
动作片、喜剧片和科幻片

Ⓢ GPT-3.5
那太好了！我会向你推荐一些不同类型的电影，希望你会喜欢。

1.动作片：
- 《变形金刚》系列:这是一系列以机器人和汽车为主角的动作科幻片。其中的特效和动作场面非常精彩。
- 《碟中谍》系列:汤姆·克鲁斯主演的这一系列电影充满了紧张刺激的动作场面和扣人心弦的情节。

2.喜剧片：
- 《玩具总动员》系列:这个系列以玩具为主角，讲述了一群玩具的冒险故事，不仅有趣还充满了温暖。
- 《当哈利遇见莎莉》:这是一部经典的浪漫喜剧片，讲述了两个人多年来的友情和爱情故事，幽默感十足。

3.科幻片：
- 《星球大战》系列:这是一部经典的科幻电影系列，它讲述了一场星际冲突的故事，充满了各种奇幻的场景和角色。
- 《盗梦空间》:这是一部由克里斯托弗·诺兰执导的心理科幻片，讲述了一群人进入梦境的故事，充满了惊险和悬念。

图 5-19　GPT-3.5 电影推荐智能问答

综上所述，智能推荐在个性化推荐、广告推荐和智能问答等领域发挥着重要作用，为用户提供了更加便捷和个性化的体验，同时也为企业带来了更高的效益。

5.5.5　自动编程

代码生成与补全、注释生成和代码翻译是利用 AI 大模型提高软件开发效率和质量的关键技术。

代码生成与补全利用深度学习和自然语言处理（NLP）模型，根据开发者输入的描述或部分代码，自动生成完整的代码片段。而代码补全则是指在现代集成开发环境（IDE）和代码编辑器中，AI 大模型实时提供代码补全建议，以提高编码效率和准确性。

为了提高代码的可读性和可维护性，自动化注释生成技术利用了 NLP 和深度学习模型，自动生成高质量的代码注释。图 5-20 为使用 GPT-3.5 进行注释生成。

代码翻译技术将一种编程语言写的代码转换为另一种编程语言，利用了机器翻译技术的进步，尤其是基于神经网络的序列到序列模型。这项技术可以减轻开发者迁移代码的负担，加速系统更新和扩展，并帮助开发者更快地掌握新的编程语言。

随着 AI 技术的进步，这些自动编程技术将不断智能化和高效化，成为软件开发的重要辅助手段。

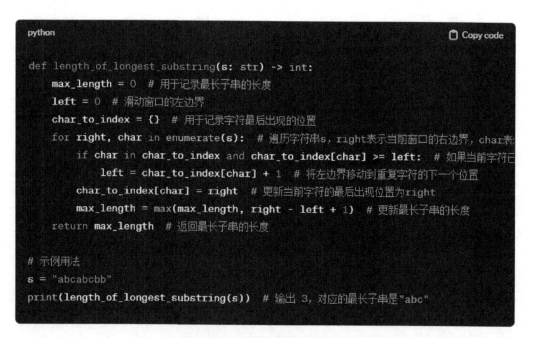

⑤ GPT-3.5

这段代码定义了一个函数"length_of_longest_substring"，用于找出给定字符串中不含有重复字符的最长子串的长度。下面是对代码的注释:

```python
def length_of_longest_substring(s: str) -> int:
    max_length = 0  # 用于记录最长子串的长度
    left = 0  # 滑动窗口的左边界
    char_to_index = {}  # 用于记录字符最后出现的位置
    for right, char in enumerate(s):  # 遍历字符串s, right表示当前窗口的右边界, char表
        if char in char_to_index and char_to_index[char] >= left:  # 如果当前字符已
            left = char_to_index[char] + 1  # 将左边界移动到重复字符的下一个位置
        char_to_index[char] = right  # 更新当前字符的最后出现位置为right
        max_length = max(max_length, right - left + 1)  # 更新最长子串的长度
    return max_length  # 返回最长子串的长度

# 示例用法
s = "abcabcbb"
print(length_of_longest_substring(s))  # 输出 3, 对应的最长子串是"abc"
```

图 5-20　GPT-3.5 进行注释生成

5.6　本　章　小　结

本章系统地探讨了 AI 大模型的各个方面，从概念和发展历程到核心技术和典型应用。在核心技术方面，基于 Transformer 的模型基座、提示学习、强化学习以及思维链方法等关键技术为 AI 大模型的发展提供了坚实基础，同时多模态 AI 大模型的出现拓展了其应用范围。典型模型如 OpenAI 的 GPT 系列、谷歌的 PaLM 和 Gemini 模型以及其他厂商的模型展现了各自独特的优势和应用场景。此外，本章还深入探讨了 AI 大模型应用开发基础，从技术架构到产品部署提供了一系列指南。最后，本章总结了 AI 大模型在各个领域的典型应用，包括自然语言处理、计算机视觉、语音识别与语音合成、智能推荐和自动编程等，展示了它们在社会各个方面的广泛影响和应用潜力。随着技术的不断进步和应用场景的拓展，AI 大模型将继续在各个领域发挥重要作用，为社会带来更多的变革和便利。

课后习题

5.1　解释什么是 AI 大模型，并列举两个常见的大模型名称。

5.2　什么是模型参数？在 AI 大模型中，参数数量通常有什么影响？

5.3　简述 Transformer 架构的基本组成部分，并解释其在 AI 大模型中的重要性。

5.4　什么是多模态 AI 大模型？举例说明其在实际应用中的一个优势。

5.5　描述一个 AI 大模型在自然语言处理（NLP）领域的应用场景，并说明该模型如何解决具体问题。

第6章 智 能 控 制

6.1 专 家 控 制

专家系统是人工智能研究中最活跃且最有成效的领域之一，是人工智能的一个重要分支。自从 1968 年爱德华·费根鲍姆（Edward Feigenbaum）及其团队成功开发了全球首个专家系统 DENDRAL，这一领域便迎来了飞速的发展，并逐步迈向成熟。专家系统通过模拟人类专家的决策过程，在多个行业中发挥着关键作用。目前，专家系统的应用已经覆盖了医疗诊断、图像识别、语音处理、石化工程、地质勘探、军事气象、环境监测、金融分析、交通管理等众多领域。专家系统不仅极大地提升了工作效率，还带来了显著的社会和经济效益。此外，专家系统的发展也推动了人工智能基础理论的研究和技术的创新，为人工智能的未来发展奠定了坚实的基础。

6.1.1 专家系统的定义及分类

1. 专家系统的定义

专家系统是人工智能领域中的一项关键技术，旨在模拟人类专家在特定领域的决策能力。正如费根鲍姆所描述的，专家系统是一种智能化的计算机程序，它通过集成丰富的领域知识和复杂的推理机制，来处理那些通常需要专家级的专业知识才能解决的问题。

在这样的系统中，专家的经验和知识被形式化为一组规则和事实，存储在知识库中。这些知识随后通过推理机的逻辑处理，模拟专家的思维过程，进行问题的分析和解决。以医学为例，专家系统可以集中某一疾病领域的诊疗知识，通过计算机程序实现对病例的分析和治疗方案的推荐，其目标是达到与专业医生相当的诊断准确度。

专家系统的设计和实现涉及多个研究领域，包括知识工程、认知科学和计算机科学。它不仅仅是一个程序，而是一个包含知识获取、表示、推理和解释等多个组成部分的复杂系统。与普通的计算机应用程序相比，专家系统的核心优势在于其处理复杂问题和不确定性信息的能力。它不依赖于固定的算法，而是通过模拟人类专家的推理过程来解决那些没有明确算法答案的问题。

因此，专家系统在处理需要深层次专业知识和经验的领域中具有独特的价值，它能够在不完全和模糊的信息环境中做出决策，并为用户提供解释和建议。

2. 专家系统的分类

专家系统作为人工智能领域的一个重要分支，已经在全球得到了广泛的研究和应用。这些系统通过模拟人类专家的决策过程，为多个行业提供了智能化的解决方案。根据不同的应用需求和设计原则，专家系统展现出多样性和灵活性，可以根据不同的标准进行分类。

1）按用途分类

专家系统根据其应用目标可以分为多种类型，包括但不限于诊断型、解释型、预测型、决策型、控制型、设计型、规划型、调度型、监视型、教学型和修理型等。例如，解释型专家系统能够对仪器仪表的检测数据进行深入分析，并提出相应的结论；规划型专家系统能够为完成任务设计一系列行动方案，如优化机器人的行动计划以达到预定目标。

2）按知识表示和工作机理分类

专家系统在知识表示和工作机理上的差异导致了不同的系统类型。基于规则推理的专家系统依赖于一系列预定义的规则来进行决策；基于一阶谓词逻辑的系统则使用更为复杂的逻辑结构；基于框架的系统则通过对象和属性的框架结构来组织知识；基于语义网络的系统则通过概念间的关联来表示和推理知识。此外，还有综合型专家系统，它们结合了多种知识表示和推理技术。

3）按输出结果分类

分析型专家系统主要进行逻辑推理，输出的是结论性结果，如诊断和预测；设计型专家系统则侧重于生成操作性的方案，如规划和调度。有些专家系统则兼具分析和设计的功能，如医疗诊断专家系统，既能进行病症分析，也能设计治疗方案。

4）按知识分类

根据知识的性质，专家系统可以分为精确推理型和不精确推理型。精确推理型专家系统处理确定性知识；不精确推理型，如模糊专家系统，则能够处理不确定性和模糊性的知识。

5）按技术分类

符号推理专家系统通过逻辑网络和符号模式匹配进行推理；神经网络专家系统则利用神经网络结构和学习机制来实现知识的存储和推理。这些技术的应用使得专家系统能够更好地模拟人类专家的决策过程。

6）按规模分类

大型协同式专家系统通常由多个子系统构成，解决跨学科的复杂问题；微专家系统则是小型、专用的系统，可嵌入到设备中执行特定功能。

7）按结构分类

集中式专家系统是一个独立的系统，而分布式专家系统则可通过网络连接多个专家系统或知识源。单机型专家系统通常用于单个任务，而网络型专家系统则能够在更广泛的网络环境中提供服务。

6.1.2 专家系统的结构

1. 专家系统的结构概述

专家系统的结构是指专家系统各组成部分的构成方法和组织形式。从专家系统的定义可知，专家系统的主要组成部分是知识库和推理机，图 6-1 为专家系统的简化结构图。由于每种专家系统所需完成的任务和特点并不相同，其结构也可能有所不同，但一般地，一个完整的专家系统应包括人机接口、推理机、知识库、数据库、知识获取机构和解释器六个部分。各部分之间的关系如图 6-2 所示。

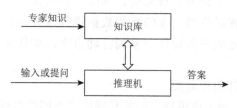

图 6-1 专家系统的简化结构图

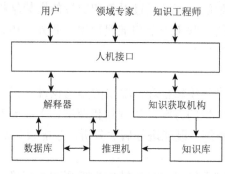

图 6-2 专家系统的一般结构

系统各个部分的作用如下：

1）人机接口（man-machine interface）

人机接口是人与系统进行信息交流的媒介，是用户与专家系统进行交流的部分。一方面，接口识别与解释用户向系统提供命令、问题和数据等信息，并把这些信息转化为系统的内部表达形式；另一方面，接口也将系统向用户提出的问题、得出的结果和做出的解释以用户容易理解的形式提供给用户。

2）知识库（knowledge base）

知识库是专家系统的核心部分，它包含了特定领域内大量的事实、规则、启发式和其他相关知识。这些知识通常由领域专家提供，并经过知识工程师的结构化处理，以便于计算机程序可以有效地利用。

3）推理机（inference engine）

推理机是专家系统的另一个关键组件，它负责模拟人类专家的推理过程。推理机使用知识库中的信息，通过逻辑推理来得出结论或解决问题。推理通常基于正向推理（从已知事实出发推导新事实）和反向推理（从目标出发逆向推导需要的事实）两种方式。

4）数据库（database）

数据库又称"黑板"，包括计划、议程和中间解三个部分，是用来记录系统推理过程中用到的控制信息、中间假设和中间结果的数据库。计划记录了当前问题总的处理计划、目标和问题当前状态以及问题背景。议程记录了一些待执行的动作,这些动作大多是由黑板中已有结果和知识库中规则作用而得到的。

5)解释器(interpreter)

解释器负责向用户提供关于系统决策过程的解释。当专家系统提供解决方案时,解释器可以说明为什么会选择这个解决方案,以及它是如何从知识库中的知识得出这个结论的。这有助于提高用户对系统的信任,并允许用户更好地理解系统的工作原理。

6)知识获取机构(knowledge obtaining mechanism)

知识获取机构主要是把用于问题求解的专门知识从某些知识源中提炼出来,并转化为计算机内的表示方式存入知识库。潜在的知识源包括专家、书本、相关数据库、实例研究和个人经验等。一般来说,主要的知识源是领域专家,所以知识获取过程需要专家、知识工程师通过反复交互,共同合作完成。通常是由知识工程师从领域专家处抽取知识,并用适当的方法把知识表达出来。

由上可知,专家系统的工作过程是根据知识库中的知识和用户提供的事实进行推理,不断地由已知的前提推出未知的结论,即中间结果,并将中间结果放到数据库中,作为已知的新事实进行推理,从而把求解的问题由未知状态转换为已知状态。在专家系统运行过程中,会不断地通过人机接口与用户进行交互,向用户提问,并向用户做出解释。

2. 专家系统的开发方法

专家系统的开发代表了人工智能领域中的一项综合性工程,它集成了技术性、创新性和应用性的特点。这一过程要求知识工程师与领域专家紧密合作,并持续投入努力与创新。

1)专家系统的开发阶段

开发一个成功的专家系统通常遵循软件工程的生命周期方法,其过程可以划分为以下几个关键阶段。

(1)认识阶段

在这一阶段,知识工程师与领域专家共同进行深入的需求分析,明确系统需要解决的问题范围、类型、关键特征以及预期的效益。同时,评估系统开发所需的资源、人员、经费和时间进度。

(2)概念化阶段

本阶段的目标是将问题求解所需的专业知识进行概念化处理,明确概念之间的关系,并划分任务。此外,需要确定解决问题的控制流程和可能面临的约束条件。

(3)形式化阶段

在形式化阶段,将概念、关系和专业知识转换为计算机可处理的形式。这包括选择合适的系统架构、定义数据结构、制定推理规则和控制策略以及构建问题求解模型。

(4)实现阶段

选择合适的编程语言或利用专家系统开发工具,将形式化的知识转化为可执行的原型系统。这一阶段需要编程技能和对专家系统工具的熟练操作。

（5）测试阶段

通过实例运行验证原型系统的正确性和性能，根据反馈进行必要的修改，可能涉及问题重新审视、概念调整、知识表示和组织形式的完善以及推理方法的改进。

专家系统的开发过程类似于软件工程的瀑布模型，每个阶段都有具体目标和任务，逐步推进项目的深化和完善。这种分阶段的方法有助于确保系统的质量和可靠性，同时便于项目管理和进度控制。如图 6-3 所示，该模型详细阐述了专家系统开发的各个阶段。

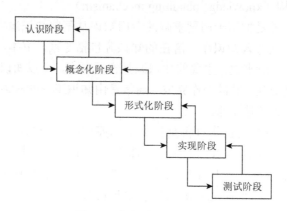

图 6-3　专家系统开发阶段

在专家系统的开发过程中，持续的评估和迭代是至关重要的。成功开发的依赖不仅在需求分析和设计阶段，而且在整个实施和测试阶段的持续调整和优化。这种迭代方法使系统能够逐步提升性能，更好地满足领域专家和用户的需求。

2）原型系统与快速原型法

原型系统与快速原型法是实现专家系统的开发的关键策略。由于领域专家的知识是长期积累的，知识工程师无法迅速掌握所有必要的专业知识。因此，采用增量式开发方法，通过逐步扩展基本功能来完善系统变得尤为重要。专家系统的知识库需要频繁更新和改进，而推理机制则相对稳定，这一结构特点使得增量式开发成为可能。

原型系统可按照复杂性和实用性划分为以下多个类别：

① 演示原型：这是最初步的原型，通常能解决有限的问题，主要用于验证专家系统技术的可行性和问题定义的准确性。

② 研究原型：这类原型能够处理多个测试案例，展现领域问题的关键特征，通常包含数百条规则。

③ 领域原型：基于研究原型进一步改进，运行稳定，用户界面友好，满足用户的基本需求，规则数量介于 500～1000 条之间。

④ 产品原型：经过广泛测试，通常采用更高效的编程语言或工具实现，以提升推理速度和降低存储需求，规则数量介于 500～1500 条之间。

⑤ 商品化系统：最终推向市场的版本，能够适应用户需求，利用专家系统技术和工具快速构建演示原型，随后进行修改、丰富和完善。

快速原型法允许开发者快速建立并测试演示原型，从而在开发初期就验证系统的可行性和有效性，避免原则性错误，并激发领域专家的兴趣和信心，加强合作。通过这种方法，专家系统的开发可以更加高效、灵活和响应用户需求的变化。

6.1.3　专家系统的特点与原则

1. 专家系统的特点

1）领域专业性

专家系统要解决只有人类专家才能解决的复杂问题，所以具有专家的专门知识是专家系统的最大特点，也是所有知识库系统的共同特点。专家系统具有的知识越丰富、质量越高，解决问题的能力就越强。

专家系统中的知识按其在问题求解中的作用可分为三个层次，即数据级、知识库级和控制级。数据级知识是指具体问题所提供的初始事实及在问题求解过程中所产生的中间结论、最终结论，也可以称为动态数据，数据级知识通常存放于数据库中。知识库级知识是指专家的知识，这一类知识是构成专家系统的基础，一个系统性能的高低取决于这种知识的质量和数量。控制级知识也可称为元知识，是关于如何运用前两种知识的知识，如在问题求解中的搜索策略、推理方法等。

2）能进行有效的推理

专家系统要利用专家知识来求解领域内的具体问题，而问题求解的过程就是一个推理过程，所以专家系统必须具有一个推理机构，能根据用户提供的已知事实，通过运用知识库中的知识，进行有效的推理，以实现问题的求解。专家系统的核心是知识库和推理机。

3）具有启发性

专家系统除了能利用大量专业知识外，还必须利用经验的判断知识来对求解的问题做出多个假设。依据某些条件选定一个假设，使推理继续进行。

4）具有灵活性

在专家系统的体系结构中，知识库与推理机既相互联系，又相互独立。它们之间的相互联系保证了推理机利用知识库中的知识进行推理以实现对问题的求解；它们之间的相互独立保证了当知识库做适当修改和更新时，只要推理策略没变，推理部分就可以不变，使系统易于扩充，具有较大的灵活性。

5）具有透明性

专家系统一般都有解释器，所以具有较好的透明性。人们在使用专家系统求解问题时，不仅希望得到正确的答案，而且还希望知道得出该答案的依据。解释器可以向用户解释推理过程，回答用户提出的"为什么（why）"、"结论是如何得出的（how）"等问题。

6）具有交互性

专家系统一般都是交互式系统，具有较好的人机接口。一方面它需要与领域专家或知识进行对话以获取知识，另一方面它也需要不断地从用户获得所需的已知事实并回答用户的询问。

7）能根据不确定的知识进行推理

专家系统能运用知识进行推理，以模拟人类求解问题的过程。但是领域专家解决问题的方法大多是经验性的，这些经验性的知识表示往往是不精确的，它们仅以一定的可能性存在。此外，要解决的问题本身所提供的信息往往也不确定。因此，专家系统的特点之一，就是能综合利用这些模糊的信息和知识进行推理，得出结论。

2. 专家系统的设计原则

1）模型描述的多样性

在设计专家控制器时，应对被控对象和控制器的模型采用多样化的描述形式，包括解析模型、离散事件模型、模糊模型等。

2）在线处理的灵巧性

专家控制器应能够灵活地处理和利用在线信息，以提高系统的信息处理能力和决策水平。

3）控制策略的灵活性

考虑到工业对象的时变性和不确定性，专家控制器应能采用不同形式的开环与闭环控制策略，并能根据实时信息调整控制策略或参数。

4）决策机构的递阶性

控制器的设计应体现分层递阶的原则，根据智能水平的不同层次构成分级递阶的决策机构。

5）推理与决策的实时性

为了满足工业过程的实时性要求，知识库的规模应适中，推理机构应尽可能简单，以保证快速响应。

6.2　模　糊　控　制

6.2.1　模糊控制概述

模糊控制系统和专家系统是人工智能的两个重要分支。自从 1965 年美国加州大学控制论专家 L. A.扎德（L. A. Zadeh）教授创立模糊集合理论和 1968 年费根鲍姆等人成功研制出世界上第一个专家系统 DENDRAL 以来，模糊逻辑和专家系统技术得到迅速发展并日臻完善，广泛地应用于自然科学和社会科学各领域，产生了巨大的社会效益和经济效益，同时也促进了人工智能基本理论和基本技术的研究与发展，呈现出强盛的生命力和广阔的应用前景。

模糊控制系统和专家系统都是基于规则的智能系统。这两类智能系统在知识获取、知识表示、推理机制、知识库构造、规则库构造等方面有许多相似之处，但它们的理论基础却不同。模糊控制系统以模糊数学为基础，专家系统来源于人工智能。这两类智能系统在应用上相互交叉，各有特点，有时结合在一起构成的混合智能系统能发挥更重要的作用。

1. 模糊理论基础

模糊数学诞生于 20 世纪 60 年代，是一种用来描述、研究和处理事物所具有模糊特征的数学，其中"模糊"指的是研究对象，"数学"指的是研究方法。"模糊数学"最早是由美国的自动控制专家扎德提出来的，他主张用隶属度函数（degree of membership function）来描述模糊概念，并创立了模糊集合论，为后来模糊数学的发展奠定了基础。随后，印度裔的英国学者 E. H.马丹尼（E. H. Mamdani）首先将模糊理论应用于锅炉和蒸汽机的控制并试验成功，验证了模糊理论的有效性，从此开创了模糊控制这一新的领域。1992 年，电气与电子工程师协会（IEEE）召开了第一届关于模糊系统的国际会议，并决定以后每年举行一次。在随后的一年 IEEE 创办了专刊 IEEE Transaction on Fuzzy System。现在，模糊理论和应用正向深度和广度进一步发展，研究成果大量涌现，已经成为世界各国高科技竞争的重要领域之一。

1）模糊集合

（1）模糊集合的概念

模糊集合理论是对经典集合理论的重要补充。在经典集合论中，元素与集合之间的关系是二元的，即一个元素要么完全属于某个集合，要么完全不属于，这种关系是绝对的。例如，考虑集合"所有正方形"，一个几何形状如果不是正方形，则不被包含在这个集合中。

与此相对，模糊集合理论允许元素以不同程度的隶属度存在于集合中，这种关系是连续的。例如，考虑集合"大型动物"，在这里，"大型"是一个模糊的概念，因为"大"没有一个精确的定义。一个动物的体型可能介于小型和大型之间，因此它可能以某种程度属于"大型动物"集合。例如，一只体重 100 公斤的狗可能比一只体重 50 公斤的狗更属于"大型动物"集合，但两者都不完全属于或不属于该集合。另一个例子是"年轻人"的集合。年龄是一个连续变量，而且"年轻"这个概念在不同的文化和社会中有不同的界定。一个人可能随着年龄的增长逐渐从年轻变为不年轻，而不是在某个具体年龄突然改变。在这种情况下，隶属度函数可以用来描述一个人属于"年轻人"集合的程度，这个函数可以是一个随着年龄增长而递减的曲线。

通过隶属度函数，模糊集合理论提供了一种量化模糊概念的方法。隶属度函数的值介于 0 到 1 之间，其中 0 表示完全不属于，1 表示完全属于，而介于两者之间的值表示部分属于。这种理论在处理现实世界中的模糊性和不确定性时非常有用，因为它更贴近人类的思维方式和日常经验。例如，在图像处理、语音识别、金融市场分析等领域，模糊集合理论都有着广泛的应用。

设 U 为一个离散或连续的集合，用 $\{u\}$ 表示，U 被称为论域，u 为论域 U 的元素，模糊集合是用隶属度函数来表示的。

模糊集合的概念：论域 U 中的一个模糊集合 A，对于论域 U 中的任一元素 $u \in U$，都指定了$[0, 1]$区间中的一个数 $\mu_A(u) \in [0,1]$ 与之对应，即

$$\mu_A : U \to [0,1]; u \to \mu_A(u) \tag{6-1}$$

则确定了 U 的一个模糊子集，记作 A。μ_A 称为模糊子集 A 的隶属度函数，$\mu_A(u)$ 表示元素 u 隶属于 A 的程度。

模糊子集 A 完全由其隶属度函数所刻画。隶属度函数 μ_A 把 U 中的每一个元素都映射为 $[0,1]$ 上的一个值，表示该元素隶属于 A 的程度，值越大表示隶属的程度越高。当 $\mu_A(u)$ 的值仅为 0 或 1 时，模糊子集 A 就退化为一个普通的集合，隶属度函数也就退化为特征函数。

$\mu_A(u)=1$，表示 u 完全属于 A；

$\mu_A(u)=0$，表示 u 完全不属于 A；

$0<\mu_A(u)<1$，表示 u 部分属于 A。

（2）模糊集合的表示方法

① Zadeh 表示法

当论域 U 为离散有限域 $u_1,u_2,\cdots,u_n$ 时，按 Zadeh 表示法有

$$A=\frac{A(u_1)}{u_1}+\frac{A(u_2)}{u_2}+\cdots+\frac{A(u_n)}{u_n} \tag{6-2}$$

式中，$A(u_i)/u_i$ 表示元素 u_i 对于模糊集合 A 的隶属度函数 $\mu_A(u_i)$ 和元素本身 u_i 的对应关系；"$+$" 表示在论域 U 上，组成模糊集合 A 的全体元素 $u_i(i=1,2,\cdots,n)$ 间排序与整体间的关系。

当论域 U 为连续有限域时，按 Zadeh 表示法有

$$A=\int_U \frac{A(u)}{u} \tag{6-3}$$

式中，$\int$ 表示的是连续论域 U 上的元素 u 与隶属度函数 $\mu_A(u)$ 一一对应关系的总体集合。

② 序偶表示法

若将论域 U 中元素 u_i 与其对应的隶属度函数 $\mu_A(u_i)$ 组成序偶 $[u_i,\mu_A(u_i)]$ 来表示模糊子集 A，则可写成

$$A=[u_1,\mu_A(u_1)],[u_2,\mu_A(u_2)],\cdots,[u_n,\mu_A(u_n)] \tag{6-4}$$

该方法即为序偶表示法。一般为简明起见，该方法对隶属度值为 0 的元素项可以不列入。

③ 矢量表示法

矢量表示法是单纯的将论域 U 中元素 $u_i(i=1,2,\cdots,n)$ 所对应的隶属度函数 $\mu_A(u_i)$，按顺序写成矢量形式来表示模糊集合 A，如下所示：

$$A=A(u_1),A(u_2),\cdots,A(u_n) \tag{6-5}$$

但是值得注意的是在矢量表示法中，隶属度值为 0 的元素项不能够省略，要求必须列入。

④ 函数描述法

论域 U 上的模糊集合 A 完全可以由隶属度函数 $\mu_A(u)$ 来表示。由于隶属度函数 $\mu_A(u_i)$ 本身表示元素 u_i 对模糊集合 A 的隶属程度大小，因此可以用隶属度函数曲线来表示一个模糊子集 A。

（3）模糊集合的运算

设 A、B 是同一论域 U 上的两个模糊子集，隶属度函数分别为 $\mu_A(u)$ 和 $\mu_B(u)$，A、B 的各种运算是由隶属度函数来决定的。则模糊集合的运算定义如下：

① 模糊集合的"交"、"并"、"补"集

模糊交集 $A\bigcap B=\mu_{A\cap B}(u)=\mu_A(u)\wedge\mu_B(u)=\min[\mu_A(u),\mu_B(u)]\ \ \forall u\in U \tag{6-6}$

式中，∧符号表示取极小值运算。

$$模糊并集 \quad A \cup B = \mu_{A \cup B}(u) = \mu_A(u) \vee \mu_B(u) = \max[\mu_A(u), \mu_B(u)] \ \forall u \in U \tag{6-7}$$

式中，∨符号表示取极大值运算。

$$模糊补集 \qquad \overline{A} = \mu_{\overline{A}}(u) = 1 - \mu_A(u) \ \forall u \in U \tag{6-8}$$

② 模糊集合运算的基本定律

设 U 为论域，A、B、C 是 U 中的任意模糊子集，则下列等式成立：

$$幂等律 \qquad A \cap A = A, \ A \cup A = A \tag{6-9}$$

$$结合律 \qquad A \cap (B \cap C) = (A \cap B) \cap C, \ A \cup (B \cup C) = (A \cup B) \cup C \tag{6-10}$$

$$交换律 \qquad A \cap B = B \cap A, \ A \cup B = B \cup A \tag{6-11}$$

$$分配律 \quad A \cap (B \cup C) = (A \cap B) \cup (A \cap C), \ A \cup (B \cap C) = (A \cup B) \cap (A \cup C) \tag{6-12}$$

$$同一律 \qquad A \cap U = A, \ A \cup \Phi = A \tag{6-13}$$

$$零一律 \qquad A \cap \Phi = \Phi, \ A \cup U = U \tag{6-14}$$

$$吸收律 \qquad A \cap (A \cup B) = A, \ A \cup (A \cap B) = A \tag{6-15}$$

$$德·摩根律 \qquad \overline{A \cap B} = \overline{A} \cup \overline{B}, \ \overline{A \cup B} = \overline{A} \cap \overline{B} \tag{6-16}$$

$$双重否定律 \qquad \overline{\overline{A}} = A \tag{6-17}$$

③ 模糊集合的概率算子和有界算子及其运算

定义：·和 $\hat{+}$ 为概率算子，对 $\forall a, b \in [0,1]$，有

$$a \cdot b = ab \tag{6-18}$$

$$a \hat{+} b = a + b - ab \tag{6-19}$$

由定义可知：若 $\forall a, b \in [0,1]$，则 $a \cdot b \in [0,1]$，$a \hat{+} b \in [0,1]$

定义：□ 和 ⊕ 为有界算子，对 $\forall a, b \in [0,1]$，有

$$a \ \square \ b = \max(0, a + b - 1) \tag{6-20}$$

$$a \oplus b = \min(1, a + b) \tag{6-21}$$

容易证明：对 $\forall a, b \in [0,1]$，有 $0 \leqslant \max(0, a + b - 1) \leqslant 1, 0 \leqslant \min(1, a + b) \leqslant 1$

$$代数积 \qquad A \cdot B = \mu_{A \cdot B}(u) = \mu_A(u) \cdot \mu_B(u) \tag{6-22}$$

$$代数和 \qquad A + B = \mu_{A \hat{+} B}(u) = \mu_A(u) + \mu_B(u) - \mu_A(u) \cdot \mu_B(u) \tag{6-23}$$

$$有界和 \qquad A \oplus B = \mu_{A \oplus B}(u) = [\mu_A(u) + \mu_B(u)] \wedge 1 \tag{6-24}$$

$$有界差 \qquad A \ominus B = \mu_{A \ominus B}(u) = [\mu_A(u) + \mu_B(u)] \wedge 1 \tag{6-25}$$

$$有界积 \qquad A \ \square \ B = \mu_{A \square B}(u) = [\mu_A(u) + \mu_B(u) - 1] \vee 0 \tag{6-26}$$

模糊集合的代数运算仍然满足结合律、交换律、德·摩根律、同一律和零一律，但不满足幂等律、分配律、吸收律和互补律。模糊集合的有界运算也满足结合律、交换律、德·摩根律、同一律和零一律，而且满足互补律，但不满足幂等律、分配律和吸收律。

④ 模糊序列运算

有 n 个模糊量 $a_i (i = 1, 2, \cdots, n)$ 组成一个有序数组，并且 $\forall a_i \in [0,1]$，则称该数组为模糊序列。

模糊序列的直积：设有两个模糊序列 $a \in R^{1 \times m}$ 和 $b \in R^{1 \times n}$ ，它们的直积 $c \in R^{m \times n}$ 被定义为

$$c \overset{\text{def}}{=} \min\left(a_i^{\text{T}}, b_j\right)(i = 1, 2, \cdots, m; j = 1, 2, \cdots, n) \tag{6-27}$$

式中，$c \in R^{m \times n}$ 表示对于同一个模糊概念映射到不同论域上可以构成不同的模糊子集，a 与 b 的直积将代表两个论域间的一种转换关系。

模糊序列的内积：设有两个模糊序列 $a, b \in R^{1 \times n}$ ，它们的内积被定义为

$$r \overset{\text{def}}{=} \vee_{i=1}^{n}\left(a_i \wedge b_i^{\text{T}}\right) \tag{6-28}$$

上式表示两个不同的模糊概念在同一论域的相关程度。

模糊序列的外积：设有两个模糊序列 $a, b \in R^{1 \times n}$ ，它们的外积被定义为

$$s \overset{\text{def}}{=} \wedge_{i=1}^{n}\left(a_i \vee b_i^{\text{T}}\right) \tag{6-29}$$

外积实质上是相应序列积的对偶关系，它们之间必然存在对偶性质。

模糊序列的上界和下界：设模糊序列有 a 采用模糊序列的最大元素和最小元素，可以分别定模糊序列的上界和下界为 $\max(a_i)$ 和 $\min(a_i)$ 。

（4）模糊集合的隶属度函数

① 确定隶属度函数的原则

表示隶属度函数的模糊集合必须是凸模糊集合；变量所取隶属度函数通常是对称和平衡的；隶属度函数要遵从语意顺序和避免不恰当地重叠；论域中每个点至少属于一个隶属度函数的区域，并应属于不超过两个隶属度函数的区域；对同一个输入没有两个隶属度函数会同时有最大隶属度；当两个隶属度函数重叠时，重叠部分对两个隶属度函数的最大隶属度不该有交叉；当两个隶属度函数重叠时，重合部分的任何点的隶属度函数的和应该小于等于 1。

② 常用的隶属度函数

目前 MATLAB 的模糊逻辑工具箱中包含了十多种隶属度函数类型，如双 S 形隶属度函数、联合高斯型隶属度函数、高斯型隶属度函数、广义钟形隶属度函数、Ⅱ 型隶属度函数、双 S 形乘积隶属度函数、S 形隶属度函数、梯形隶属度函数、三角形隶属度函数、Z 形隶属度函数等。在模糊控制中应用较多的隶属度函数有以下六种：

高斯型隶属度函数（Gaussian membership function）是模糊逻辑中常用的一种隶属度函数，通常用于表示数据的分布情况。高斯型隶属度函数由 2 个参数 σ 和 c 确定，见图 6-4。

$$\mu(x) = e^{\frac{-(x-c)^2}{2\sigma^2}} \tag{6-30}$$

式中，参数 σ 通常为正；参数 c 用于确定曲线的中心。

广义钟形隶属度函数由 3 个参数 a、b、c 确定，见图 6-5。

$$\mu(x) = \frac{1}{1 + \left|\dfrac{x-c}{a}\right|^{2b}} \tag{6-31}$$

式中，参数 a 通常控制了隶属度函数的宽度；参数 b 通常为正；参数 c 用于确定曲线的中心。

S 形隶属度函数由参数 a 和 c 决定，见图 6-6。

$$\mu(x) = \frac{1}{1 - e^{-a(x-c)}} \tag{6-32}$$

式中，参数 a 的正负符号决定了 S 形隶属度函数的开口朝左或朝右，用来表示"正大"或"负大"的概念；参数 c 决定了函数中心点的位置。

梯形隶属度函数是一种常用的模糊逻辑隶属度函数，它的形状类似于一个梯形。这种函数在某个区间内线性增加，达到最大值后保持恒定。梯形曲线可由 4 个参数 a、b、c、d 确定，见图 6-7。

$$\mu(x) = \begin{cases} 0 & x \leqslant a \\ \dfrac{x-a}{b-a} & a < x \leqslant b \\ 1 & b < x \leqslant c \\ \dfrac{d-x}{d-c} & c < x < d \\ 0 & x \geqslant d \end{cases} \tag{6-33}$$

式中，参数 a 和 d 确定梯形的"脚"；参数 b 和 c 确定梯形的"肩膀"。

三角形隶属度函数曲线的形状由 3 个参数 a、b、c 确定，见图 6-8。

$$\mu(x) = \begin{cases} 0 & x \leqslant a \\ \dfrac{x-a}{b-a} & a < x \leqslant b \\ \dfrac{c-x}{c-b} & b < x < c \\ 0 & x \geqslant c \end{cases} \tag{6-34}$$

式中，参数 a 和 c 确定三角形隶属度函数曲线的"脚"；参数 b 确定三角形隶属度函数曲线的"峰"。

Z 形隶属度函数是基于样条函数的曲线，因其呈现 Z 形状而得名，见图 6-9。

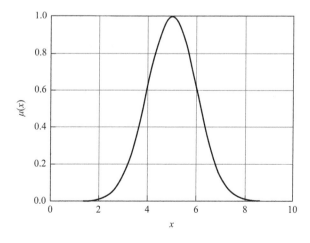

图 6-4 高斯型隶属度函数

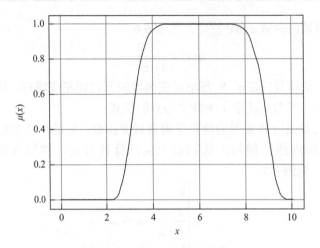

图 6-5　广义钟形隶属度函数

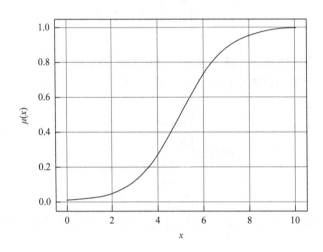

图 6-6　S 形隶属度函数

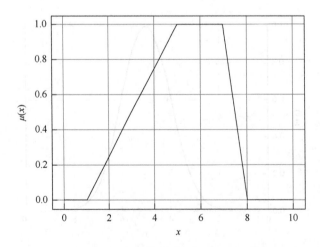

图 6-7　梯形隶属度函数（$a=1$、$b=5$、$c=7$、$d=8$）

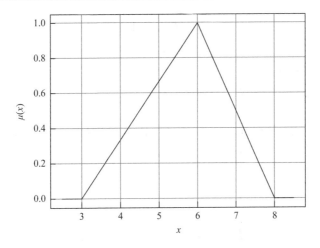

图 6-8　三角形隶属度函数（$a=3$、$b=6$、$c=8$）

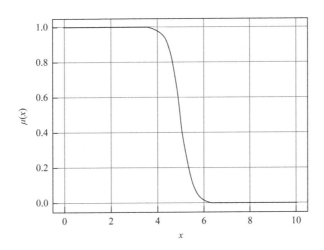

图 6-9　Z 形隶属度函数

2）模糊关系

模糊关系是传统关系的一般化，它不仅指出元素间是否存在联系，而且还量化了这些元素在模糊概念下的关联程度。这种关系在多个领域内，如系统理论、控制工程、图像识别、逻辑推理和医疗诊断等，都显示出其广泛的应用价值。通过模糊关系，可以更精确地建模和处理现实世界中的不确定性和模糊性。

定义 $A \times B$ 是集合 A 和 B 的笛卡儿积（直积或代数积），以 $A \times B$ 为论域定义的模糊集合 R 被称为 A 和 B 的模糊关系。也就是说对 $A \times B$ 中的任一元素 (a, b) 都指定了它对模糊集合 R 的隶属度 $\mu_R(a, b)$，模糊集合 R 的隶属度函数 μ_R 可以看作是以下的映射：

$$\mu_R : A \times B \to [0, 1]$$
$$(a, b) \to \mu_R(a, b)$$

（6-35）

当 A 和 B 皆为有限的离散集合时，A 和 B 的模糊关系 R 可用矩阵 $\boldsymbol{R}$ 表示，称为模糊关系矩阵，即

$$R_{A \times B} = (r_{ij})_{m \times n} = [\mu_R(a_i, b_j)]$$
$$(i = 1, 2, \cdots, m; j = 1, 2, \cdots, n) \tag{6-36}$$

（1）模糊关系的种类

模糊关系主要有以下几种基本关系：

① 恒等关系

设给定 $X \times Y$ 论域上的模糊关系 $I \in F(X \times Y)$，且满足

$$I \Leftrightarrow \mu_A(x, y) = \begin{cases} 1 & x = y \\ 0 & x \neq y \end{cases} \forall(x, y) \in X \times Y \tag{6-37}$$

则 I 为 $X \times Y$ 上的恒等关系。

② 零关系

设给定 $X \times Y$ 论域上的模糊关系 $O \in F(X \times Y)$，且满足

$$O \Leftrightarrow \mu_A(x, y) = 0 \quad \forall(x, y) \in X \times Y \tag{6-38}$$

则 O 为 $X \times Y$ 上的零关系。

③ 全域关系

设给定 $X \times Y$ 论域上的模糊关系 $E \in F(X \times Y)$，且满足

$$E \Leftrightarrow \mu_A(x, y) = 1 \quad \forall(x, y) \in X \times Y \tag{6-39}$$

则称 E 为 $X \times Y$ 上的全域关系。

④ 逆关系

$$R^{\mathrm{T}} \Leftrightarrow \mu_A^{\mathrm{T}}(x, y)^2 = \mu_A(x, y) \quad \forall(x, y) \in X \times Y \tag{6-40}$$

则称 R^{T} 为 $X \times Y$ 上的逆关系，也称为转置关系。

（2）模糊关系运算

模糊关系是积空间上的模糊集合，其运算法则与一般的模糊集合完全相同，但是还有一些特殊的运算。

① 合成运算

设 P 和 Q 分别是论域 $X \times Y$ 和 $Y \times Z$ 上的模糊关系，那么 P 和 Q 的合成是论域 $X \times Z$ 上的一个模糊关系，记作 $P \circ Q$，其隶属度函数被定义为

$$\mu_{P \circ Q}(x, z) = \vee_{y \in Y}[\mu_P(x, y) \wedge \mu_Q(y, z)] \quad \forall(x, z) \in X \times Z \tag{6-41}$$

公式中算子 $\wedge$ 代表"取小-min"，算子 $\vee$ 代表"取大-max"运算，这种合成关系即为 max-min 合成关系，其中"$\circ$"为合成算子。

② 幂运算

设 R 是论域 $X \times X$ 上的模糊关系，则它的模糊关系矩阵为方阵，R 的幂定义为

$$R^2 = R \circ R$$
$$R^3 = R \circ R \circ R = R^2 \circ R$$
$$\vdots \tag{6-42}$$
$$R^n = R \circ R \circ \cdots \circ R$$

这种合成关系在有的书上也称为"sup-min 合成关系"。基于幂的定义，模糊关系矩阵的幂满足以下指数法则：

$$R^m \circ R^n = R^{m+n}$$
$$(R^m)^n = R^{mn} \tag{6-43}$$

③ 逆运算

设 R 是论域 $X \times Y$ 上的模糊关系，则它的逆模糊关系 R^{-1} 是 Y 到 X 的一个模糊关系，其隶属函数被定义为

$$\mu_{R^{-1}}(y, x)^2 = \mu_R(x, y) \quad \forall (y, x)^2 \in Y \times Z \tag{6-44}$$

这种合成关系在有的书上也称为"def-max 合成关系"。模糊关系的逆运算还具有以下的一些性质：

$$R_1 \subseteq R_2 \Rightarrow R_1^{-1} \subseteq R_2^{-1} \tag{6-45}$$

$$(R^{-1})^{-1} = R \tag{6-46}$$

$$(R_1 \bigcup R_2)^{-1} = R_1^{-1} \bigcup R_2^{-1} \tag{6-47}$$

$$(R_1 \bigcap R_2)^{-1} = R_1^{-1} \bigcap R_2^{-1} \tag{6-48}$$

$$(R_1 \circ R_2)^{-1} = R_1^{-1} \circ R_2^{-1} \tag{6-49}$$

（3）模糊关系的性质

① 自反性

设 R 是论域 $X \times X$ 上的模糊关系，而且满足

$$\mu_R(x, x) = 1 \quad \forall x \in X \tag{6-50}$$

则称 R 是具有自反性的模糊关系。具有自反性的模糊关系，其所有元素 x 自身与模糊关系 R 间的隶属度为 1，若用矩阵表示，则模糊关系矩阵的主对角元素皆为 1。

反之，如果设 R 是论域 $X \times X$ 上的模糊关系，而且满足

$$\mu_R(x, x) = 0 \quad \forall x \in X \tag{6-51}$$

则称 R 是具有自反性的模糊关系，其所有元素 x 自身与模糊关系 R 间的隶属度为 0，若用矩阵表示，则模糊关系矩阵的主对角元素皆为 0。

而且自反性的模糊关系具有如下的基本性质：

当模糊关系 P 是自反的，Q 为任意模糊关系，则 $Q \subseteq P \circ Q$ 和 $P \subseteq Q \circ Q$ 的关系是成立的；

当模糊关系 P 是自反的，则 $P \subseteq P \circ P$ 成立；

当模糊关系 P、Q 是自反的，则 $P \circ Q$、$P \bigcap Q$ 以及 $P \bigcup Q$ 这三个关系都是自反的。

② 对称性

设 R 是论域上 $X \times X$ 的模糊关系，而且满足

$$\mu_R(x_1, x_2) = \mu_R(x_2, x_2) \quad \forall x \in X \times X \tag{6-52}$$

则称 R 为具有对称性的模糊关系，而且其响应的模糊矩阵应该满足 $R^T = R$。

另外，如果模糊关系 P 满足 $\mu_P(x_1, x_2) = \mu_P(x_2, x_1) \Leftrightarrow \mu_P(x_1, x_2) = \mu_P(x_2, x_1) = 0$ 时，则称 P 具有反对称性，反对称性对应的矩阵为反对称矩阵，即满足 $P \circ P^T \leqslant I$。

而且对称性的模糊关系具有如下的基本性质：

当模糊关系 P、Q 是对称的，则 $P \cap Q$、$P \cup Q$ 和 P''' 也是对称的；

当模糊关系 Q、Q 是对称的，且 $P \circ Q = Q \circ P$ 成立时，则 $P \circ Q$ 也应该是对称的。

③ 传递性

设 R 是论域上 $X \times X$ 的模糊关系，而且满足 $R \circ R = R^2 \subseteq R$，则称 R 具有传递性。而且传递性的模糊关系具有如下的基本性质：

当模糊关系 P、Q 是传递的，则 $P \cap Q$ 也是传递的，但是 $P \cup Q$ 未必就是传递的；

当模糊关系 P、Q 是传递的，而且 $P \circ Q = Q \circ P$ 成立时，则 $P \circ Q$ 也是传递的；

当模糊关系 P 是传递的、对称的，则有 $\mu_P(x_1, x_2) \leqslant \mu_P(x_1, x_1)$；

当模糊关系 P 是传递的、自反的，则 $P \circ Q = P$。

④ 对比性

设 R 是论域上 $X \times X$ 的模糊关系，而且满足

$$x_1 \neq x_2 \rightarrow \mu_R(x_1, x_2) > 0 \quad \text{或} \quad \mu_R(x_1, x_2) > 0 \quad \forall x \in X \times X$$

则称 R 为具有对比性的模糊关系。

6.2.2　模糊控制器结构及原理

模糊控制建立在模糊数学和模糊逻辑学的基础之上，是一种运用模糊集合理论的控制策略。它不仅定义了基于知识（规则）或语义描述的控制规律，还为设计非线性控制器提供了一种直观的方法。特别是在处理具有不确定性或难以用传统非线性控制理论解决的受控对象时，模糊控制显得尤为有效。模糊控制器，也称作模糊逻辑控制器或模糊语言控制器，其核心特点是采用模糊条件语句来表达控制规则。

作为模糊控制系统的关键组成部分，模糊控制器的性能取决于其结构设计、模糊规则、推理算法和决策方法。本节主要讨论模糊控制器的结构及原理。

1. 模糊控制器的结构

模糊控制器主要包括输入量模糊化接口、知识库、模糊推理机和输出量解模糊接口 4 个部分，如图 6-10 所示。图中的 FC 是模糊控制器，模糊控制器主要实现以下三个功能：

① 把系统的偏差从数字量转换为模糊量（由模糊化过程、数据库完成）；

② 对模糊量由给定的规则进行模糊推理（由规则库、模糊推理机完成）；

③ 把推理结果的模糊输出量转化为实际系统能够接受的精确数字量或模拟量（解模糊接口）。

在图 6-10 中，u_t 是 SISO 被控对象的输入，y_t 是被控对象的输出，s_t 是参考输

入，误差信号 $e_t = s_t - y_t$。FC 根据误差信号 e_t 产生合适的控制作用 u_t，输出作用于被控对象。

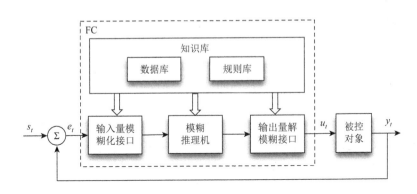

图 6-10　模糊控制器的基本结构

1）输入量模糊化接口

模糊化是将被控对象的物理量通过传感器转换为电信号的过程。对于连续的模拟信号，需先经过模数转换器（A/D 转换器）转换为数字信号，以便计算机处理。随后，对这些数字信号进行标准化处理，将其映射至预定义的内部论域。在内部论域中，输入数据被转换为语言变量，并构建相应的模糊集合，从而将精确的输入量转换为模糊变量，该变量通过隶属度函数来表示。这一过程使得检测到的输入量能够作为条件，参与模糊控制规则的推理过程。执行此转换功能的模块被称为输入量模糊化接口。

输入量模糊化接口接收的输入一般是误差信号 e_t，由 e_t 再生成误差变化率 $\dot{e}_t$ 或误差的差分口 e_t，输入量模糊化接口主要功能是将输入变量的精确值变化成其对应领域上自然语言描述的模糊集合，以进行模糊推理和决策。具体包括以下两项内容：

（1）论域变换

对传感器的测量值进行论域变换，即将输入变量值的实际论域向相应内部论域变换的比例映射。

e_t、$\dot{e}_t$ 都是非模糊的普通变量，它们的论域是实数域上的一个连续闭区间（即实际论域），分别用 X 和 Y 代表。在模糊控制器中，实际论域要变换到内部论域 X' 和 Y'。如果内部论域是连续的，此种模糊控制器称为"连续论域的模糊控制器（C-FC）"；如果内部论域是离散的，此种模糊控制器称为"离散论域的模糊控制器（D-FC）"。对于 C-FC，X'、$Y' = [-1,1]$；对于 D-FC，X'、$Y' = \{0, \pm 整数\}$。无论是 C-FC 还是 D-FC，论域变换后相当于乘一个比例因子，还可能有偏移。

（2）模糊化

论域变化后仍然是非模糊的普通变量，再对它们分别定义若干个模糊集合，如"负大"、"负中"等，并在其内部论域上规定各模糊集合的隶属度函数。在时刻输入信号的值 e_t、$\dot{e}_t$ 经过论域变换后分别得到 e_t^*、$\dot{e}_t^*$，再根据隶属度函数的定义可以求出其对各模糊集合的隶属度，这样就把普通变量的值变成模糊变量的值，完成模糊化的工作。

2）知识库

知识库是模糊控制器的核心，包含了所有对控制器性能有影响的相关知识。它由数据库和规则库两部分组成。

（1）数据库

数据库定义了模糊控制器中的语言控制规则和模糊数据操作。它包含了模糊化、模糊推理、解模糊等过程所需的知识，例如论域变换方法、输入输出变量的模糊子集及其隶属度矢量值或函数、模糊推理和解模糊的算法。

（2）规则库

规则库存储了所有的模糊控制规则，为推理过程提供必要的控制规则。这些规则是基于领域专家的知识或经验丰富的操作人员的经验编制的，并通常由关系词如"if-then"、"else"、"also"、"and"、"or"等构成。这些关系词需要经过特定的"翻译"过程以实现数值化。其中，"if"部分称为规则的"前提部"，"then"部分称为"结论部"。

规则库中的规则数量取决于语言变量的模糊子集的划分细致程度。细分的模糊子集会增加规则的数量，但这并不直接等同于提高规则库的知识准确性。规则库的准确性还受到领域专家知识准确性的影响。

3）模糊推理机

模糊推理机是模糊控制系统的关键组件，其功能是模拟人类的思维过程。它根据专家知识或控制经验形成的模糊控制规则集，利用模糊数学理论对这些规则进行计算和处理。模糊推理机实质上是对输入条件进行综合评估，并生成一个定性的、用语言描述的决策输出，即模糊输出量。

模糊推理机的核心是模糊推理决策逻辑，它能够模拟人类的模糊概念，并通过模糊蕴涵运算和模糊逻辑规则进行决策。模糊控制中的推理与知识工程中的推理有所区别。在模糊控制中，推理的前提是实际的输入值，这些值需要经过模糊化处理才能参与推理过程。而在知识工程中，生产规律通常允许使用模糊语句来描述，并且往往是多级推理，与模糊控制中通常采用的单级推理不同。

4）输出量解模糊接口

模糊推理的输出是模糊集合，不可以直接用于控制对象。必须将其转换为精确值，以便执行机构能够实施。这一转换过程称为解模糊、模糊判决或精确化。解模糊是模糊化过程的逆过程，它将模糊空间映射到清晰空间，生成可用于控制执行器的具体数值，作为模糊控制器的输出。

输出量解模糊接口执行解模糊和论域反变换两项任务。目前存在多种解模糊方法，不同方法产生不同的输出结果。常用的解模糊方法除了最大隶属度函数法、重心法、加权平均法，还有左取大、右取大、取大平均等。

2. 模糊控制器的设计

模糊控制是以控制人员的经验为基础实施的一种智能控制，当被控对象的模型不确切或难以建立数学模型时，应用模糊控制技术是非常有效的。模糊控制不需要精确的数学模型去描述系统的动态过程，因此，它的设计方法与常规控制器的设计方法有所不同。

模糊控制器的设计,一般是先在经验的基础上确定各个相关参数及其控制规律,然后在运行中反复进行调整,以达到最佳控制效果。

模糊控制器的设计主要考虑如下几项内容:

① 确定模糊控制器的结构,包括输入输出变量的数量和类型;

② 设计模糊控制器的控制规律及参数;

③ 确立模糊化和解模糊的方法;

④ 编制模糊控制算法的应用程序。

1)模糊控制器的结构设计

模糊控制器的结构设计就是要确定其输入变量和输出变量(即控制变量)。模糊控制器输入变量的个数称为模糊控制的维数。模糊控制器根据被控对象的输入输出变量的多少,分为单输入-单输出结构和多输入-多输出结构;根据控制器输入变量的多少,分为一维、二维和多维模糊控制器。这里要注意的是,所谓单输入-单输出模糊控制结构指的是被控对象是单输入-单输出系统,而多维模糊控制器指的是逻辑控制器中语言变量的多少。

在设计模糊控制器时,根据被控对象的具体情况和系统的性能指标进行选型。由于模糊控制器的控制规律是根据操作人员的控制经验提出的,而一般操作人员只能观察到被控对象的输入变量和输出变量的变化,或者观察到输入变量和输出变量的总和这两个状态,所以在模糊控制器中,一般选择误差和误差的变化率作为它的输入变量,把控制量的变化作为模糊控制器的输出变量。通常地,将误差 e 和误差变化 de 作为输入语言变量。

单输入-单输出模糊控制结构在模糊控制的实际应用是非常广泛的,如加热炉的温度控制系统、速度控制系统等经典控制理论能够处理的系统均可应用。因为系统的控制量只有一个且系统的输出量也只有一个,因此,这类控制系统是最典型又是最简单的。典型的一维模糊控制器的输入变量为系统的误差。一般情况下,一维模糊控制器用于一阶被控对象,由于这种控制器输入变量只选一个误差,它的动态控制性能不佳。目前被广泛采用的是二维模糊控制器,二维模糊控制器的输入变量为系统的误差和误差的变化,输出变量为控制量的变化。从理论上说,模糊控制器的维数越高,控制越精细。但维数越高,模糊控制规则越复杂,控制算法越难实现。所以,目前人们广泛设计和应用的都是二维模糊控制器。常见的模糊控制器结构如图 6-11 所示。

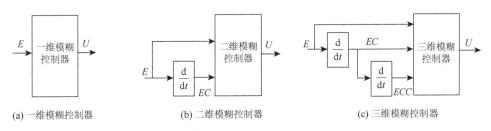

(a) 一维模糊控制器　　　　(b) 二维模糊控制器　　　　(c) 三维模糊控制器

图 6-11　常见的模糊控制器结构

(1)一维模糊控制器

一维模糊控制器是一种最简单的模糊控制器,控制器的输入输出语言变量只有一个。

输入变量一般选择受控变量的实测值和给定值之间的偏差 e，如图 6-11（a）所示。假如模糊控制器的输入变量 e、输出控制量为 u，则模糊控制规则一般有以下形式：

R_1 : if e is E_1, then u is U_1;

R_2 : if e is E_2, then u is U_2;

$\vdots$

R_n : if e is E_n, then u is U_n。

其中，$E_1, E_2, \cdots, E_n$ 和 $U_1, U_2, \cdots, U_n$ 分别为模糊控制器输入和输出论域上的模糊子集。对于上述多重模糊推理语句，其总的模糊蕴涵关系可按式（6-53）来求取。

$$R(e, u) = \bigcup_{i=1}^{n} E_i \times U_i \qquad (6\text{-}53)$$

一维控制器的设计简单明了，它面对的大多数实际控制问题是诸如跟踪控制系统、设定值控制系统等误差控制系统。但是由于一维控制器的规则只考虑系统的误差，只要误差相近，不管误差的变化趋势如何其控制输出的结果是相似的，其结果必然会影响模糊控制器的性能。

（2）二维模糊控制器

这里的二维模糊控制器的输入变量有两个，控制器的输出变量是一个，被控对象是双输入-单输出系统，如图 6-11（b）所示。这类控制器的模糊规则一般可描述为

R_1 : if e is E_1, and de is DE_1, then u is U_1;

R_2 : if e is E_2, and de is DE_2, then u is U_2;

$\vdots$

R_n : if e is E_n, and de is DE_n, then u is U_n。

其中，$E_1, E_2, \cdots, E_n$，$DE_1, DE_2, \cdots, DE_n$ 和 $U_1, U_2, \cdots, U_n$ 分别为模糊控制器两输入和输出论域上的模糊子集。对于上述多重模糊推理语句，其总的模糊蕴涵关系为

$$R(e, de, u) = \bigcup_{i=1}^{n} (E_i \times DE_i) \times U_i \qquad (6\text{-}54)$$

二维模糊控制器考虑了系统的误差和误差变化，因此在跟踪控制系统和设定值控制系统的应用中有着相当大的潜力，其控制性能明显高于一维模糊控制器。在目前大量的控制系统设计中考虑的是这一种模糊控制器。

（3）多维模糊控制器

多维模糊控制器指的是控制输入个数多于两个的模糊控制器。在有些控制要求更高的场合，仅依赖系统的误差、误差变化信号还不足以实现高精确的控制。从理论上来分析，提高控制器输入变量的个数会提高控制器的控制性能。但是，由于输入维数的增加导致了控制规则、控制算法的复杂化。因此除非对动态特性的要求特别高的场合，一般情况下是很少采用的。多维模糊控制器中用得相对较多的是三维模糊控制器，它的三个输入量是受控变量和给定值的误差、误差变化以及误差变化的变化率，图 6-11（c）所示。

2）模糊控制规则的选取及参数的确定

模糊控制器是模拟人类思维的一种语言型控制器，但是在客观世界中并没有这种现

成的控制规则。这需要设计者根据控制器的结构，基于专家知识或操作人员长期积累的经验，从大量的观察和实验数据中提取，形成一系列由模糊条件语句描述的语言控制规则。将所获取的用自然语言描述的知识，按输入、输出变量分类，并以模糊集合矢量表示形式存放在数据库内，同时使用模糊逻辑把这些自然语言规则描述成模糊规则，生成相应的规则库。为了使计算机能了解规则库规则的含义，必须明确定义模糊控制器的各个输入端变量模糊集的论域值和隶属度函数与输出变量的论域。此外还要合理地选择模糊控制器的量化因子和比例因子，因为它们对模糊控制器的动态、静态特性有着比较大的影响。

模糊规则通常由一系列的关系词连接而成，如 if-then、else、also、and、or 等。关系词必须经过"翻译"才能将模糊规则数值化，最常用的关系词是 if-then。通常用负很大（negative very big，NVB）、负大（negative big，NB）、负中大（negative medium big，NMB）、负中（negative medium，NM）、负中小（negative medium small，NMS）、负小（negative small，NS）、负很小（negative very small，NVS）、零负（negative zero，NZ）、零（zero，ZO）、零正（positive zero，PZ）、正很小（positive very small，PVS）、正小（positive small，PS）、正中小（positive medium small，PMS）、正中（positive medium，PM）、正中大（positive medium big，PMB）、正大（positive big，PB）、正很大（positive very big，PVB）来表示基本模糊集。如果某模糊控制系统的输入变量为 e 和 de，对应的语言变量分别为 E 和 DE，对于控制变量 U 可以给出如表 6-1 所示的模糊规则。

R_1: if E is NB and DE is NB then U is PB；

R_2: if E is NB and DE is NM then U is PB；

R_3: if E is NB and DE is NS then U is PM；

R_4: if E is NB and DE is NZ then U is PM；

R_5: if E is NM and DE is NB then U is PB；

R_6: if E is NM and DE is NM then U is PB；

R_7: if E is NM and DE is NS then U is PM；

R_8: if E is NM and DE is NZ then U is PS；

R_9: if E is NS and DE is NB then U is PB；

R_{10}: if E is NS and DE is NM then U is PM；

R_{11}: if E is NS and DE is NS then U is PM；

R_{12}: if E is NS and DE is NZ then U is PS；

R_{13}: if E is NZ and DE is NB then U is PM；

R_{14}: if E is NZ and DE is NM then U is PM；

R_{15}: if E is NZ and DE is NS then U is PM；

R_{16}: if E is NZ and DE is NZ then U is PZ；

$$\vdots$$

通常把 if…部分称为"前提部"，而 then…部分称为"结论部"，语言变量 E 和 DE 为输入变量，而 U 为输出变量。

规则库的规则条数和语言变量的模糊子集划分有关，这种划分越细，规则条数就越多，但是这样并不意味着规则库的知识准确程度越高，规则库的准确性还与专家的知识准确度有关。

表 6-1　模糊控制器规则

E	DE							
	NB	NM	NS	NZ	PZ	PS	PM	PB
NB	PB	PB	PM	PM	PS	PS	PZ	PZ
NM	PB	PB	PM	PS	PS	PS	PZ	PZ
NS	PB	PM	PM	PS	PS	PZ	PZ	PZ
NZ	PM	PM	PM	PZ	NZ	PZ	NM	NM
PZ	PM	PM	NZ	PZ	NZ	NM	NM	NM
PS	NZ	NZ	NZ	NS	NS	NM	NM	NB
PM	NZ	NZ	NS	NS	NS	NM	NB	NB
PB	NZ	NZ	NS	NS	NM	NM	NB	NB

3）模糊化和解模糊方法的确定

尽管模糊控制器的控制规则由模糊语言构成，但是经传感器采样到的输入量，以及执行机构所能接受的输出控制量都是确定且清晰的。传感器采样到的输入量如果要应用于模糊控制，就必须用某种模糊化方法将其转化为模糊语言变量。模糊控制器的输出量在用于实际控制前必须转为清晰量才能应用，因为目前的执行机构还不能接受模糊语言指令。因此必须选择合适的模糊化和解模糊的方法。

在进行模糊化之前，首先解决模糊划分问题。模糊控制规则前提部中每一个语言变量都形成一个与确定论域相对应的模糊输入控制空间，而在结论部中的语言变量则形成模糊输出空间。一般情况下，语言变量与术语集合相联系，每一个术语都被定义在同一个论域上，那么模糊划分就决定术语集合中有多少个术语，即模糊划分就是确定基本模糊集合的数目，而基本模糊集合的数目又决定一个模糊控制器的控制分辨率。模糊输入/输出空间的划分并非是确定的，至今还没有统一的解决方法，因而经常用启发式实验划分来找最佳模糊分区。

实际系统中对模糊化等级的划分不宜过细、过密，划分过细、过密的话，不仅会失去某些信息，体现不出模糊量的长处，而且会大大增加运算与推理过程的工作量，使计算机的实现更加困难。要求在设计的复杂度和精确度上找到一个平衡点，即在达到预定控制目标的情况下尽量不要增加其复杂性和计算量。

通常情况下取等级域为 $\{0, \pm1, 2, \cdots, \pm m\}$，则总等级数 $d = 2m + 1$。在这些等级上的模糊子集划分 $A\{0, 1, 2, \cdots, 2n\}$，其中的 n 可以等于 m，也可以取与 m 不同的值，如图 6-12 所示。

对于一个模糊输入变量 e，其模糊子集通常可以按如下的方式划分：

$e = \{负大，负小，零，正小，正大\} = \{NB, NS, ZO, PS, PB\}$

$e = \{负大，负中，负小，零，正小，正中，正大\} = \{NB, NM, NS, ZO, PS, PM, PB\}$

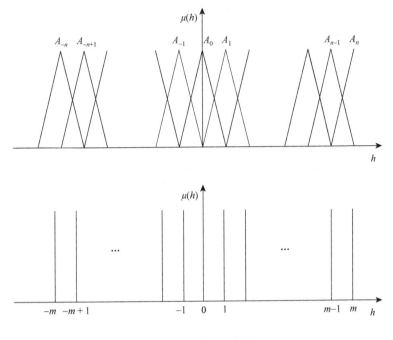

图 6-12 模糊化策略

e = {负大，负中，负小，零负，零正，正小，正中，正大} =
{NB, NM, NS, NZ, PZ, PS, PM, PB}

e = {负很大，负大，负中大，负中，负中小，负小，负很小，零负，零正，
正很小，正小，正中小，正中，正中大，正大，正很大} = {NVB,
NB, NMB, NM, NMS, NS, NVS, NZ, PZ, PVS, PS, PMS, PM, PMB, PB, PVB}

它们的子集总数 S 分别是 $S = 2n + 1$，而且 $n = 2$ 或 $n = 3$；$S = 2n$ 且 $n = 4$ 或 $n = 8$。

为了实现模糊化，还必须确定基本模糊集合的隶属度函数。隶属度函数的表示方法有以下两种：一种是数字表示即用来表示论域是离散的；另一种是函数表示即用来表示论域是连续的。隶属度函数的选择对模糊控制器的性能有重要的影响。目前大多数模糊控制器都采用简单的"实数域上模糊分布函数"，算出输入量语言值对应的一组隶属度矢量值，然后根据最大隶属度原则选择其中具有最大隶属度的函数矢量，作为相应输入量的模糊化结果。

模糊推理的结果因为是模糊集合，不能直接用来作为被控制对象的控制量，必须进行解模糊。解模糊有多种不同的方法，用不同的方法所得的结果是不同的。常用的解模糊方法除了最大隶属度函数法、重心法、加权平均法，还有左取大、右取大、取大平均等。

从理论上来讲，应该根据具体受控对象的特性，采用合适的隶属度函数确定方法，作为输入量模糊化的依据。模糊控制器的输出模糊量，应该选择包含信息量全面、丰富的解模糊方法，使模糊控制器的动态、静态性能更理想。

6.2.3 模糊控制的特点

模糊控制器的主要特点包括模糊化接口、模糊推理机制和去模糊化接口等。模糊控制器在控制系统中的作用本质上是模仿人的模糊推理和决策过程，对各种实时输入信号进行模糊化处理，然后基于预设的模糊规则进行推理，最后将推理得到的模糊输出转换为精确的控制信号施加到被控对象上。这样的智能控制方法尤其适用于那些难以建立精确数学模型或者环境复杂、存在大量不确定性的系统。

模糊控制的优势和局限，可以分别从易于理解、鲁棒性和缺乏精确性、对噪声敏感等方面分析。

（1）优势

易于理解：模糊控制器使用自然语言表达控制策略，便于人们理解和操作。

鲁棒性：对于参数变化和外部干扰具有较强的适应性。

（2）局限

缺乏精确性：相比传统控制理论，缺少严格的稳定性证明，不适用于需要高精度控制的场合。

对噪声敏感：可能因噪声和外部干扰而性能下降。

总的来说，尽管模糊控制在许多领域都有成功的应用，但其在精确性和抗干扰能力方面的不足也限制了它的应用范围。因此，在设计控制系统时，需要综合考虑模糊控制的优势和局限，选择最适合的控制方案。

6.2.4 模糊控制的应用案例

利用模糊控制理论，设计一个模糊控制器对晶闸管单闭环直流调速系统进行控制。晶闸管单闭环直流调速系统组成如图 6-13 所示，晶闸管变流器是一个滞后环节，直流电动机是一个二阶系统，其合成传递函数为 $\dfrac{e^{-0.25s}}{0.00037s^2 + 0.045s + 1}$，要求所设计的模糊控制器转速差不超过 ±2 r/s。

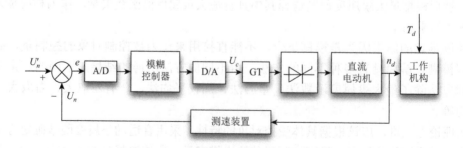

图 6-13　晶闸管单闭环直流调速系统组成

设计过程，首先确定模糊控制系统结构，然后进行模糊化计算，之后确定模糊控制规则，最后再进行精确化计算。

1. 模糊控制系统结构设计

根据要求和设计指标，直流调速系统可以设计为一个二维的单输出模糊控制系统，系统结构如图 6-14 所示。其输入语言变量为误差 e 和误差变化 de，模糊控制器输出语言变量为控制增量 Du。

2. 模糊化设计

对于控制系统的三个输入输出语言变量，在各自论域内确定其语言值个数和各语言值的隶属度函数。

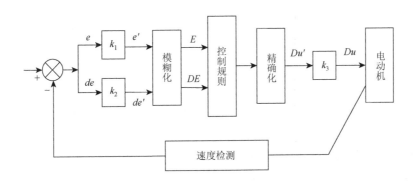

图 6-14　直流传动速度控制系统的模糊控制结构图

对于本例，一是因为系统控制精度要求不高，二是为突出重点，对于 2 个输入语言变量 e 和 de 分别取语言值（负变量 NZ）和（正变量 PZ），而对于输出语言变量 Du 采用 3 个语言值（正增量 PS）、（零增量 ZE）和（负增量 NS），3 个语言变量的隶属度函数如图 6-15 所示。

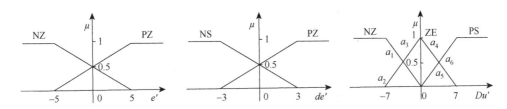

图 6-15　变量 e'、de'、Du' 的隶属度函数图

3. 控制规则设计

根据控制系统变化规律和控制经验，总结和归纳出控制系统的控制规则。控制规则

的多少与被控系统精度、输入输出变量数目和相应的语言值数目有关，本系统控制规则共有以下四条：

规则 1：如果误差 e' 是 NZ，且误差变化 de' 是 NZ，则控制 Du' 为 ZE；

规则 2：如果误差 e' 是 NZ，且误差变化 de' 是 PZ，则控制 Du' 为 NS；

规则 3：如果误差 e' 是 PZ，且误差变化 de' 是 NZ，则控制 Du' 为 PS；

规则 4：如果误差 e' 是 PZ，且误差变化 de' 是 PZ，则控制 Du' 为 ZE。

4. 精确化计算

由模糊控制器推理得出的模糊控制增量是一个模糊子集，它无法对精确的模拟或数字系统进行控制。必须要进行精确化计算，得出一个最佳确定值作为控制系统的控制输出。本例采用重心法进行精确化计算，精确化计算公式为

$$Du' = \frac{\sum\limits_{i=1}^{k} a_i Du_i}{\sum\limits_{i=0}^{k} a_i} \tag{6-55}$$

以某一时刻 $e' = 3$，$de' = 1$ 为例来分析模糊控制系统的设计过程。

模糊化过程

$$\mu_{NZ}(3) = 0.2 \quad \mu_{PZ}(3) = 0.8 \quad \mu_{NZ}(1) = 0.33 \quad \mu_{PZ}(1) = 0.67$$

模糊推理过程

第一条：$Du'_1 = [\mu_{NZ}(3) \wedge \mu_{NZ}(1)]/ZE = 0.2/ZE$；

第二条：$Du'_2 = [\mu_{NZ}(3) \wedge \mu_{PZ}(1)]/NS = 0.2/NS$；

第三条：$Du'_3 = [\mu_{PZ}(3) \wedge \mu_{NZ}(1)]/PS = 0.33/PS$；

第四条：$Du'_4 = [\mu_{PZ}(3) \wedge \mu_{PZ}(1)]/ZE = 0.67/ZE$。

输出的控制增量为四条规则推理结果的合成

$$Du' = Du'_1 \bigcup Du'_2 \bigcup Du'_3 \bigcup Du'_4 = 0.2/ZE + 0.2/NS + 0.33/PS + 0.67/ZE$$

精确化计算

$$Du' = \frac{\sum\limits_{i=1}^{k} a_i Du_i}{\sum\limits_{i=0}^{k} a_i}$$

$$= \frac{0.2 \times (-7) + 0.2 \times (-5.6) + 0.67 \times (-2.31) + 0.67 \times 2.31 + 0.33 \times 4.69 + 0.33 \times 7}{0.2 + 0.2 + 0.67 + 0.67 + 0.33 + 0.33}$$

$$= 0.56$$

5. 控制系统的运行结果

由于采用的模糊控制器比较简单，系统的动态响应效果一般。可采用更加精细的模糊分区和更多的模糊控制规则以获得更好的动态响应效果。在 $k_1 = 1$、$k_2 = 0.5$、$k_3 = 0.5$ 情况下，模糊控制系统的阶跃响应曲线如图 6-16 所示。

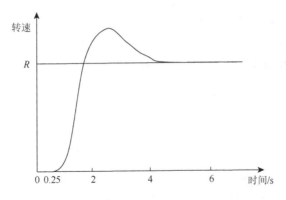

图 6-16 直流传动速度模糊控制系统阶跃响应曲线

6.3 自适应控制

自适应控制作为一种先进的控制策略，旨在应对系统动态特性随时间或环境变化的问题。传统控制方法通常依赖于系统特性在设计阶段已知且稳定的假设，但在实际应用中，系统的参数可能会因环境变化或其他不可预测因素而发生变化。自适应控制通过实时调整控制器的参数，以适应这些变化，从而保持系统性能的稳定和优化。通过自适应控制，人们能够实现更加灵活和可靠的系统控制，提高系统在面对不确定性和复杂环境时的鲁棒性和稳定性。

6.3.1 自适应控制概述

1. 自适应控制的定义

实际中，被控对象不是一成不变的。随着时间的推移以及工作环境的变化，控制系统的性能不可避免地发生变化，导致原来的控制规律变得不够准确。如果被控对象的数学模型发生变化，而控制规律不进行相应的变化，控制效果就很难想象[11]。事实上反馈控制能在一定程度上应对被控对象的变化。然而，对于被控对象的某些变化，仅通过单一的反馈是难以获得理想的控制效果，特别是被控对象的参数在大范围内变化时，更加难以保证控制品质。

为了解决被控对象参数在大范围内变化时，系统仍能自动地工作在最优或接近于最优的运行状态，学者们提出了自适应控制方法，该方法能够在系统运行过程中，通过不断地测量系统的输入、状态、输出或者性能参数，逐渐了解和掌握对象，然后根据所得的过程信息，按一定的设计方法做出控制决策，去更新控制器的结构参数或者控制作用，以便在某种意义下使控制效果达到某个预期目标。

自适应控制是一种反馈控制，但它不是一般的系统状态反馈或系统输出反馈控制，而是一种比较复杂的反馈控制。自适应控制是研究具有不确定性的控制系统的特性，系统不确定性产生的主要原因是被控对象及其环境的数学模型不是完全确定的。对于被控对象，采用自适应控制器，及时修正自己的特性以适应对象和扰动的动态特性变化，从而使整个控制系统获得满意的性能。自适应控制具有以下四个的特点：一是研究具有不确定性的对象或难以确知的对象；二是能够消除系统结构扰动引起的系统误差；三是对数学模型的依赖很小，仅需要较少的先验知识；四是自适应控制是较为复杂的反馈控制[12]。

2. 自适应控制的分类

自适应控制的类型主要包括前馈自适应控制、反馈自适应控制、模型参考自适应控制、自校正控制和其他形式自适应控制。其中模型参考自适应控制系统的设计基于李雅普诺夫稳定性理论、波波夫超稳定性理论和正实性概念，而自校正控制系统设计基于概率理论和辨识理论。

1）前馈自适应控制系统

与前馈-反馈控制系统的结构比较类似，不同在于增加了自适应机构，并且控制器可调。前馈自适应控制系统结构如图 6-17 所示，该控制方式借助于过程扰动信号的测量，通过自适应机构来改变控制器的状态，从而达到改变系统特性的目的。当扰动不可测时，前馈自适应控制系统的应用就会受到严重的限制。

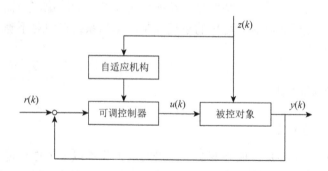

图 6-17　前馈自适应控制系统结构图

2）反馈自适应控制系统

除原有的反馈回路之外，反馈自适应控制系统中新增加的自适应机构形成了另一个反馈回路。反馈自适应控制系统结构如图 6-18 所示，根据系统内部可测信息的变化，来改变控制器的结构或参数，以达到提高控制质量的目的。

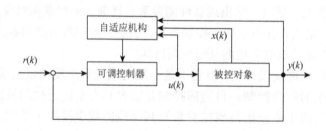

图 6-18　反馈自适应控制系统结构图

3）模型参考自适应控制系统

在参考模型始终具有期望的闭环性能的前提下，使系统在运行过程中，力求保持被控过程的响应特性与参考模型的动态性能一致。模型参考自适应控制系统结构如图 6-19 所示，模型参考自适应控制系统主要由参考模型、可调机构和自适应机构三部分组成。参考模型是一种理想模型，它是要求性能指标的代表，表达了期望的闭环性能。自适应机构根据系统广义误差，按照一定的规律改变可调机构的结构或参数。可调机构是实际被控对象及其控制器（包括前置控制器和反馈控制器）的统称。它的主要作用是根据自适应机构的调整指令，调整控制器的参数或生成辅助输入，以改善系统的控制性能。

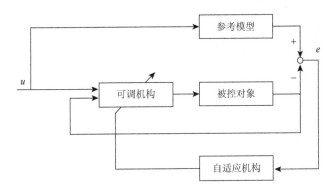

图 6-19 模型参考自适应控制系统结构图

模型参考自适应控制系统结构图可以看成是双环系统，内环是通常的反馈，外环调节控制器参数和结构，为自适应闭环。它的输入为广义误差，可能是输出的偏差，也可能是某种性能指标的误差，称为广义误差。由广义误差和参考输入来按照某种规律来修改控制器的参数，称为自适应结构。

4）自校正控制系统

自校正控制系统又称为自优化控制或模型辨识自适应控制。自校正控制系统结构如图 6-20 所示，该控制方式通过采集的过程输入、输出信息，实现过程模型的在线辨识和参数估计。在获得的过程模型或估计参数的基础上，按照一定的性能优化准则，计算控制参数，使闭环系统达到最优的控制品质。

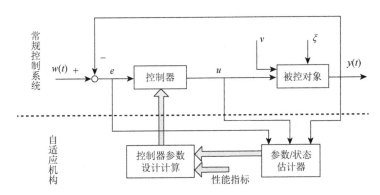

图 6-20 自校正控制系统结构图

自校正控制系统由常规控制系统和自适应机构组成，而自适应机构通常包括参数/状态估计器和控制器参数设计计算两个部分。参数/状态估计器的作用在于根据系统输入输出数据在线辨识被控系统的结构或参数，控制器参数设计计算用于计算出控制器的参数，然后调整控制回路中可调控制器的参数。

模型参考自适应控制系统和自校正控制系统结构的区别是模型参考自适应控制系统主要由常规控制系统、自适应机构、参考模型等组成，而自校正控制系统主要由常规控制系统和自适应机构组成，其中自适应机构包括辨识机构和控制参数计算环节。

3. 自适应控制的发展趋势

目前自适应控制系统已在工业自动化控制、交通运输、医疗领域、非线性系统控制等方面得到广泛应用，但由于其非线性、时变参数和随机干扰等特性，在控制精度、稳定性、鲁棒性等方面仍存在一定的不足。而随着人工智能技术的发展，采用基于智能算法的自适应控制策略有望解决上述问题，其中智能算法主要包括深度学习、强化学习、联邦学习等，用于提高自适应控制的智能水平和适应能力。

人工智能将是自适应控制发展的重要驱动力。未来的自适应控制技术将会更加注重与智能算法的深度融合和创新应用，通过整合自适应控制与人工智能技术，使得控制系统能够根据更加复杂的环境变化和实际要求，自主地进行参数调整和控制策略优化。尤其是利用深度学习技术，可以实现对系统行为的精准预测和控制，使自适应控制系统发挥更大的作用。

此外，实际中控制系统往往会受到各种干扰和不确定性因素的影响，需要研究更加有效的鲁棒性增强方法，提高自适应控制系统在复杂环境下的稳定性和可靠性。在线学习优化作为自适应控制的关键技术之一，研究更加高效的在线学习算法，有利于自适应控制系统不断修正和优化控制策略，提高自适应控制系统的学习速度和优化效果，适应系统环境的不断变化。针对复杂系统，探索更加适合的自适应控制方法和策略，进一步提高复杂系统的性能和稳定性。

6.3.2　典型的自适应控制方法

1. 模型参考自适应控制

模型参考自适应控制系统的目的是保证参考模型和可调系统间的性能一致性，参考模型与可调系统间的一致性程度表达如下：

状态误差向量 $e_x = x_m - x$；

输出误差向量 $e_y = y_m - y$

其中，x_m 和 y_m 分别表示参考模型的状态和输出；x 和 y 分别表示系统的状态和输出。只要 $y_m = y$ 系统就达到了优化状态。广义误差向量 $e(t)$ 不为 0 时，自适应机构按照一定规律改变可调机构的结构或参数或直接改变被控对象的输入信号，以使得系统的性能指标达到或接近希望的性能指标。实现模型参考自适应控制有参数自适应方案和信号综合自适应方案。其中，参数自适应方案通过更新可调机构的参数来实现的模型参考自适应控制，信号综合自适应方案通过改变施加到系统的输入端信号来实现的模型参考自适应控制。对于模型参考自适应控制系统，参考模型为稳定的，并且是完全可控和完全可观测的。模型参考自适应控制系统可以用状态方程和输入—输出方程进行描述。下面主要分析状态方程描述下的连续模型参考自适应控制系统[13]。

对于连续模型参考自适应控制系统，参考模型为

$$\dot{x}_m = A_m x_m + B_m u, \, x_m(0) = x_{m0} \tag{6-56}$$

参考模型为稳定的，并且是完全可控和完全可观测的。

在可调参数模型参考自适应系统中，可调系统

$$\dot{x} = A(e,t)x + B(e,t)u \tag{6-57}$$
$$x(0) = x_0, A(0) = A_0, B(0) = B_0$$

式中，$e = x_m - x$ 为广义误差向量。

对于信号综合自适应方案的模型参考自适应系统中，系统模型

$$\dot{x} = Ax + Bu + u_a(e,t) \tag{6-58}$$
$$x(0) = x_0, u_a(0) = u_{a_0}$$

模型参考自适应控制系统的设计目标是使得广义误差向量（广义输出误差）逐渐趋向零值。对给定的参考模型和可调系统，确定一个特定的自适应规律，以使广义误差向量或广义输出误差按照这一特定的自适应规律来调整参数矩阵 $A(e,t)$ 和 $B(e,t)$，或辅助信号 $u_a(e,t)$ 和 $u(e,t)$，在系统稳定情况下，这种调节作用使得广义误差向量（广义输出误差）逐渐趋向零值。

状态方程描述下的模型参考自适应规律表示如下：

$$A(e,t) = F(e,\tau,t) + A(0) \tag{6-59}$$
$$B(e,t) = G(e,\tau,t) + B(0) \tag{6-60}$$
$$u_a(e,t) = u(e,\tau,t) + u_a(0) \tag{6-61}$$

式中，$F(e,\tau,t) = \int_0^t F_1(v,\tau,t)\mathrm{d}\tau + F_2(v,t)$；$G(e,\tau,t) = \int_0^t G_1(v,\tau,t)\mathrm{d}\tau + G_2(v,t)$；$u(e,\tau,t) = \int_0^t u_1(v,\tau,t)\mathrm{d}\tau + u_2(v,t)$。其中，$v = De$，矩阵 D 称为线性补偿器，它的作用是为了满足系统稳定性所需附加的补偿条件。

2. 实时参数估计

对被控过程的参数进行实时估计是自适应控制中的重要环节，特别是在自校正控制器中，迭代的参数估计器是明确出现在系统结构中的，而在模型参考自适应控制器中，参数估计器是隐含在内的。广义来说，参数估计可以认为是一种系统辨识。在自适应控制系统中，系统辨识的过程常常是自动的，在自适应控制系统中，过程参数通常是不断变化的，因此希望估计方法能够对参数进行不断的更新估计[14]。

系统辨识是根据系统的输入输出时间函数来确定描述系统行为的数学模型过程。系统辨识主要包括结构辨识和参数估计两个方面。结构辨识是确定系统的结构或模型形式，

而参数估计则是确定模型中的参数值。这两个方面都是基于系统的输入和输出数据来进行的。系统辨识的基本思想是根据对被辨识系统进行试验，将测定值与假定的数学模型的输出值进行比较，通过辨识机构，修正假定模型，直至假定的数学模型的输出与实际测定输出值之间的差趋于零，即使得辨识误差趋于零。将以未知参数辨识为目的的机构称为自适应辨识机构，自适应控制系统的自适应控制机构和自适应辨识机构是一样的。

在控制系统中，通过实时估计系统的参数，控制器可以根据系统的实时状态进行调整，从而提高系统的性能和稳定性。下面主要讨论自适应控制实时参数估计的两种典型方法，分别是最小二乘方法和递推最小二乘方法。

1）最小二乘方法

最小二乘方法是高斯在预测行星和彗星运动轨道时提出的，首次运用最小二乘方法来处理观测数据，以估计天体运动的参数。这一估计方法的特点是原理简单，不需要随机变量的任何统计特性，是动态系统辨识的主要手段。下面我们详细讨论如何进行估计参数的推导。

假设被控系统模型为一离散线性差分方程，则有

$$A(z^{-1})y(k) = B(z^{-1})u(k) + \xi(k) \tag{6-62}$$

式中，$u(k)$ 和 $y(k)$ 分别为 k 时刻测量到的系统输出和输入；$\xi(k)$ 为不可测随机干扰序列。

$$A(z^{-1}) = 1 + a_1 z^{-1} + \cdots + a_n z^{-n} \tag{6-63}$$

$$B(z^{-1}) = b_0 + b_1 z^{-1} + \cdots + b_n z^{-n} \tag{6-64}$$

$\xi(k)$ 为独立的随机噪声，要求其满足

$$E[\xi(k)] = 0 \tag{6-65}$$

$$E[\xi(i)\xi(j)] = \begin{cases} \sigma^2 & i = j \\ 0 & i \neq j \end{cases} \tag{6-66}$$

$$\lim_{N \to \infty} \frac{1}{N} \sum_{k=1}^{N} \xi(k)^2 < \infty \tag{6-67}$$

随机噪声的均值为零，彼此相互独立，方差为有限正值，噪声的采样均方值有界。

记：$\boldsymbol{\theta} = [a_1, a_2, \cdots, a_n, b_0, b_1, \cdots, b_n]^{\mathrm{T}}$，$\boldsymbol{\phi}(k) = [-y(k-1), \cdots, -y(k-n), u(k), \cdots, u(k-n)]^{\mathrm{T}}$

式（6-62）改写为向量形式

$$y(k) = \boldsymbol{\phi}^{\mathrm{T}}(k)\boldsymbol{\theta} + \xi(k) \tag{6-68}$$

对输入输出观察了 $N+n$ 次，可知输入输出序列为 $\{u(k), y(k)|k = 1, 2, \cdots, N+n\}$，结合公式（6-68），则得到输入输出序列之间满足下式：

$$\begin{aligned} y(n+1) &= -a_1 y(n) - \cdots - a_n y(1) + b_0 u(n+1) + \cdots + b_n u(1) + \xi(n+1) \\ y(n+2) &= -a_1 y(n+1) - a_n y(2) + b_0 u(n+2) + \cdots + b_n u(2) + \xi(n+2) \\ &\vdots \\ y(n+N) &= -a_1 y(n+N-1) - a_n y(N) + b_0 u(n+N) + \cdots + b_n u(N) + \xi(n+N) \end{aligned} \tag{6-69}$$

矩阵向量形式

$$y(N) = \boldsymbol{\Phi}(N)\boldsymbol{\theta}(N) + \boldsymbol{\xi}(N) \tag{6-70}$$

$$y = \boldsymbol{\Phi}\boldsymbol{\theta} + \boldsymbol{\xi} \tag{6-71}$$

式中，$\boldsymbol{\theta} = [a_1\ a_2 \cdots a_n\ b_0\ b_1 \cdots b_n]^{\mathrm{T}}$，

$$y(N) = \begin{bmatrix} y(n+1) \\ y(n+2) \\ \vdots \\ y(n+N) \end{bmatrix}, \quad \boldsymbol{\xi}(N) = \begin{bmatrix} \xi(n+1) \\ \xi(n+2) \\ \vdots \\ \xi(n+N) \end{bmatrix},$$

$$\boldsymbol{\Phi}(N) = \begin{bmatrix} -y(n) & \cdots & -y(1) & u(n+1) & \cdots & u(1) \\ -y(n+1) & \cdots & -y(2) & u(n+2) & \cdots & u(2) \\ \vdots & \ddots & \vdots & \vdots & \ddots & \vdots \\ -y(n+N-1) & \cdots & -y(N) & u(n+N) & \cdots & u(N) \end{bmatrix}$$

最小二乘参数估计原理就是从一组参数向量 $\boldsymbol{\theta}$ 中找到的估计量 $\hat{\boldsymbol{\theta}}$，使得系统模型误差尽可能地小，即式（6-72）所示的性能指标最小。

$$J = \sum_{k=n+1}^{n+N} \left[y(k) - \phi(k)^{\mathrm{T}}\hat{\boldsymbol{\theta}} \right]^2 \tag{6-72}$$

式（6-72）的矩阵向量形式为

$$J = (y - \boldsymbol{\Phi}\hat{\boldsymbol{\theta}})^{\mathrm{T}}(y - \boldsymbol{\Phi}\hat{\boldsymbol{\theta}}) \tag{6-73}$$

通过计算 $\dfrac{\partial J}{\partial \hat{\boldsymbol{\theta}}}$，并令其等于 0，得到

$$\frac{\partial J}{\partial \hat{\boldsymbol{\theta}}} = \frac{\partial}{\partial \hat{\boldsymbol{\theta}}}\left[(y - \boldsymbol{\Phi}\hat{\boldsymbol{\theta}})^{\mathrm{T}}(y - \boldsymbol{\Phi}\hat{\boldsymbol{\theta}}) \right] = -2\boldsymbol{\Phi}^{\mathrm{T}}(y - \boldsymbol{\Phi}\hat{\boldsymbol{\theta}}) = 0 \tag{6-74}$$

则未知参数 $\hat{\boldsymbol{\theta}}$ 的最小二乘估计为

$$\hat{\boldsymbol{\theta}} = (\boldsymbol{\Phi}^{\mathrm{T}}\boldsymbol{\Phi})^{-1}\boldsymbol{\Phi}^{\mathrm{T}}y \tag{6-75}$$

最小二乘方法可以成批处理观测数据，这种方法的优点是估计精度比较高，缺点是要求计算机的存储量比较大。随着测量得到的过程数据信息的增多，在利用最小二乘方法来完成每次的参数估计时，计算量将不断增大。

2）递推最小二乘方法

对于一个连续运行的受辨系统，如果它能不断地提供新的数据，而且还希望利用这些数据来改善估计精度，那么就必须采用递推估计方法，这种方法对计算机的存储量要求不高，估计精度随着观测次数的增大而提高[15]。递推最小二乘方法的优点是取得一组观测数据便可估计一次参数，具有一定的实时处理能力。

基于式（6-70）和式（6-75），增加一个新的观测数据 $[u(n+N+1), y(n+N+1)]$，则

$$y(N+1) = \begin{bmatrix} \bar{y}(1) \\ \vdots \\ \bar{y}(N) \\ \bar{y}(N+1) \end{bmatrix} = \begin{bmatrix} y(N) \\ \cdots\cdots\cdots \\ \bar{y}(N+1) \end{bmatrix} \tag{6-76}$$

$$\mathbf{\Phi}(N+1)=\begin{bmatrix}\mathbf{\Phi}(N)\\\cdots\cdots\\\overline{\boldsymbol{\phi}}^{\mathrm{T}}(N+1)\end{bmatrix} \tag{6-77}$$

式中，$\overline{y}(k)=y(n+k),(k=1,2,\cdots,N+1)$；$\overline{\boldsymbol{\phi}}^{\mathrm{T}}(N+1)=\boldsymbol{\phi}^{\mathrm{T}}(n+N+1)=[-y(n+N),\cdots,-y(N+1),$
$u(n+N+1),\cdots,u(N+1)]$

系统未知参数的最小二乘辨识公式为

$$\hat{\boldsymbol{\theta}}(N+1)=[\mathbf{\Phi}^{\mathrm{T}}(N+1)\mathbf{\Phi}(N+1)]^{-1}\mathbf{\Phi}^{\mathrm{T}}(N+1)\boldsymbol{y}(N+1) \tag{6-78}$$

$$\hat{\boldsymbol{\theta}}(N+1)=\left\{\begin{bmatrix}\mathbf{\Phi}^{\mathrm{T}}(N)&\overline{\boldsymbol{\phi}}(N+1)\end{bmatrix}\begin{bmatrix}\mathbf{\Phi}(N)\\\overline{\boldsymbol{\phi}}^{\mathrm{T}}(N+1)\end{bmatrix}\right\}^{-1}\begin{bmatrix}\mathbf{\Phi}^{\mathrm{T}}(N)&\overline{\boldsymbol{\phi}}(N+1)\end{bmatrix}\begin{bmatrix}\boldsymbol{y}(N)\\\overline{\boldsymbol{y}}(N+1)\end{bmatrix}$$

$$=\begin{bmatrix}\mathbf{\Phi}^{\mathrm{T}}(N)\mathbf{\Phi}(N)+\overline{\boldsymbol{\phi}}(N+1)\overline{\boldsymbol{\phi}}^{\mathrm{T}}(N+1)\end{bmatrix}^{-1}\begin{bmatrix}\mathbf{\Phi}^{\mathrm{T}}(N)\boldsymbol{y}(N)+\overline{\boldsymbol{\phi}}(N+1)\overline{\boldsymbol{y}}(N+1)\end{bmatrix}$$

$$\tag{6-79}$$

令

$$\boldsymbol{P}(N+1)=\begin{bmatrix}\mathbf{\Phi}^{\mathrm{T}}(N)\mathbf{\Phi}(N)+\overline{\boldsymbol{\phi}}(N+1)\overline{\boldsymbol{\phi}}^{\mathrm{T}}(N+1)\end{bmatrix}^{-1} \tag{6-80}$$

$$\boldsymbol{P}(N)=[\mathbf{\Phi}^{\mathrm{T}}(N)\mathbf{\Phi}(N)]^{-1} \tag{6-81}$$

则

$$\boldsymbol{P}(N+1)=\begin{bmatrix}\boldsymbol{P}^{-1}(N)+\overline{\boldsymbol{\phi}}(N+1)\overline{\boldsymbol{\phi}}^{\mathrm{T}}(N+1)\end{bmatrix}^{-1} \tag{6-82}$$

应用求逆矩阵定理，则

$$\boldsymbol{P}(N+1)=\boldsymbol{P}(N)-\boldsymbol{P}(N)\overline{\boldsymbol{\phi}}(N+1)\begin{bmatrix}1+\overline{\boldsymbol{\phi}}^{\mathrm{T}}(N+1)\boldsymbol{P}(N)\overline{\boldsymbol{\phi}}(N+1)\end{bmatrix}^{-1}\overline{\boldsymbol{\phi}}^{\mathrm{T}}(N+1)\boldsymbol{P}(N)$$

$$\tag{6-83}$$

$$\hat{\boldsymbol{\theta}}(N+1)=\hat{\boldsymbol{\theta}}(N)+\boldsymbol{P}(N)\overline{\boldsymbol{\phi}}(N+1)\begin{bmatrix}1+\overline{\boldsymbol{\phi}}^{\mathrm{T}}(N+1)\boldsymbol{P}(N)\overline{\boldsymbol{\phi}}(N+1)\end{bmatrix}^{-1}\begin{bmatrix}\overline{y}(N+1)-\overline{\boldsymbol{\phi}}^{\mathrm{T}}(N+1)\hat{\boldsymbol{\theta}}(N)\end{bmatrix}$$

$$\tag{6-84}$$

令

$$\boldsymbol{K}(N+1)=\boldsymbol{P}(N)\overline{\boldsymbol{\phi}}(N+1)\begin{bmatrix}1+\overline{\boldsymbol{\phi}}^{\mathrm{T}}(N+1)\boldsymbol{P}(N)\overline{\boldsymbol{\phi}}(N+1)\end{bmatrix}^{-1} \tag{6-85}$$

$$\hat{\boldsymbol{\theta}}(N+1)=\hat{\boldsymbol{\theta}}(N)+\boldsymbol{K}(N+1)\begin{bmatrix}\overline{y}(N+1)-\overline{\boldsymbol{\phi}}^{\mathrm{T}}(N+1)\hat{\boldsymbol{\theta}}(N)\end{bmatrix} \tag{6-86}$$

则递推最小二乘算法的式（6-83）～式（6-86）可以表示为

$$\begin{cases}\hat{\boldsymbol{\theta}}(k)=\hat{\boldsymbol{\theta}}(k-1)+\boldsymbol{K}(k)[y(k)-\boldsymbol{\phi}^{\mathrm{T}}(k)\hat{\boldsymbol{\theta}}(k-1)]\\\boldsymbol{K}(k)=\boldsymbol{P}(k-1)\boldsymbol{\phi}(k)/[1+\boldsymbol{\phi}^{\mathrm{T}}(k)\boldsymbol{P}(k-1)\boldsymbol{\phi}(k)]\\\boldsymbol{P}(k)=[\boldsymbol{I}-\boldsymbol{K}(k)\boldsymbol{\phi}^{\mathrm{T}}(k)]\boldsymbol{P}(k-1)\end{cases} \tag{6-87}$$

式中，$\hat{\boldsymbol{\theta}}(k)$ 为 k 时刻系统未知参数的估计值。递推最小二乘方法得到的新的估计值 $\hat{\boldsymbol{\theta}}(k)$ 是先前估计值 $\hat{\boldsymbol{\theta}}(k-1)$ 加上修正项 $\boldsymbol{K}(k)[y(k)-\boldsymbol{\phi}^{\mathrm{T}}(k)\hat{\boldsymbol{\theta}}(k-1)]$。

3. 自校正控制器

控制系统的设计与应用通常包括建模、控制算法设计、实现以及验证等步骤。自校正控制系统用来对这些任务进行自动化处理，使用自校正控制器的主要原因是过程或者所处的环境总是在不停地变化，要对这类系统进行分析是比较困难的，因此我们假设过程参数是常值，但是未知。自校正用来表示控制器参数将收敛于假设过程已知情况下的控制器参数。自校正控制系统是目前应用最广的一类自适应控制系统，是一种把参数的在线辨识与控制器的在线设计有机结合在一起的控制系统[16]。自校正控制的基本思想是将参数估计递推算法与各种不同类型的控制算法相结合，形成一个能自动校正控制器参数的实时控制系统。根据所采用的不同类型的控制算法，可以组成不同类型的自校正控制器。

自校正控制系统从工作原理上可分为隐式自校正和显式自校正两类。隐式自校正主要包括最小方差自校正控制和广义最小方差自校正控制，是以隐式过程模型估计值为基础的。最小方差自校正调节器是最早应用于实际的自校正控制算法，其根本点在于利用最小二乘法进行参数估计，并以此估计参数为依据，按最小方差准则，进行控制律的设计。在隐式算法中控制参数直接由过程参数估计值进行修改，所以隐式自校正采用的是预测控制原理，并且要求系统的延迟是已知的。在显式自校正中，过程参数的估计和控制律的计算是分离的，因此，过程参数的估计精度对于控制律十分重要。属于显式自校正一类的有极点配置自校正调节器、PID 自校正调节器、极零点配置自校正调节器。以经典控制策略为基础的自校正控制器除了极点配置和零极点配置自校正控制器之外，还有以常规 PID 控制策略为基础的自校正控制器，常规的 PID 控制器具有较强的鲁棒性，被广泛地应用于工业过程控制中。对于复杂的被控对象，特别是对于模型参数未知或慢变化的被控对象，采用常规的 PID 控制器不仅 P、I、D 参数难以选择，即使 P、I、D 参数选择好了，但被控对象的参数发生变化而不能获得满意的控制效果。自校正 PID 控制器是在自校正控制思想和常规 PID 控制器策略相结合基础上提出的，吸收了两者的优点，下面以自校正 PID 控制器展开介绍。

假设被控系统为确定性二阶系统

$$A(z^{-1})y(k) = z^{-1}B(z^{-1})u(k) \tag{6-88}$$

$$A(z^{-1}) = 1 + a_1 z^{-1} + a_2 z^{-2} \tag{6-89}$$

$$B(z^{-1}) = b_0 + b_1 z^{-1} \tag{6-90}$$

采用控制器

$$H(z^{-1})u(k) = G(z^{-1})w(k) - G(z^{-1})y(k) \tag{6-91}$$

将式（6-91）代入到式（6-88）中，得到闭环系统方程

$$[A(z^{-1})H(z^{-1}) + z^{-1}B(z^{-1})G(z^{-1})]y(k) = G(z^{-1})B(z^{-1})w(k-1) \tag{6-92}$$

闭环系统多项式为 $T(z^{-1})$ ，则有

$$A(z^{-1})H(z^{-1}) + z^{-1}B(z^{-1})G(z^{-1}) = T(z^{-1}) \tag{6-93}$$

选择

$$H(z^{-1}) = (1 - z^{-1})(1 + h_1 z^{-1}) \tag{6-94}$$

$$G(z^{-1}) = g_0 + g_1 z^{-1} + g_2 z^{-2} \tag{6-95}$$

由式（6-89）、式（6-90）、式（6-93）、式（6-94）及式（6-95）可得

$$(1 + a_1 z^{-1} + a_2 z^{-2})(1 - z^{-1})(1 + h_1 z^{-1}) + z^{-1}(b_0 + b_1 z^{-1})(g_0 + g_1 z^{-1} + g_2 z^{-2}) = 1 + t_1 z^{-1} + \cdots + t_{n_t} z^{-n_t} \tag{6-96}$$

采集输出数据 $y(k)$ 和参考输入 $w(k)$，首先需要对系统未知或时变参数进行估计

$$y(k) = \phi(k-1)^{\mathrm{T}} \theta \tag{6-97}$$

式中，$\phi(k-1) = [-y(k-1), -y(k-2), u(k-1), u(k-2)]^{\mathrm{T}}$；$\theta = [a_1, a_2, b_0, b_1]^{\mathrm{T}}$

采用递推最小二乘辨识算法求取 $\hat{A}(z^{-1})$ 和 $\hat{B}(z^{-1})$，并结合式（6-87），选择合适的特征多项式，利用式（6-96）求取多项式 $H(z^{-1})$ 和 $G(z^{-1})$，利用式（6-91）的控制器方程求取 $u(k)$。

6.4 最 优 控 制

最优控制是一种旨在特定约束条件下实现系统性能最佳化的控制策略。与传统控制方法不同，最优控制不仅关注系统的稳定性和响应速度，还考虑如何在给定的目标和约束下，最大程度地优化系统的性能。它通过数学优化方法，寻求使系统的性能指标（如能量消耗、时间最短或成本最低）最小化或最大化的控制策略。通过最优控制，决策者可以在复杂的动态环境中制定更加高效和经济的策略，从而推动技术进步和资源的合理配置。

6.4.1 最优控制概述

1. 最优化问题

最优化问题就是根据各种不同的研究对象以及人们预期要达到的目标，寻找一个最优控制规律，或设计出一个最优控制方案或最优控制系统。在叙述最优控制问题之前，先讨论一些基本概念[17]。

1）受控系统的数学模型

一个集中参数的受控系统总可以用一组一阶微分方程来描述，即状态方程，其一般形式为

$$\dot{x}(t) = f[x(t), u(t), t] \qquad x(t_0) = x_0 \tag{6-98}$$

式中，$x(t)$ 是 n 维状态向量；$u(t)$ 为 p 维控制向量，在 $[t_0, t_f]$ 上分段连续；$f[x(t), u(t), t]$ 为 n 维连续向量函数，对 x 和 t 连续可微。则有

$$\dot{x}(t) = f[x(t), u(t), t] = \begin{bmatrix} f_1[x(t), u(t), t] \\ f_2[x(t), u(t), t] \\ \vdots \\ f_n[x(t), u(t), t] \end{bmatrix} = \begin{bmatrix} f_1[x_1(t), x_2(t) \cdots x_n(t), u_1(t), u_2(t) \cdots u_p(t), t] \\ f_2[x_1(t), x_2(t) \cdots x_n(t), u_1(t), u_2(t) \cdots u_p(t), t] \\ \vdots \\ f_n[x_1(t), x_2(t) \cdots x_n(t), u_1(t), u_2(t) \cdots u_p(t), t] \end{bmatrix}$$

$$\tag{6-99}$$

2）目标集及边界条件

（1）边界条件

初始状态：如果把状态视为 n 维欧氏空间中的一个点，在最优控制问题中，起始状态（初态）通常是已知的，即 $x(t_0) = x(0)$。

末端状态：所达到的状态（末态）可以是状态空间中的一个点，或事先规定的范围内，对末态的要求可以用末态约束条件来表示。

$$\psi[\boldsymbol{x}(t_f),t_f]=0, \quad \psi(\cdot)\in R^r, r\leqslant n$$

至于末态时刻，可以事先规定，也可以是未知的。有时初态也没有完全给定，这时，初态集合可以类似地用初态约束来表示。

（2）目标集

满足末态约束的状态集合称为目标集，记为 M，即

$$M=\{\boldsymbol{x}(t_f); \boldsymbol{x}(t_f)\in R^n, \psi[\boldsymbol{x}(t_f),t_f]=0\}$$

在控制 $\boldsymbol{u}(t)$ 的作用下，把被控对象的初态 $\boldsymbol{x}(0)$ 在某个终端时刻转移到某个终端状态 $\boldsymbol{x}(t_f)$，$\boldsymbol{x}(t_f)$ 通常受几何约束。

3）容许控制

在实际控制问题中，大多数控制量受客观条件的限制，只能在一定范围内取值，这种限制通常可以用如下不等式约束来表示：

$$0\leqslant \boldsymbol{u}(t)\leqslant u_{\max} \quad \text{或} |u_i|\leqslant \alpha \quad i=1,2,\cdots,p$$

上述由控制约束所规定的点集称为控制域 $\boldsymbol{\Omega}$，凡在控制域 $\boldsymbol{\Omega}$ 内取值的每一个控制函数 $\boldsymbol{u}(t)$ 均称为容许控制。

4）性能指标

为了能在各种控制律中寻找到效果最好的控制，需要建立一种评价控制效果好坏或控制品质优劣的性能指标函数，又称代价函数或泛函，记做 $J[\boldsymbol{u}(\cdot)]$，它是一个依赖于控制的有限实数，一般的表达式为

$$J[\boldsymbol{u}(\cdot)]=\phi[\boldsymbol{x}(t_f),t_f]+\int_{t_0}^{t_f}L[\boldsymbol{x}(t),\boldsymbol{u}(t),t]\mathrm{d}t \tag{6-100}$$

该表达式包括了依赖于终端时刻 t_f 和终端状态 $x(t_f)$ 的末值型项，以及依赖于这个控制过程的积分型项。因此，最优控制问题的性能指标分为混合型、末值型和积分型。不同的控制问题，应取不同的性能指标。

（1）积分型性能指标： $\quad J[\boldsymbol{u}(\cdot)]=\int_{t_0}^{t_f}L[\boldsymbol{x}(t),\boldsymbol{u}(t),t]\mathrm{d}t \tag{6-101}$

① 最短时间控制： $\quad L[\boldsymbol{x}(t),\boldsymbol{u}(t),t]=1, J[\boldsymbol{u}(\cdot)]=\int_{t_0}^{t_f}\mathrm{d}t=t_f-t_0 \tag{6-102}$

② 最少燃烧控制： $\quad L[\boldsymbol{x}(t),\boldsymbol{u}(t),t]=\sum_{j=1}^{m}|u_j(t)|, J=\int_{t_0}^{t_f}\sum_{j=1}^{m}|u_j(t)|\mathrm{d}t \tag{6-103}$

③ 最小能量控制： $\quad L[\boldsymbol{x}(t),\boldsymbol{u}(t),t)]=\boldsymbol{u}^\mathrm{T}(t)\boldsymbol{u}(t), J=\int_{t_0}^{t_f}\boldsymbol{u}^\mathrm{T}(t)\boldsymbol{u}(t)\mathrm{d}t \tag{6-104}$

（2）末值型性能指标： $\quad J[\boldsymbol{u}(\cdot)]=\phi[\boldsymbol{x}(t_f),t_f] \tag{6-105}$

（3）混合型性能指标： $J[\boldsymbol{u}(\cdot)]=\phi[\boldsymbol{x}(t_f),t_f]+\int_{t_0}^{t_f}L[\boldsymbol{x}(t),\boldsymbol{u}(t),t]\mathrm{d}t \tag{6-106}$

5）最优控制的提法

最优控制问题通常用以下泛函形式表示：

$$\min_{u(t)\in\Omega} J = \phi[\boldsymbol{x}(t_f), t_f] + \int_{t_0}^{t_f} L[\boldsymbol{x}(t), \boldsymbol{u}(t), t]\mathrm{d}t$$

$$s.t. \quad \dot{\boldsymbol{x}}(t) = f[\boldsymbol{x}(t), \boldsymbol{u}(t), t], \boldsymbol{x}(t_0) = \boldsymbol{x}_0 \qquad\qquad (6\text{-}107)$$

$$\psi[\boldsymbol{x}(t_f), t_f] = 0$$

如果问题有解，记为 $\boldsymbol{u}^*(t)$，$t\in[t_0, t_f]$，则 $\boldsymbol{u}^*(t)$ 叫做最优控制，而性能指标 $J^* = J[\boldsymbol{u}^*(\cdot)]$ 则称为最优性能指标。

依据不同的标准，可以划分为以下最优化问题：

（1）静态和动态最优化问题

静态最优化问题是指在稳定工况下实现最优化，反映了系统达到稳态后的静态关系，系统中各变量不随时间变化，而只表示对象在稳定工况下各参数之间的关系，其特性用代数方程来描述。

动态最优化问题是指在系统从一个工况变化到另一个工况的变化过程中，应满足最优要求。在动态系统中，所有的参数都是时间的函数，其特性可用微分方程或差分方程来描述，性能指标不再是一般函数，而是一个泛函。动态最优化问题的解随时间的变化而变化，即变量是时间的函数。

（2）单变量函数与多变量函数最优化问题

如果系统中需要寻优的变量仅有一个，则为单变量函数最优化问题。如果寻优的变量多于一个，则为多变量函数最优化问题。尽管实际生产过程中往往需要寻优的变量较多，即为多变量函数最优化问题，但对于不少多变量优化问题，往往归结为反复地求解一系列单变量函数的最优值，因此单变量函数最优化方法是求解最优化问题的基本方法。

（3）无约束与有约束最优化问题

无约束最优化问题是指目标函数在一定区间内寻找最小值或最大值，而不受任何外部条件限制。有约束最优化问题是指目标函数在满足一定约束条件的情况下寻找最优解。

（4）确定性和随机性最优化问题

确定性最优化问题是指在一个确定的、不变的且完全可知的环境中寻找最优解的过程。在这种情境中，模型的参数是固定的，不存在不确定性或随机性。而随机性最优化问题中模型的参数是变化的。

（5）线性和非线性最优化问题

如果性能指标和所有约束条件均为变量的线性函数，则称为线性最优化问题。如果性能指标或约束条件中任何一个是变量的非线性函数，则称为非线性最优化问题。在实际工程应用中，对于非线性最优化问题，往往采用线性化方法，用线性函数求解近似非线性最优化中的非线性函数，把非线性最优化问题转换成线性最优化问题。

2. 最优控制问题

最优控制问题的实质，就是求解给定条件下给定系统的控制规律，致使系统在规定的性能指标（目标函数）下具有最优值，最优控制问题的结构如图6-21所示。最优控制理论研究的主要问题是根据已建立的被控对象的时域数学模型或频域数学模型，选择一个容许的控制律，使得被控对象按预定要求运行，并使给定的某性能指标达到最优值[18]。

从数学的观点来看，最优控制理论研究的问题是求解一类带有约束条件的泛函取值问题。

考虑到被控对象是多输入多输出的，参数是时变的。面临这些新的情况，建立在传递函数基础上的自动调节原理就日益显出它的局限性来。这种局限性首先表现在对于时变系统，传递函数根本无法定义，对多输入多输出系统从传递函数概念得出的工程结论往往难于应用。由于工程技术的需要，以状态空间概念为基础的最优控制理论渐渐发展起来。最优控制理论所要解决的问题是按照控制对象的动态特性，选择一个容许控制，使得被控对象按照技术要求运转，同时使性能指标达到最优值。

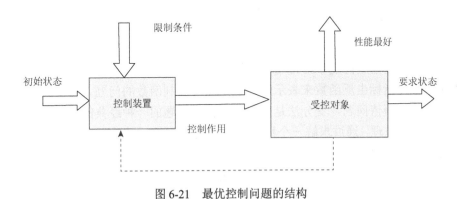

图 6-21　最优控制问题的结构

从数学方面看，最优控制问题就是求解一类带有约束条件的泛函极值问题，因此这是一个变分学的问题。对于已知受控系统的状态方程为 $\dot{x} = f(x, u, t)$，初始状态为 $x(t_0)$。其中，x 为 n 维状态向量；u 为 r 维控制向量；f 为 n 维向量函数，它是 x、u 和 t 的连续函数，并且对 x、t 连续可微。寻求在 $[t_0, t_f]$ 上的最优控制 $u \in U \subset R^r$，以将系统状态从 $x(t_0)$ 转移到 $x(t_f)$ 或 $x(t_f)$ 的一个集合，并使性能指标 $J = \varphi[x(t_f), t_f] + \int_{t_0}^{t_f} L(x, u, t) \mathrm{d}t$ 最优。其中，$L(x, u, t)$ 是 x、u 和 t 的连续函数。核心是在给定的约束条件下，找到一种最优的控制策略，使得系统的性能指标达到最优。这个问题涉及对被控系统的动态特性、控制目标以及性能指标的综合考虑。

最优控制问题按状态方程分类，包括连续最优化系统和离散最优化系统。按控制作用实现方法分类，包括开环最优控制系统和闭环最优控制系统。按性能指标分类，包括最小时间控制问题、最少燃料控制问题、线性二次型性能指标最优控制问题和非线性性能指标最优控制问题。按终端条件分类，分为固定终端最优控制问题、自由终端最优控制问题、终端时间固定最优控制问题和终端时间可变最优控制问题。按应用领域来分，分为终端控制问题、调节器问题、跟踪问题、伺服机构问题、效果研究问题、最小时间问题和最少燃料问题。

6.4.2　最优控制问题的求解方法

最优控制问题是在一定的约束条件下，找到使性能指标达到极值时的控制函数。求解最优控制问题的方法多种多样，主要包括解析法或数值计算法[19]。解析法作为求解最优控制问题的一类方法，其基本思想是通过数学推导和分析，找到使性能指标最优的控制策略。这类方法通常适用于具有明确数学表达式的性能指标和控制约束的问题。其优点是可以给出精确的最优解表达式，缺点是计算量大，且对问题的建模精度和约束条件较为敏感。解析法主要包括变分法、最大值原理和动态规划法等。数值计算法是通过迭代计算来逼近最优解的一类方法。与解析法相比，数值计算法具有更高的灵活性和适用性，可以处理更广泛的问题。数值计算法通常包括梯度下降法、牛顿法与拟牛顿法、线性规划法、非线性规划法和约束优化方法等。

1. 解析法

变分法是最优控制问题中最常用的解析法之一。当被控对象的运动特性由向量微分方程描述，性能指标由泛函数来表示时，确定最优控制函数的问题，就变成在微分方程约束下求泛函的极值问题。变分法是研究泛函极值问题的一种经典的数学方法。它基于微积分中的变分原理，通过求解一个称为哈密尔顿-雅可比-贝尔曼方程的偏微分方程，得到最优控制策略。变分法适用于连续时间系统的最优控制问题，但求解过程较为复杂。在动态最优控制中，由于目标函数是一个泛函，因此求解动态最优化问题可归结为求泛函极值问题，求泛函的极大值和极小值问题都称为变分问题。

最大值原理用于求解具有特定结构的最优控制问题。在利用经典变分法求解最优控制问题中，泛函极值的必要条件都是在等式约束下，并且控制向量 $u(t)$ 没有约束及状态方程对 $u(t)$ 是可微的情况下取得的。然而，在实际物理系统中，控制向量是受到一定限制的，容许控制只能在一定的控制域内取值。对于不等式的约束问题，也是先将不等式约束化成等式约束，然后再用相同的方法求解最优控制问题。但对于多变量系统来说，这种方法使求解过程相当复杂。所谓最大值原理是求出当前控制向量受到约束时的最优控制必要条件。最大值原理指出，在最优控制过程中，性能指标函数关于控制变量的偏导数应等于零。通过求解满足这一条件的控制策略，可以得到最优解。

动态规划法是一种适用于多阶段决策过程的最优控制方法，其核心是贝尔曼最优性原理。这个基本原理可归结为一个基本递推公式，它首先将一个多段决策问题转换为一系列单段决策问题，然后从最后一段状态开始逆向推递到初始状态为止的一套求解最优策略的完整方法。动态规划法的优点是可以处理具有复杂约束和非线性性能指标的问题，但缺点是计算量大，且存储需求较高。

2. 数值计算法

梯度下降法是一种基于梯度信息的数值优化方法。它通过不断沿着性能指标函数的负梯度方向更新控制变量，逐步逼近最优解。梯度下降法适用于性能指标函数连续可微的问题，但其收敛速度较慢，且可能陷入局部最优解。

牛顿法与拟牛顿法是基于二阶导数信息的数值优化方法。它们通过利用性能指标函数的二阶导数信息，加快收敛速度并改善局部最优解的问题。牛顿法与拟牛顿法适用于性能指标函数二阶可微的问题，但计算复杂度较高。

线性规划法是一种专门用于求解线性目标函数和线性约束条件的最优控制问题的方法。它通过求解一组线性方程组或不等式组，得到最优控制策略。线性规划法适用于性能指标和控制约束均为线性的问题，具有计算效率高和稳定性好的特点。

非线性规划法用于求解具有非线性目标函数或非线性约束条件的最优控制问题，该方法的计算复杂度较高，但能够处理更广泛的实际问题。

在处理具有复杂约束条件的最优控制问题时，约束优化方法显得尤为重要。这类方法包括拉格朗日乘子法、罚函数法、可行方向法和序列二次规划法等。约束优化方法通过处理约束条件，保证求解得到的最优控制策略满足实际问题的要求。

6.4.3　最优控制的典型应用

下面以最小时间控制问题说明最优控制理论的具体应用，了解如何应用基本的最优控制理论来解决工程问题。最小时间控制问题，又称时间最优控制问题，要求在容许控制范围内寻求最优控制，使系统以最短时间从任意初始状态转移到要求的目标集。例如要求导弹以最短时间击中目标，被控对象以最快时间达到平衡等。这种控制方式的目标泛函简单且实用价值较大，推动了现代控制理论的发展。

例：设一阶系统状态方程为 $\dot{x}(t) = -x(t) - u(t)$，$x(0) = 10$；性能指标为 $J = \frac{1}{2}\int_0^1[x^2(t) + u^{*}(t)]\mathrm{d}t$。如果①$u(t)$无约束；②$u(t)$的约束为 $|u(t)| \leqslant 0.3$。试求 $u^{*}(t)$ 使性能指标 J 为极小。

解：本例为线性定常积分型性能指标，tf 固定，$x(tf)$ 自由。

令

$$H = \frac{1}{2}x^2 + \frac{1}{2}u^2 + \lambda(-x+u) = \frac{1}{2}x^2 - \lambda x + \frac{1}{2}u^2 + \lambda u = \frac{1}{2}x^2 - \lambda x - \frac{1}{2}\lambda^2 + \frac{1}{2}(\lambda+u)^2$$

（1）$u(t)$无约束

$$\frac{\partial H}{\partial u} = u + \lambda = 0, \quad u^{*}(t) = -\lambda(t)$$

$$\dot{\lambda} = -\frac{\partial H}{\partial x} = -(x - \lambda) = -x + \lambda$$

由正则方程为 $\dot{x} = -x + u = -x - \lambda$

$$\ddot{x} = 2x, \quad x(t) = C_1\mathrm{e}^{\sqrt{2}t} + C_2\mathrm{e}^{-\sqrt{2}t}$$

由横截条件 $\lambda(tf) = \lambda(1) = 0$ 和初始条件 $x(0) = 10$，得到 $C_1 = 0.1, C_2 = 9.9$。

所以，最优曲线：$x^{*}(t) = 0.1\mathrm{e}^{\sqrt{2}t} + 9.9\mathrm{e}^{-\sqrt{2}t}$，$\lambda = -(\dot{x} - x) = -\left(0.24\mathrm{e}^{\sqrt{2}t} - 4.1\mathrm{e}^{-\sqrt{2}t}\right)$

最优控制：$u^{*}(t) = 0.24\mathrm{e}^{\sqrt{2}t} - 4.1\mathrm{e}^{-\sqrt{2}t}$

最优性能指标：$J^{*} = \frac{1}{2}\int_0^1[x^{*2}(t) + u^{*2}(t)]\mathrm{d}t = 18.4$

（2）$u(t)$有约束

$$u^*(t) = -0.3\,\mathrm{sgn}\{\lambda(t)\} = \begin{cases} -0.3, \lambda > 0.3 \\ -\lambda, |\lambda| \leqslant 0.3 \\ 0.3, \lambda < -0.3 \end{cases}$$

若 $\lambda > 0.3, u^*(t) = -0.3$

伴随方程 $\dot{\lambda} = -\dfrac{\partial H}{\partial x} = -x + \lambda$

状态方程 $\begin{cases} \dot{x} = -x + u = -x - 0.3 \to x^*(t) = C_1\mathrm{e}^{-t} - 0.3, x(0) = 10, C_1 = 10.3 \\ x^*(t) = 10.3_1\mathrm{e}^{-t} - 0.3 \\ \lambda(t) = C_2\mathrm{e}^{t} + 5.15\mathrm{e}^{-t} - 0.3, \lambda(1) = 0, C_2 = -0.587 \\ \lambda(t) = -0.587\mathrm{e}^{t} + 5.15\mathrm{e}^{-t} - 0.3 \end{cases}$

求切换点对应的时间，即 $\lambda(ts) = 0.3 \to ts = 0.914, x(ts) = 0.9147$

当 $0.9147 \leqslant t \leqslant 1$ 时，有 $u^*(t) = -\lambda$

$\dot{x} = -x - \lambda$

$\dot{\lambda} = -x - \lambda$

依据 $\begin{cases} x^*(t) = C_1\mathrm{e}^{\sqrt{2}t} + C_2\mathrm{e}^{-\sqrt{2}t} \\ \lambda(t) = -(2.414C_1\mathrm{e}^{\sqrt{2}t} - 0.414C_2\mathrm{e}^{-\sqrt{2}t}) \end{cases}$ 和 $\begin{cases} x^*(0.914) = 3.83 \\ \lambda(1) = 0 \end{cases}$

得到 $C_1 = 0.123, C_2 = 12.094$

所以 $\begin{cases} x^*(t) = 0.123\mathrm{e}^{\sqrt{2}t} + 12.094\mathrm{e}^{-\sqrt{2}t} \\ \lambda(t) = -0.296\mathrm{e}^{\sqrt{2}t} + 5.01\mathrm{e}^{-\sqrt{2}t} \end{cases}$

于是得 $u^*(t) = \begin{cases} -0.3, 0 \leqslant t \leqslant 0.914 \\ 0.296\mathrm{e}^{\sqrt{2}t} - 5.01\mathrm{e}^{-\sqrt{2}t}, 0.914 \leqslant t \leqslant 1 \end{cases}$

$$x^*(t) = \begin{cases} 10.3\mathrm{e}^{-t} - 0.3, 0 \leqslant t \leqslant 0.914 \\ 0.123\mathrm{e}^{\sqrt{2}t} + 12.094\mathrm{e}^{-\sqrt{2}t}, 0.914 \leqslant t \leqslant 1 \end{cases}$$

6.5　本　章　小　结

本章主要介绍了智能控制的相关知识，主要内容包括专家控制、模糊控制、自适应控制和最优控制。这些方法各具特色，适用于不同的应用场景，但核心均是使控制系统具备自主学习、决策和适应环境的能力。基于专家系统的控制方法，主要是利用专家知识和经验来指导控制决策过程。通过模拟专家的推理过程，专家控制系统能够处理复杂、不确定的控制问题。基于模糊逻辑的控制方法，通过处理不精确或模糊的输入信息，实现对系统的有效控制。自适应控制则能够根据系统运行过程中的变化自动调整控制策略，以适应不同的环境和任务要求。自适应控制的核心在于实时辨识系统参数和状态，并据此优化控制策略。最优控制通过优化控制策略以达到期望性能指标的最优。

课后习题

6.1 试举出一两个具有自适应性质的具体控制系统。相比于经典控制，自适应控制具有哪些优点？

6.2 在什么条件下宜采用或不宜采用自适应控制，为什么？

6.3 自适应控制中自校正控制与模型参考自适应控制各有什么特点？两者之间有何相同与不同？

6.4 最优控制问题描述中，最基本的要素是什么？

6.5 最优控制问题的求解包括哪些方法？简要分析各种方法的特点。

第7章 智能算法

7.1 智能算法概述

智能算法是一种模拟自然系统或者人类行为的计算方法，它们通常是基于启发式方法，能够通过模拟自然系统或者人类行为来解决问题。智能算法包括了许多不同的技术和方法，例如遗传算法、模拟退火算法、粒子群算法、蚁群算法等。这些算法都以某种方式模拟了自然系统中的行为，并且被广泛应用于解决优化问题、机器学习、数据挖掘等领域。

7.1.1 智能算法的背景及发展历史

智能算法的发展起源于对自然系统和人类行为的模拟和研究。随着计算机技术的发展和计算能力的提升，人们逐渐意识到可以通过模拟自然系统或者人类行为来解决问题。这种启发式的方法为解决复杂问题提供了新的思路，并且得到了广泛的应用和研究。智能算法的核心思想是通过模拟自然系统的行为来解决问题，例如遗传算法模拟了生物进化的过程，模拟退火算法模拟了金属冷却的过程，蚁群算法模拟了蚂蚁寻找食物的过程等。

智能算法的发展历史可以追溯到 20 世纪 50 年代初期，当时计算机科学家们开始尝试将一些基于人类智能的思维方式和技术转化为计算机程序。随着计算机技术的不断发展和计算能力的提升，智能算法得到了更广泛的应用和研究。以下是智能算法发展的主要历程：

（1）早期智能算法

50 年代初期，人工智能的概念开始出现，并且一些早期的智能算法也相继被提出。其中，逻辑推理、专家系统、模式识别等是这一时期的重要研究方向。研究人员开始尝试将人类的智能思维方式转化为计算机程序，以解决一些复杂的问题。

（2）进化算法的兴起

60 年代到 70 年代，进化算法开始得到较为系统的研究和发展。其中，遗传算法是进化算法家族的代表。1975 年，约翰·霍兰德（John Holland）首次提出了遗传算法的概念，并将其应用到了优化问题的求解中。遗传算法模拟了生物的进化过程，通过选择、交叉和变异等操作来搜索最优解，成为了进化算法研究的开端。

（3）模拟退火算法的提出

80 年代初期，模拟退火算法被提出，模拟了金属冷却的过程。模拟退火算法通过接受较差解的概率来避免陷入局部最优解，从而更有可能找到全局最优解。它在解决组合优化和神经网络训练等问题中获得了广泛应用。

（4）群体智能算法的兴起

90 年代初期，蚁群算法和粒子群算法等群体智能算法开始逐渐受到关注。蚁群算法模拟了蚂蚁寻找食物的行为，通过信息素的积累和挥发来引导蚂蚁选择更优的路径；粒子群算法模拟了鸟群觅食的行为，通过个体间的信息共享和合作来搜索最优解。

（5）人工神经网络的发展

80 年代中，人工神经网络成为研究的热点，也是智能算法领域的一个重要分支。人工神经网络模拟了人脑神经元的连接和学习过程，通过训练得到神经网络模型，用于解决模式识别、预测和控制等问题。

（6）人工免疫算法的提出

90 年代初期，人工免疫算法作为一种新兴的智能算法被提出。人工免疫算法模拟了生物免疫系统对抗外部侵染的机制，通过模拟免疫系统中的抗体、免疫记忆和免疫选择等过程来解决问题，为优化问题的求解提供了新的思路和方法。

（7）智能算法在实际应用中的发展

2000 年以后，随着计算机技术的不断发展和智能算法的不断完善，智能算法在优化问题、机器学习、数据挖掘、控制系统设计等领域得到了广泛的应用。各种智能算法不断推陈出新，不断完善和改进，以适应不同领域的需求。

总之，智能算法经过多年的发展，从早期的基于逻辑推理和专家系统的研究，到后来的进化算法、模拟退火算法、群体智能算法、人工神经网络、免疫算法等的不断涌现，形成了一个多元化、丰富多彩的智能算法家族。这些算法在模拟自然系统或人类智能行为方面发挥了重要作用，为解决实际问题提供了新的思路和方法。随着计算机技术的不断发展和智能算法的不断完善，智能算法将在更广泛的领域发挥更为重要的作用。

7.1.2 几种重要的智能算法介绍

1. 遗传算法

遗传算法是一种模拟进化过程的优化算法。它通过模拟生物的进化过程，利用选择、交叉和变异等操作来搜索最优解。遗传算法的基本思想是将问题的解表示为一个个体，然后通过模拟进化过程来不断优化这个个体，最终找到最优解。遗传算法被广泛应用于优化问题的求解，例如旅行商问题和机器学习模型的参数优化等。

2. 人工免疫算法

人工免疫算法是一种基于免疫系统原理的启发式优化算法。它模拟了生物免疫系统对抗外部侵染的机制，通过模拟免疫系统中的抗体、免疫记忆和免疫选择等过程来解决问题。人工免疫算法在实际应用中具有广泛的应用前景。它已经被成功应用于许多领域，如电力系统优化、机器学习模型的参数优化、通信网络优化、数据挖掘等。在这些领域，人工免疫算法通过模拟免疫系统的进化和选择过程，能够高效地搜索最优解，为解决实际问题提供了新的思路和方法。

3. 模拟退火算法

模拟退火算法是一种基于物理学中退火原理的优化算法。它模拟了金属在高温下退火冷却的过程，通过不断降低温度来搜索最优解。模拟退火算法的核心思想是通过接受较差解的概率来避免陷入局部最优解，从而更有可能找到全局最优解。模拟退火算法在组合优化、图形分割、神经网络训练等领域得到了广泛的应用。

4. 粒子群算法

粒子群算法是一种模拟鸟群觅食行为的优化算法。它通过模拟鸟群觅食的行为，不断调整粒子的位置和速度来搜索最优解。粒子群算法的核心思想是通过个体间的信息共享和合作来搜索最优解。粒子群算法在函数优化、神经网络训练、控制系统设计等领域得到了广泛的应用。

5. 蚁群算法

蚁群算法是一种模拟蚂蚁寻找食物行为的优化算法。它通过模拟蚂蚁释放信息素、选择路径和信息素挥发的过程来搜索最优解。蚁群算法的核心思想是通过信息素的积累和挥发来引导蚂蚁选择更优的路径，从而搜索出最优解。蚁群算法在旅行商问题、资源分配问题、网络路由优化等领域得到了广泛的应用。

6. 其他算法

除了上述算法之外，还有许多其他的智能算法，如人工神经网络、模糊逻辑系统等。这些算法都以某种方式模拟了自然系统或者人类行为，能够通过启发式的方法来解决问题。这些算法将在其他章节详细阐述。

智能算法的发展使得解决复杂问题变得更加容易和高效。它们能够通过模拟自然系统或者人类行为来寻找问题的最优解或者接近最优解的解决方案。因此，智能算法在解决复杂问题和优化领域中具有重要的应用意义。

除了在解决优化问题的应用之外，智能算法还被广泛应用于机器学习、数据挖掘、模式识别、控制系统设计等领域。例如，遗传算法被用于优化神经网络模型的参数、模拟退火算法被用于优化数据挖掘算法的参数、粒子群算法被用于控制系统设计等。

总之，智能算法是一种模拟自然系统或者人类行为的计算方法，能够通过启发式的方式来解决问题。它们在解决复杂问题和优化领域中具有重要的应用意义，为解决实际问题提供了新的思路和方法。

7.2　遗　传　算　法

遗传算法（genetic algorithm，GA）利用不断迭代的机制模拟生物的进化进程，利用染色体空间映射解空间，以各种算子模拟基因的变化，以严格的推理逻辑来衡定进化的方向模式定理证明，这种假设在数学上是可行的。

7.2.1　遗传算法的基本原理

1. 遗传算法的背景及历史

遗传算法是一种模拟自然选择和遗传机制的计算方法，用于解决优化问题。它的背景和历史可以追溯到 20 世纪 60 年代。

遗传算法的提出受到了达尔文的进化论的启发，达尔文提出的"物种的进化"和"适者生存"的理论对遗传算法的形成有着深远的影响。遗传算法借鉴了生物学中的自然选择、遗传变异和适应度等概念，将这些概念转化为计算机程序中的操作。

20 世纪 60 年代末至 70 年代初，遗传算法的早期概念由美国的约翰·霍兰德和苏联的格奥尔基·罗森布拉特等人提出。他们独立地探索了基因型-表现型映射和自然选择的思想，并将这些思想应用于计算机算法的设计中。1975 年，约翰·霍兰德发表了《自然和人工系统中的适配》一书，正式提出了遗传算法的概念，并描述了基本的遗传算法原理和运作方式。1980 年，遗传算法开始得到更广泛的关注，被应用于解决各种优化问题，如工程设计、资源分配、经济调度等领域。同时，学术界也开始出现了大量研究和理论探讨。1990 年至今，随着计算机技术的发展和算法优化的需求，遗传算法在实际应用中得到了不断改进和拓展，衍生出了众多变种和改进算法，如多目标遗传算法、遗传编程等。

遗传算法作为一种生物启发式的优化方法，已经成为解决复杂问题和全局优化的重要工具，其在工程、经济、管理等领域都有着广泛的应用。

2. 遗传算法的基本概念

遗传算法是一种模拟自然选择和遗传机制的计算方法，用于解决优化问题。其基本概念包括以下几个关键要素：

个体（individual）：在遗传算法中，个体通常表示问题的一个可能解或一个候选解。个体通常由基因型（genotype）和表现型（phenotype）组成。基因型是个体的编码方式，而表现型则是基因型对应的具体解的形式。

种群（population）：种群由多个个体组成，每个个体代表一个潜在的解决方案。在遗传算法的优化过程中，种群中的个体会不断演化和优化，以寻找更好的解。

适应度函数（fitness function）：适应度函数用于评价个体的优劣，通常是根据个体的表现来计算得分。适应度函数可以根据问题的具体情况而定，目的是让优秀的个体有更高的生存概率。

遗传算子（genetic operator）：遗传算法通过遗传操作模拟生物进化过程中的遗传机制，主要包括选择（selection）、交叉（crossover）和变异（mutation）三种算子。

迭代优化（iterative optimization）：遗传算法通过不断重复选择、交叉和变异等遗传操作，并结合适应度函数进行评估，逐步优化种群中的个体。通过迭代优化，种群的整体适应度将不断提高，最终收敛到问题的较优解。

通过以上基本概念，遗传算法能够在解空间中搜索并优化问题的解，广泛应用于各种领域中的优化问题求解。

3. 遗传算法的基本思想和一般结构

遗传算法的基本思想是通过模拟生物进化的过程，结合优化算法来解决各类优化问题。通过模拟自然界中生物进化的过程，利用选择、交叉和变异等遗传操作来搜索和优化问题的解空间。遗传算法把问题的解表示成"染色体"，在算法中也是以二进制编码的串。并且，在执行遗传算法之前，给出一群"染色体"，即假设解。然后，把这些假设解置于问题的"环境"中，并按适者生存的原则，从中选择出较适应的"染色体"进行复制，再通过交叉和变异等操作过程产生更适应环境的新一代"染色体"群。这样，一代一代地进行最后就会收敛到最适应环境的一个"染色体"上，它就是问题的最优解。

设 $p(t)$ 和 $C(t)$ 分别表示第 t 代的双亲和后代，下述步骤可以作为遗传算法的一般结构：

```
begin
    t = 0;
    初始化 p(t)；评估 p(t)
    while 不满足终止条件 do
    begin
        重组 p(t)获得 C(t)；评估 C(t)；
        从 p(t)和 C(t)中选择 p(t + 1)；
    T = t + 1;
    end
end
```

遗传算法可以认为是一个迭代过程（即进化过程），其流程如图 7-1 所示，其一般结构包括以下几个关键步骤：

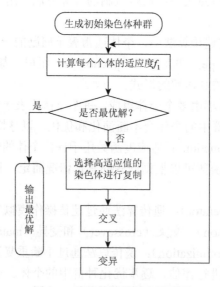

图 7-1 遗传算法的基本流程图

① 初始化种群：首先，随机生成一个包含多个个体（解）的种群，这些个体的基因型代表了问题的可能解。种群的大小、个体编码方式等需要在问题设定时确定。算法的描述如下：随机选择 N 个初始点组成一个群体，群体内的每个点叫一个个体，或叫染色体。群体内个体的数量 N 就是群体规模。群体内每个染色体必须以某种编码形式表示。编码的内容可以表示染色体的某些特征，随着求解问题的不同，它所表示的内容也不同。通常染色体表示被优化的参数，每个初始个体就表示着问题的初始解。

② 评估适应度：对种群中的每个个体都计算其适应度（fitness）值，适应度函数通常用于评价个体的优劣，指导后续的进化过程。适应度值高的个体繁衍下一代的概率更大。其实现方法为根据具体问题建立评价群体的评价函数，为了测试个体的适应性，可以用评价函数对染色体进行评价，也可以用目标函数的数学公式对染色体进行评价。

③ 选择：根据个体的适应度值，采用选择操作来选择，使得优秀的个体有更大的概率被选中作为父代参与繁衍下一代。按照一定的选择策略选择合适的个体，选择体现"适者生存"的原理。根据群体中每个个体的适应性值，从中选择最好的 M 个个体作为重新繁殖下一代的群体。常用的选择方法有轮盘赌选择、竞技选择等。

④ 交叉：选取父代个体中的两个（或多个）个体，进行交叉操作，交换它们的某些部分基因信息，生成新的子代个体。交叉操作有助于引入新的基因组合，增加种群的多样性。以事先给定的交叉概率 p_c（通常取值范围为 0.6～1.0）在选择出的 M 个个体中任意选择两个个体进行杂交运算或重组运算，产生两个新的个体，重复此过程直到所有要求杂交的个体杂交完毕。杂交是两个染色体之间随机交换信息的一种机制。

⑤ 变异：对新生成的子代个体进行变异操作，随机改变个体的某些基因信息，引入新的基因信息，增加种群的多样性。变异操作有助于种群的局部探索和避免陷入局部最优解。根据需要可以以事先给定的变异概率 p_m（通常取值范围为 0.1 以下）在 M 个个体中选择若干个体，并按一定的策略对选中的个体进行变异运算。变异运算增加了遗传算法找到最优解的能力。

⑥ 更新种群并重复迭代：将经过选择、交叉和变异操作后得到的新个体加入种群中，替代原有个体，形成新一代种群。重复进行选择、交叉、变异和更新种群的操作，直到达到设定的终止条件，如达到最大迭代次数或找到满足要求的解。检验停机条件，若满足收敛条件或固定迭代次数则停机，若不满足条件则重新进行进化过程。每一次进化过程就产生新一代的群体。群体内个体所表示的解经过进化最终达到最优解。通过不断迭代优化种群中的个体，遗传算法能够在解空间中搜索并逐步优化问题的解，找到较优的解决方案。

7.2.2 遗传算法的基础及应用

1. 选用遗传算法的原因

并不是所有的工程优化问题都适合用遗传算法来解决，相对于其他算法而言，遗传算法有优势，也有明显缺陷，使用过程中要仔细分析，以免浪费宝贵的研究时间和工作精力。

遗传算法具有以下应用优势：

1）数学上易于实现

遗传算法不要求求解问题对象的导数、微分等，不要求问题对象满足连续、可微、凸性等数学要求，甚至不要求了解问题的内在本质。只需要有能够衡量解质量的一个适应度函数，所以在工程应用中只要能够提供从优化参数到追求目标之间的一个计算关系（可以不是明确的解析表达式）即可。

2）可以综合处理多方面问题

可以考虑将不同量纲和不同性质的多个优化参数编成一个染色体，同时寻找多个参数空间，这是因为遗传算法处理的是问题解编码，而不是问题解本身。正因如此，还可以将约束条件转化为策略问题，避开复杂的约束条件。

3）大概率获得目标最优解

很多工程问题往往凭经验计算，得到的只是估计良好解。采用局部搜索算法，得到的往往是极值解。在这种情况下，可以考虑使用遗传算法。因为遗传算法使用的是多点并行搜索策略，覆盖更大的解空间，从而更大概率获得最优解。理论上，很多遗传算法可以获得全局最优解。实际上，在工程应用实践问题上，由于实时性或其他的一些问题，得到的只能是较好解。

4）可以结合原有工程经验

长期的工程实践必然积累起很多有效的经验知识，这些知识对解决问题有很好的指导作用。遗传算法具有很强的灵活性，可以考虑充分利用这些知识对它进行改进，从而形成针对特定工程实践问题的有效混合算法。

然而，遗传算法也存在以下应用缺陷：

1）计算速度上不具备优势

工程实践中已经存在很多行之有效的计算方法，这些方法往往在提供有限良好解的同时追求更快计算速度。遗传算法在实时性方面并不见得优于这些方法，而且它后期的局部爬山能力较差，常常需要改进策略或混合其他算法。当问题实时性要求很高时，就要慎重选择。

2）需要一个较长的实验过程

遗传算法本身结构并不复杂，但是它对自身策略和参数依赖性极强，甚至可以这么说同样结构的遗传算法在参数选择和策略选择上的不同可以造成计算性能的天壤之别。这样我们必须不断地摸索最优的参数和策略，这显然是对工程实践的有效性十分不利的。

3）缺乏通用算法和必然性

种类繁多的改进遗传算法虽然很大地丰富了我们的选择空间，但是同时也对我们的选择造成了困难。显然在工程实践中，我们不可能将所有的改进算法实验一遍，那是不可能也不经济的，我们更倾向于寻找一个较为通用的算法。而且遗传算法的理论研究至今没有达到十分深入的地步，从而造成我们的选择往往缺乏必然性。

从以上的遗传算法在工程实践上的优势和缺陷看出，我们可以在工程实践问题上仔细分析，充分利用遗传算法的优势，也避免不合适地使用遗传算法，达到最有效地解决问题的目的。

2. 遗传算法的应用性能评价

实际工程应用中，优化算法的性能是以解决问题的有效性来评价的，这与理论上对算法的分析有所不同。算法的内部操作对于具体应用问题来说只是一个"黑箱"，而我们所关心的是它的输入输出特性。我们常常把优化算法的应用性能评价分为以下几个方面：

1）算法的优化解与问题目标的契合性

契合性一般分为两个角度来考虑，一个是算法所得到的解的优良程度，另一个是该解同问题空间的契合程度，即该解是否具有普遍意义。

2）算法的优化速度与实时性是否匹配

工程实践中常常考虑到设计的周期问题，因此对算法的速度一般都有要求。也就是说评价算法的应用性能还要考虑到算法计算的速度是否满足工程要求，当然在同等优良情况下计算速度越快，说明算法的应用性能越好。

3）算法的稳定性

这一点在工程实践中的重要性甚至于超过前面两点。这是因为，在工程实践中常常需要进行重复性的工作或类似的工作，我们不可能也没必要每次都为了追求最好的性能而重新设计算法。这往往要求算法具有强的可重复性，也就是说在多次运行情况下能够保持输出优秀解的稳定性，而不是次次不同。

4）算法的鲁棒性和自适应性的强弱

实际上，工程实践问题中常常会有很多虽然不同样式甚至不同种类的问题，但是它们本质上是相通的，而且是在一起处理的。这样，我们就需要算法具有强的鲁棒性和适应性，能够在转换问题时保持优良的性能，而不需要重新调整试验参数。

遗传算法作为一种优化算法应用于工程实践问题，就一定要满足以上四个方面的要求。不仅要转变在研究遗传算法理论时所抱着的精益求精的态度，而且本着工程实践中稳定快速有效的原则来构造应用遗传算法。

因此常用来做算法应用评价的指标有平均最优解、平均截止代数或平均计算时间、最优解或计算时间均方差或标准差多用途平均参数比较或变异系数等。

显然，我们评价的指标往往是统计指标，因此最常使用的数学量有平均值、均方差或标准差、变异系数等。这里面，平均值是数据的代表性，表示观察值的中心位置，并且可以代表一组数据与另一组数据相比较，借以明确两者之间相差的情况，可以用来比较算法最优解和截止代数，分析算法的输出结果和运行速度。均方差和标准差能很客观准确地反映一组数据的离散程度，从而用来分析算法输出稳定性和跳出局部收敛的能力。

3. 遗传算法的限制

尽管遗传算法在许多优化问题上表现出色，但也存在一些限制和局限性，包括：

① 收敛速度：遗传算法通常需要大量的迭代来搜索解空间并逐步优化解，因此在某些情况下可能收敛速度较慢，特别是对于复杂的高维问题。

② 局部最优解：遗传算法容易陷入局部最优解，特别是在解空间存在多个局部最优解时。为了克服这一问题，可以采用更复杂的遗传操作或者结合其他优化方法。

③ 参数设置：遗传算法中的参数设置对算法的性能影响较大，如种群大小、交叉概率、变异概率等。不恰当的参数设置可能导致算法性能下降甚至无法收敛到理想解。

④ 适应度函数设计：适应度函数设计直接影响算法的搜索效果，如果适应度函数设计不合理或不准确，可能导致算法无法找到最优解。

⑤ 问题特征：遗传算法并不适用于所有类型的问题，特别是涉及约束条件、离散变量或者连续性差异较大的问题。在处理这类问题时，可能需要对遗传算法进行改进或者选择其他算法。

⑥ 计算资源：对于大规模问题，遗传算法可能需要大量的计算资源和时间来搜索解空间，这在实际应用中可能会带来一定挑战。

尽管遗传算法存在一些限制，但通过合理设计算法参数、适应度函数以及结合其他优化方法，可以有效地克服这些限制，并在相关优化问题中取得良好的效果。

4. 遗传算法的应用领域

遗传算法作为一种强大的优化方法，在各个领域都有广泛的应用。遗传算法适用于涉及优化、搜索和决策的各种问题领域，其灵活性和强大的全局搜索能力使其成为解决复杂问题的有力工具。以下是其一些主要的应用领域：

① 工程优化：在工程领域，遗传算法被广泛应用于结构优化、参数优化、布局设计等问题，可以帮助设计出更有效率、更节省资源的工程方案。

② 机器学习：在机器学习和数据挖掘领域，遗传算法可以用于特征选择、超参数调优、模型优化等任务，提高机器学习模型的性能和泛化能力。

③ 航空航天：在航空航天领域，遗传算法可以用于飞行器设计、航线规划、轨道优化等问题，提高航天器性能和效率。

④ 电力系统：在电力系统领域，遗传算法可用于电网规划、能源优化调度、智能电网等方面，提高电力系统的可靠性和效率。

⑤ 金融领域：在金融领域，遗传算法可用于投资组合优化、风险管理、交易策略优化等问题，帮助投资者做出更科学的决策。

⑥ 制造业：在制造业中，遗传算法可以应用于生产调度、物流优化、设备排布等问题，提高生产效率和降低成本。

⑦ 医学领域：在医学领域，遗传算法可以用于基因序列分析、药物设计、医疗影像处理等任务，帮助加速疾病诊断和治疗过程。

5. 遗传算法的商业应用

遗传算法作为一种优化方法，在商业领域有多种产品和应用。以下是一些利用遗传算法开发的商用产品和应用，这些商用产品和应用充分显示了遗传算法在实际商业环境中的价值和作用，为各行各业提供了有效的优化解决方案。

① 金融投资软件：一些金融机构开发了利用遗传算法进行投资组合优化和交易策略优化的软件，帮助投资者进行有效的资产配置和风险管理。

② 工程设计软件：在工程领域，一些公司开发了利用遗传算法进行结构设计、参数优化和布局优化的软件，帮助工程师设计出更高效的产品和系统。

③ 智能电网系统：能源和电力行业利用遗传算法开发智能电网系统，用于电力调度、能源优化和设备管理，提高电网的可靠性和效率。

④ 医疗影像处理软件：医疗科技公司利用遗传算法开发了用于医学影像处理、疾病诊断和治疗方案优化的软件，帮助医生提高诊断准确性和治疗效果。

⑤ 智能交通系统：在城市规划和交通管理领域，利用遗传算法开发了智能交通系统，用于交通流优化、信号灯调度和路径规划，提高交通效率和减少拥堵。

⑥ 生产调度系统：制造业利用遗传算法开发了生产调度系统，用于排程优化、物流规划和设备利用率提升，提高生产效率和降低成本。

7.2.3　遗传算法的具体实现方法

1. 问题的表示技术——编码与译码

从数学角度来看，编码是问题解空间向遗传算法空间的映射，而译码则是由遗传算法空间向问题解空间的映射。

实际问题用遗传算法求解时，首先要把实际问题的有关参数，转换成遗传算法空间的代码串（染色体），这一转换操作称为编码（coding）。当用遗传算法方法求得最优解时，还要把这个相应参数，这一逆转换操作称为译码（decoding）。编码的策略和方法对于遗传操作，尤其是交叉操作的性能有很大的影响。

编码与译码既然是映射与逆映射，为了能求得最优解，应符合以下的规则：①完备性：问题空间中的所有点（候选解），都能作为遗传算法空间中的点（染色体）；②健全性：遗传算法空间中的染色体能对应所有问题空间中的候选解；③非冗余解：染色体和候选解一一对应。

以上规则，只涉及解的存在与否，不涉及遗传算法的效率，因此缺乏指导性。为此，又提出如下两条编码原理：①所定编码应当易于生成与所求问题相关的短距、低阶、高适应度的模式（称为积木块）；②字符集编码规则所定的编码应采用最小字符集以使问题得到最简单的表示和最自然的处理。

实践中这两条规则有时并不能同时满足，根据不同的实践情况需采用不同的编码技术。

2. 问题解的衡量——适应度函数

遗传算法的优化数据和评估标准只有一个，即适应度函数。所以，适应度函数的设计直接关系到遗传算法的总体性能。由于适应度函数计算生存概率，而概率又是正值，所以对适应度函数的首要要求是它的值必须为非负值且可以表示评价个体，对适应度函数的其次要求是它能有利于个体间的竞争，对适应度函数的最后要求是计算量要小。

有两类优化问题，一是求代价函数 $g(x)$ 的最小值，另一是求效能函数 $u(x)$ 的最大值。

　　为了保证适应度函数是非负值函数，可以采用以下几种方法（并不是唯一的办法）：

　　1）最大系数法

　　在最小值问题中，与代价函数 $g(x)$ 对应的适应度函数 $f(x)$ 为

$$f(x) = \begin{cases} c_{\max} - g(x) & 当 g(x) + c_{\max} > 0 \\ 0 & 其他 \end{cases} \qquad (7\text{-}1)$$

式中，$c_{\max}$ 是最大系数。

　　2）最小系数法

　　在最小值问题中，与效能系数 $u(x)$ 对应的适应度函数 $f(x)$ 为

$$f(x) = \begin{cases} c_{\min} + u(x) & 当 u(x) + c_{\min} > 0 \\ 0 & 其他 \end{cases} \qquad (7\text{-}2)$$

式中，$c_{\min}$ 是最小系数。

　　3）相对系数法

　　无论哪一类问题，都可以用群体中的目标函数 $d(x)$ 的相对值作为适应度函数值，对于最大值问题有

$$f(x) = \frac{d(x) - d(x)_{\min}}{d(x)_{\max} - d(x)_{\min}} \qquad (7\text{-}3)$$

对于最小值问题有

$$f(x) = \frac{d(x)_{\max} - d(x)}{d(x)_{\max} - d(x)_{\min}} \qquad (7\text{-}4)$$

式中，$d(x)_{\max}$ 和 $d(x)_{\min}$ 分别是当前群体中或前 k 代群体中目标函数 $d(x)$ 的最大值和最小值。

　　通过对适应度函数值的变换，可以提高个体间的竞争力，称为适应度函数定标。例如可以采用线性映射来变换适应度，线性式子为 $f' = af + b$，其中，系数 a 和 b 可以有多种设定途径，也可以采用幂函数定标 $f' = f^n$ 或指数定标 $f' = e^{kf}$。定标的目的是扩大个体之间的竞争程度，但是不能违背适应度函数的基本原则如非负原则等。为了计算性能，当问题解的取值空间过小或过大时，要考虑通过一定比例将其限制在某个范围，而这一点也可以常常利用在多参数编码时。虽然不同参数的取值空间不同，但是遗传算法的染色体空间是统一的。考虑到其他问题，如约束条件问题，还可以进一步对适应度函数进行设计。

3. 常用的遗传算子

　　1）选择算子

　　选择是遗传算法或更通用的进化算法的阶段，其中从群体中选择个体基因组用于以后的育种（例如，使用交叉算子）。选择机制还用于为下一代选择候选解决方案（个体）。将一代中最好的个体保留在下一代中不变，称为精英主义或精英主义选择。这是构建新种群的一般过程的成功变体。

　　选择程序可按如下方式实施：

① 已计算的适应度值（适应度函数）被标准化，使得所有产生的适应度值的总和等于 1。

② 计算累积归一化适应度值，个体的累积适应度值为自身适应度值加上之前所有个体的适应度值之和，最后一个个体的累积适应度应该为 1，否则标准化步骤会出现问题。

③ 选择 0 到 1 之间的随机数 R = rand()。

④ 所选个体是第一个累积归一化值大于或等于 R 的个体。

⑤ 对于许多问题，上述算法可能需要大量计算。一种更简单、更快速的替代方案是使用所谓的随机接受。

如果重复此过程直到有足够的选定个体，则这种选择方法称为适应度比例选择或轮盘赌选择。如果不是单个指针旋转多次，而是在旋转一次的轮子上有多个等距的指针，则称为随机通用采样。重复选择随机选择的子集中的最佳个体就是锦标赛选择。取最好的一半、三分之一或其他比例的个体就是截断选择。

还有其他选择算法不考虑选择所有个体，而仅考虑那些适应度值高于给定任意常数的个体。其他算法根据适应度值从限制池中进行选择，其中仅允许一定比例的个体。

常见的选择算子有轮盘赌选择、排名选择、稳态选择、联赛选择、精英精选、玻尔兹曼选择等。选择算子列出的方法主要区别在于选择压力，选择压力越高，群体收敛于某个解决方案的速度就越快，但是搜索空间可能无法得到充分探索。

2）交叉算子

在遗传算法和进化计算中，交叉，也称为重组，是一种遗传算子，用于组合两个父母的遗传信息以产生新的后代。这是从现有群体中随机生成新解决方案的一种方法，类似于生物学中有性生殖过程中发生的交叉。解决方案也可以通过克隆现有解决方案来生成，这类似于无性繁殖。新生成的解决方案在添加到总体中之前可能会发生突变。

进化计算中的不同算法可能使用不同的数据结构来存储遗传信息，并且每个遗传表示可以用不同的交叉算子重新组合。可以通过交叉重新组合的典型数据结构是位数组、实数向量或树。

交叉算子主要有以下几种：

① 单点交叉：随机挑选父母双方染色体上的一个点，并将其指定为“交叉点”。该点右侧的位在两个亲代染色体之间交换。这会产生两个后代，每个后代都携带来自父母双方的一些遗传信息。如图 7-2（a）所示。

② 两点和 k 点交叉：在两点交叉中，从亲代染色体中随机选取两个交叉点。两点之间的位在亲本生物体之间交换。两点交叉相当于用不同的交叉点进行两次单点交叉。该策略可以推广到任意正整数 k 的 k 点交叉，选取 k 个交叉点。如图 7-2（b）所示。

③ 均匀交叉：在均匀交叉中，通常，每个位都是以相同的概率从任一父级中选择的。有时会使用其他混合比例，导致后代从父母一方继承的遗传信息多于另一方。在均匀交叉中，我们不会将染色体分成片段，而是单独处理每个基因。在这种情况下，我们本质上是为每条染色体抛一枚硬币来决定它是否会包含在后代中。

3）变异算子

变异是一种遗传算子，用于维持遗传算法［或更一般地说，进化算法（EA）］群体染色体的遗传多样性，类似于生物突变。

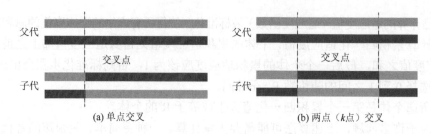

图 7-2　交叉算子示例

二进制编码遗传算法的变异算子的经典示例涉及遗传序列中的任意位从其原始状态翻转的概率。实现变异算子的常见方法为序列中的每一位生成随机变量。这个随机变量告诉我们某个特定位是否会被翻转。这种基于生物点突变的突变过程称为单点突变。其他类型的变异运算符通常用于二进制以外的表示，例如浮点编码或组合问题的表示。

EA 中突变的目的是向抽样群体引入多样性。使用变异算子试图通过防止染色体群体变得彼此过于相似来避免局部极小值，从而减慢甚至停止收敛到全局最优值。这一推理还导致大多数 EA 避免在生成下一代时仅采用最适应的群体，而是选择一个随机（或半随机）集合，并针对更适应的群体进行加权。

以下要求适用于 EA 中使用的所有变异运算符：

① 搜索空间中的每个点都必须可以通过一个或多个突变到达。

② 搜索空间中的零件或方向不得有任何偏好（无漂移）。

③ 小突变应该比大突变更有可能发生。

对于不同的基因组类型，适合不同的突变类型。常见的突变有高斯、均匀、Zigzag 等。

4. 确定控制算法的策略和参数

在遗传算法的执行过程中，存在一组重要参数需要合理地选择和控制，以使遗传算法最快地收敛到最优解。这组重要参数主要包括染色体串长度 L、群体规模 M、交叉概率 p_c、变异概率 p_m。其影响如下：

① 染色体串长度 L：L 的取值取决于问题的精度，L 越大精度越高，但编码越长，计算开销越大。

② 群体规模 M：M 越大，种群的多样性越丰富，能找到全局最优解的概率越大。但是大的群体增加了计算量，从而降低了收敛速度。M 的建议取值范围为 20～200。

③ 交叉概率 p_c：p_c 控制着交叉算子的应用频率，每一代中，需要对 $p_c \times M$ 个个体进行杂交。p_c 越大，引入新基因的概率越大，收敛速度越快，但是以获得最优基因的丢失概率也相应增大。p_c 建议取值范围为 0.6～1.0。

④ 变异概率 p_m：变异可以保障群体的物种多样性，变异概率过小，则收敛速度过慢，而若其过大，则可能导致不收敛的问题，使遗传算法退化为随机搜索。p_m 建议取值范围为 0.005～0.05。

当问题解编码和适应度函数确定后，遗传操作的目的就是通过对群体适应度的评估优胜劣汰，不断进化群体，从而逼近问题最优解。需要注意的是，遗传操作都是随机性操作，群体向最优解的迁移是随机的，但是这种随机迁移与随机搜索不同，它是一种有组织有目的的高效迁移。

期望值、排序、联赛等选择方法也是采取不同方式将优秀个体以更大概率保留到下一代。这里要注意的是理论上在群体足够充分条件下最优保留策略证明是全局收敛的，最优保留策略可以分为两种，一种是最优个体参与其他操作，另一种是最优个体不参与其他操作。此外，排挤法是种特殊的选择方法，该方法排挤掉汉明距离最短的个体保持群体多样性，加强算法跳出局部收敛的能力，实际上是一种小生境技术。交叉将两个父代个体的部分结构进行重组而生成新个体。由于交叉算子的作用，遗传算法的搜索能力得以大大提高，因此交叉算子是遗传算法的核心算子。交叉算子应保证前一代个体的优秀性能可以在后一代新个体中尽可能地得到遗传和继承。

5. 结束准则和约束条件

可以考虑以下两种结束准则：准则一（精度准则）：当某代个体最优适应度达到满意解时，停止计算；准则二（截止准则）：当达到某一预定代数时，停止计算，输出最优结果。实际上，考虑到算法可能不收敛或陷入局部极值，一般两种准则混合使用。

约束条件是工程实践应用中常常遇到的问题，这种限定有可能增加问题计算的难度，也限定了问题计算的范围。

在构造遗传算法中，处理约束条件的常用算法主要有搜索空间限定法，可行解变换法和惩罚法。搜索空间限定法的基本思想是对遗传算法的搜索空间的大小加以限制，使得搜索空间中表示一个个体的点与解空间中表示一个可行解的点有一一对应的关系。可行解变换法的基本思想是在个体基因型到个体表现型的变换中，增加使其满足约束条件的处理过程。当目标函数约束条件很多时，常采用惩罚法。该方法的基本思想是设法对个体违背约束条件的情况给予惩罚，在适应度函数中用惩罚函数来具体体现这种惩罚。这样，就使一个约束优化问题转化成一个带有惩罚的非约束优化问题。

7.2.4 几种重要的改进遗传算法

1. 小生境技术遗传算法

小生境技术遗传算法（SFGA）是较为成熟的一种改进遗传算法，它将生物学中小生境的概念引入到遗传算法中，是一种较为成功的生物学概念融入遗传算法的范例。小生境技术遗传算法的优点是保护群体多样性，能够防止"早熟"。通过模拟生物个体在特定生存环境中的相互影响和竞争，SFGA 能够更好地保持种群的多样性，促进全局搜索能力，提高算法的收敛速度和搜索效率。

生物学中，小生境是指在自然界中，往往特征、形状相似的物种相聚在一起，并在同类中交配繁衍后代。如古代人类自然形成的部落和各物种自然形成聚居地等。显然生物个体存在特定的生存环境，我们可以模拟这种生物学概念，人为在遗传算法中形成一个特定的生存环境，从而寻找更多的优秀解，这种遗传算法就称为小生境技术遗传算法。

以下是 SFGA 的算法描述：

初始化种群

评估群体中每个个体的适应度

当不满足终止条件时执行

　　根据适应度函数选择父母（锦标赛选择、轮盘赌选择等）

　　　　进行交叉以产生后代

　　　　对后代进行突变

　　　　评估新后代的健康状况

　　　　使用 SFGA 用新的后代替换种群中最差的个体

　　更新代数计数

结束循环

返回找到的最佳个体

在 SFGA 中，通过设定一定的小生境半径或者限制种群中个体之间的相似性，可以促使算法在搜索空间中更广泛地探索，避免早熟收敛到局部最优解。同时，小生境技术还可以加强种群中个体之间的竞争和交叉，促进良好基因的传播和保存，有利于挖掘更多的优秀解。

总的来说，小生境技术遗传算法通过引入生物学中的小生境概念，有效提高了遗传算法的搜索性能和优化效果，是一种值得推广和应用的优化算法范例。

2. 混合遗传算法

混合遗传算法（hybrid genetic algorithm）指的是将遗传算法与其他优化方法或启发式算法相结合，以充分利用它们各自的优势，并在解决复杂问题时取得更好的性能。常见的混合方法包括遗传算法与局部搜索法、模拟退火算法、粒子群算法等的结合。

如前所述，遗传算法在工程应用中存在着固有的一些缺陷如局部搜索能力低、运算时间长等，而这些缺陷往往是其他一些算法优势所在或者另一些算法具有较强的领域先验性，我们往往可以将遗传算法同这些算法结合起来，一方面保持遗传算法固有的一些如并行、全局优化等优点，另一方面通过结合其他算法达到改进性能的目的。混合遗传算法一般有以下三种形式：

① 并行运行，结果共享。如遗传算法一旦搜到优秀解，就作为其他算法的初始解。

② 辅助功能，局部改进。如将某算法作为一种附加手段在遗传算法的基础上进一步搜索，然后将新解加入 GA 进化进程。

③ 相互融合，结构重组。如将某算法作为遗传算法操作的新算子，改变整个 GA 的进化策略。

考虑到遗传算法的工程实践要求，我们这里介绍一种简单有效的 GA + 单纯形法的混合遗传算法。这里的单纯形法指的是内尔德-米德（Nelder-mead）单纯形法而不是线性规划的单纯形法。值得注意的是，该算法仍旧不必计算目标函数的梯度，也不是沿着某一方向进行搜索。

GA + Nelder-mead 单纯形法的混合遗传算法的基本思想是在执行 GA 操作生成新群

体后，以一定概率在新群体中选择个体执行单纯形法，计算出新个体替代群体中原个体，最后得到新一代群体继续执行 GA 操作。显然这里是将单纯形法作为遗传算法的局部搜索算子来形成混合算法，即利用单纯形法加强 CA 的局部搜索能力。

Nelder-mead 单纯形法是对 N 维空间的 $N+1$ 个点（它们构成一个单纯形的顶点）上的函数进行比较，丢掉其中最差的点，从而构成一个新的单纯形，迭代运行后逐步接近极小值点。

Nelder-mead 单纯形法的操作一般包括反射、扩张、收缩。反射是将函数值达到最大的单纯形点（即最高点）通过单纯形的背向面移到一个较低点。之后，单纯形法将对单纯形在某个方向上进行延伸以加大步长（扩张）。当接近极值点时，单纯形将作横向收缩或从各个方向收缩（缩边）自行拉向极值点。

以下是 GA + Nelder-mead 单纯形法的算法描述：

初始化种群

评估群体中每个个体的适应度

当不满足终止条件时执行

从群体中选择个体进行交叉和变异

对选定的个体进行遗传操作（交叉和变异）

评估新个体的适应度

将单纯形法应用于群体中最好的个体

使用单纯形法的结果更新总体

评估更新后群体的适应度

结束循环

返回找到的最佳个体

3. 并行遗传算法

遗传算法具有隐含的并行性，这使得对遗传算法的并行处理进一步挖掘成为可能，而工程实践中大规模并行计算系统的发展也给并行遗传算法提供了发展的平台。并行遗传算法将并行计算机的高速并行性和遗传算法天然的并行性相结合，极大地促进了遗传算法的研究与应用。并行处理的引入不但加速了遗传算法的搜索过程，而且由于种群规模的扩大和各子种群的隔离使种群的多样性得以丰富和保持减少了"早熟"的可能性。目前并行遗传算法的实现方案大致可分为以下几类：

（1）全局型—主从式遗传算法（master-slave genetic algorithm，msGA）

并行系统分为一个主处理器和若干个从处理器。主服务器存放种群，用于选种、杂交变异算子，并将个体染色体适应度指派到从处理器上进行计算。这样就将计算开销大的适应度计算并行处理，大大减少了总的计算开销。msGA 简单有效，尤其适合适应度计算量大的情况。显然，msGA 的性能取决于主处理器和最弱从处理器。

（2）独立型—粗粒度遗传算法（coarse-grain genetic algorithm，cgGA）

将种群分成若干个子群并分配给多个处理器独立完成整个 GA 操作，同时定期地相互传送适应度最好的个体（迁移），从而加快满足终止条件的要求。显然迁移的方式和子群的划分是 cgGA 的性能关键。由于 cgGA 的通信开销较小，可获得接近线性的加速比，而且非常适合运行在通信带宽较低的集群系统，所以目前 cgGA 是最常用的并行遗传算法，而且研究也最深入。

（3）分散型—细粒度遗传算法（fine-grain genetic algorithm，fgGA）

将种群中划分为微小子群（理想情况下子群只有一个个体）分配一个处理器，每个处理器进行适应度的计算，而选择、重组交叉和变异的操作仅在与之相邻的一个处理器之间互相传递个体中进行。fgGA 适合于连接机、阵列机和单指令流多数据流（SIMD）系统。

4. 多层次并行遗传算法

多层次并行遗传算法（multi-layer genetic algorithm，mlGA）分为多层，每一层的染色体和 GA 参数都与前一层的优秀染色体和 GA 参数有关。从而 mlGA 是一种自适应算法，每一层的 GA 参数都可以随进化进程而进化。显然 mlGA 更具有一般性，但是其复杂度也最高。迁移（migration）是并行遗传算法引入的一个新的算子，它是指在进化过程中子群体间交换个体的过程。一般的迁移方法是将子群体中最好的个体发给其他的子群体，通过迁移可以加快较好个体在群体中的传播，提高收敛速度和解的精度，也有的迁移个体是随机选出的。选择适应度最高的个体迁移在短期内收敛快，解的质量提升快，但利用随机挑选的个体迁移在一段时间后能得到质量更高的解。

过多或过频繁的迁移会破坏子群体的多样性，致使多个搜索进程集中到相同的区域，不利于提高解的质量。过少的迁移或迁移频率过低，使各子群体不能充分利用其他子群体的信息，同样不利于提高解的质量。这使得并行遗传算法的迁移选择十分经验化，至今没有一个决定性的结论。

7.3　人工免疫算法

人工免疫算法（artificial immune algorithm）是模拟生物免疫系统中的一些特性和机制来解决优化和搜索问题的算法。生物免疫系统在识别和消除病原体（如病毒和细菌）方面表现出了令人印象深刻的多样性和自适应性。受生物免疫系统的启发，人工免疫算法试图将免疫系统的特性应用于解决优化问题，如搜索全局最优解、避免局部最优解、自适应地调整搜索策略等。

7.3.1　人工免疫算法的生物学原理

人工免疫算法基于生物免疫系统基本机制，模仿了人体的免疫系统。人工免疫算法从体细胞理论和网络理论得到启发，实现了类似于生物免疫系统的抗原识别、细胞分化、记忆和自我调节的功能。如果将人工免疫算法与求解优化问题的一般搜索方法相比较，那么抗原、抗体、抗原与抗体之间的亲和性分别对应于优化问题的目标函数、优化解、解与目标函数的匹配程度。图 7-3 显示的是克隆选择原理示意图。

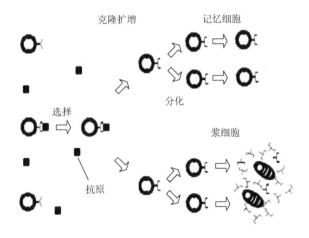

图 7-3　克隆选择原理示意图

免疫算法是基于生物免疫学抗体克隆的选择学说，而提出的一种新人工免疫系统算法，即免疫克隆选择算法（immune clonal selection algorithm，ICSA）。该算法具有自组选择学习、全息容错记忆、辩证克隆仿真和协同免疫优化的启发式人工智能等特点。由于该方法收敛速度快，求解精度高，稳定性能好，并有效克服了早熟的问题，成为新兴的实用智能算法。免疫算法的基本实现步骤如下：

① 随机产生一定规模的初始抗体种群 A_1，并令进化代数 $k = 0$；

② 对当前第 k 代抗体群 A_k 进行交叉操作，得到种群 B_k；

③ 对 B_k 进行变异操作，得到抗体群 C_k；

④ 对 C_k 进行接种疫苗操作，得到种群 D_k；

⑤ D_k 进行免疫选择操作，若当前群体中包含最佳个体，则算法结束并输出结果；否则，跳转到步骤②。

7.3.2　人工免疫算法的基本模型及算法

人工免疫算法的基本模型是二进制模型。免疫算法主要包括两个部分，一是免疫算法基本步骤，二是免疫算法的基本流程。

1. 二进制模型

每个抗体都有抗体决定簇和抗原决定基，抗体和抗原的亲和程度由它的抗体决定簇和抗原决定基的匹配程度决定。抗体之间的亲和程度由它的抗原决定基和其他抗原的抗体决定簇的匹配程度决定。

假定每个抗原和每个抗体分别只有一个抗体决定簇，从而通过这些抗原决定基之间的匹配程度控制不同类型抗体的复制和减少，已达到优化系统的目的。

二进制模型主要涉及识别和刺激两个内容。

识别：每个抗体可以用（e，p）的二进制串表示，e 表示抗原决定基，p 表示抗体决定簇，长度分别为 l_e 和 l_p（所有抗体或抗原的这两个长度都相同），S 表示一个匹配阈值。

$e_i(n)$ 表示第 i 个抗原决定基的第 n 位，$p_j(n)$ 表示第 j 个抗体决定簇的第 n 位。

式（7-5）为匹配特异矩阵（k 表示错位长度）

$$m_{ij} = \sum_k G\left[\sum_n e_i(n+k)^\wedge p_j(n) - S + 1\right] \tag{7-5}$$

式中，$G(x) = \begin{cases} x, & x > 0 \\ 0, & x \leqslant 0 \end{cases}$。

刺激：以两个抗体相互识别为例，抗体 A 的抗体决定簇能识别抗体 B 的抗原决定基，首先导致抗体 A 以固定的概率大量繁殖，同时之间清除抗体 B。

式（7-6）为抗体浓度变化方程

$$x_i' = c\left[\sum_{j=1}^N m_{ji} x_i x_j - k_1 \sum_{j=1}^N m_{ij} x_i x_j + \sum_{j=1}^N m_{ji} x_i y_j\right] - k_2 x_i \tag{7-6}$$

式中，c 为常数；x 为抗体浓度；y 为抗原浓度；k_1 和 k_2 是与抗体浓度变化相关的系数。

2. 免疫算法的基本步骤

① 识别抗原：免疫系统确认抗原入侵。

② 产生初始抗体群体：激活记忆细胞产生抗体，清除以前出现过的抗原，从包③含最优抗体（最优解）的数据库中选择出 N 个抗体。

③ 计算亲和度：计算抗体与抗原之间、抗体与抗体之间的亲和度。

抗体 v 与抗原的亲和度为 ax_v，如式（7-7）所示：

$$ax_v = \frac{1}{1 + opt_v} \tag{7-7}$$

式中，opt_v 表示抗体 v 和抗原的结合强度。

抗体 v 和抗原 w 之间的亲和度 $ay_{v,w}$，如式（7-8）所示：

$$ay_{v,w} = \frac{1}{1 + E(2)} \tag{7-8}$$

式中，$E(2)$ 表示 v 和 w 之间的信息熵。

④ 记忆细胞分化：与抗原有最大亲和度的抗体加入记忆细胞。由于记忆细胞数目有限，新产生的抗体将会代替记忆细胞中和它具有最大亲和度者。

⑤ 抗体促进和抑制：高亲和度抗体受到促进，高密度抗体受到抑制。通常通过计算抗体存活的期望值来实施，如式（7-9）所示，可有效地防止早熟。

$$e_v = \frac{ax_v}{c_v} \quad c_v = -\frac{q_k}{N} \tag{7-9}$$

式中，q_k 表示和抗体 r 具有较大亲和度的抗体数目。

⑥ 抗体产生：对未知抗原的响应，产生新淋巴细胞。根据不同抗体和抗原亲和度的高低，使用轮盘赌选择的方法，选择两个抗体。然后把这两个抗体按一定变异概率进行变异，之后再交叉，得到新的抗体。如此重复⑥直到产生 N 个新抗体。

⑦ 结束条件：如果求出的最优解满足一定的结束条件，则结束算法。

3. 免疫算法的基本流程

免疫算法的基本流程如图 7-4 所示。

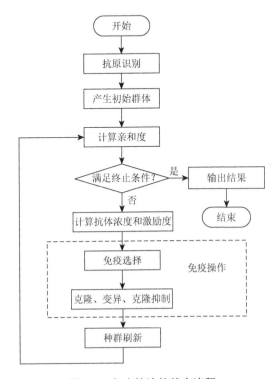

图 7-4 免疫算法的基本流程

① 抗原识别。理解待优化的问题，对问题进行可行性分析，提取先验知识，构造出合适的亲和度函数，并制定各种约束条件。

② 初始抗体群。通过编码把问题的可行解表示成解空间中的抗体，在解的空间内随机产生一个初始种群。

③ 对种群中的每一个可行解进行亲和度计算。

④ 判断是否满足算法终止条件。如果满足条件则终止算法寻优过程，输出计算结果，否则继续寻优运算。

⑤ 计算抗体浓度和激励度。

⑥ 进行免疫处理。包括免疫选择、克隆、变异和克隆抑制。免疫选择是根据种群中抗体的亲和度和浓度计算结果选择优质抗体，使其活化；克隆是对活化的抗体进行克隆复制，得到若干副本；变异是对克隆得到的副本进行变异操作，使其发生亲和度突变；克隆抑制是对变异结果进行再选择，抑制亲和度低的抗体，保留亲和度高的变异结果。

⑦ 种群刷新。以随机生成的新抗体替代种群中激励度较低的抗体，形成新一代抗体，转到步骤③。

7.3.3 常用的人工免疫算法

常用的人工免疫算法主要有四种，分别是克隆选择算法、免疫遗传算法、反向选择算法和疫苗免疫算法。

1. 克隆选择算法

克隆选择算法是一种基于免疫系统的克隆选择理论的算法。该算法是模拟免疫系统学习过程的进化算法。免疫应答产生抗体是免疫系统的学习过程，抗原被一些与之匹配的 B 细胞识别。这些 B 细胞分裂，产生的子 B 细胞在母细胞的基础上发生变化，以寻求与抗原匹配更好的子 B 细胞。与抗原匹配更好的子 B 细胞再分裂，如此循环往复，最后找到与抗原完全匹配的 B 细胞。B 细胞变成浆细胞产生抗体，这一过程就是克隆选择过程，克隆选择算法模拟这一过程进行优化。

2. 免疫遗传算法

免疫遗传算法，实质上是改进的遗传算法，根据体细胞和免疫网络理论改进了遗传算法的选择操作，从而保持了群体的多样性，提高算法的全局寻优能力。通过在算法中加入免疫记忆功能，提高了算法的收敛速度。免疫遗传算法把抗原看作目标函数，将抗体看作问题的可行解，抗体与抗原的亲和度看作可行解的适应度。免疫遗传算法引入了抗体浓度的概念，并用信息来描述，表示群体中相似可行解的多少。免疫遗传算法根据抗体与抗原的亲和度和抗体浓度进行选择操作，亲和度高且抗体浓度低的抗体选择率大，这样就抑制了群体中抗体浓度高的抗体，保持了群体的多样性。

3. 反向选择算法

免疫系统中的 T 细胞在胸腺中发育，未成熟 T 细胞会与自身蛋白质发生反应被破坏掉；而成熟的 T 细胞具有忍耐自身的性质，不与自身蛋白质发生反应，只与外来蛋白质产生反应。以此来识别"自己"与"非己"，这就是所谓的反向选择原理。

反向选择算法是一种基于反向选择原理的算法，用于进行异常检测。算法主要包括以下两个步骤：首先，产生一个检测器集合，其中每一个检测器与被保护的数据不匹配；其次，不断地将集合中的每一个检测器与被保护数据相比较，如果检测器与被保护数据相匹配，则判定数据发生了变化。

4. 疫苗免疫算法

疫苗免疫算法是一种基于免疫系统的理论提出的免疫算法，该算法是在遗传算法中加入免疫算子，以提高算法的收敛速度并防止群体退化。免疫算子包括疫苗接种和免疫选择两个部分，前者为了提高亲和度，后者为了防止种群退化。理论分析表明这种疫苗免疫算法是收敛的。

疫苗免疫算法的基本步骤是：随机产生 N 个个体构成初始父代群体；根据先验知识

抽取疫苗，计算当前父代种群所有个体的亲和度，并进行停止条件的判断；对当前的父代群体进行变异操作，生成子代群体；对子代群体进行疫苗接种操作，得到新种群；对新群体进行免疫选择操作，得到新一代父本，并进入免疫循环。

7.3.4 人工免疫算法的应用

目前，人工免疫算法已广泛应用于多个领域，例如数据挖掘和图像识别。在数据挖掘领域中，人工免疫算法已经成功地解决了大规模优化问题和特征选择问题。与此同时，该算法在图像识别领域也取得了重要的进展，主要体现在目标识别和模式识别方面。

一种基于人工免疫算法的深度学习模型已经被提出。与传统的深度学习模型相比，该模型通过人工免疫算法的搜索策略，可以提高模型的收敛效果和泛化性能。在图像识别应用中，人工免疫算法一直是搜索重构图片的有力工具。

另一种应用人工免疫算法的领域是网络安全。基于对电子邮件的过滤和垃圾邮件检测，人工免疫算法已经被用来对网络中的垃圾邮件进行分类。此外，人工免疫算法还被广泛用于网络入侵检测中，以识别网络中的异常流量，来判断网络中的异常行为。

总的来说，人工免疫算法的应用已经涉及了生物、环境、病理学、人文、军事和其他众多领域。虽然还面临着许多挑战和问题，但是人工免疫算法的应用前景十分广阔。未来，人工免疫算法将会在解决现实问题和推动社会发展方面扮演越来越重要的角色，为人类提供更多智能化服务和决策支持。

综上所述，人工免疫算法是一种新兴而有潜力的优化算法，已经在多个领域得到应用。它在大规模优化问题和特征选择问题等方面具有显著的优势，并且对于图像识别和网络安全等问题也展现出了强大的应用能力。尽管仍面临一些挑战和问题，但是随着技术的发展和算法的完善，人工免疫算法必将在未来取得更广泛的应用和更优秀的性能表现。

7.4 蚁 群 算 法

蚁群算法（ant colony optimization，ACO）是一种基于蚂蚁觅食行为的启发式优化算法。它于 1991 年由意大利学者马可·多里戈（Marco Dorigo）等人首次提出，并因其出色的寻优能力和广泛的应用场景而受到关注。蚁群算法的核心思想是模拟蚂蚁在寻找食物过程中的信息素积累和传递过程，通过群体行为来达到寻找最优路径的目的。

7.4.1 蚁群算法的起源、特征和基本原理

1. 蚁群算法的起源

蚂蚁是地球上最常见、数量最多、最团结协作的昆虫之一，我们总能看到它们成群结队地出现。蚂蚁群相互协调、组织合理、效率高超。蚂蚁群的群体智能特征引起了许多学者的注意。人们在观察蚂蚁的觅食习性时发现，蚂蚁群经过多次试探努力之后，总

能找到巢穴与食物源之间的最短路径。通过研究发现，蚂蚁会在其来往路径上遗留一种叫做信息素的挥发性化学物质。整个蚁群就是通过这种信息素进行相互协作，形成正反馈，使多个路径上的蚂蚁逐渐聚集到最短的那条路径上来的。

于是，Marco Dorigo 等人根据蚂蚁的觅食习性在 1991 年首次提出了蚁群算法。其主要特点就是通过正反馈、分布式协作来寻找最优路径。这是一种基于种群寻优的启发式搜索算法。它充分利用了生物蚁群能通过个体间简单的信息传递，搜索从蚁穴到食物间最短路径的集体寻优特征，以及该过程与旅行商问题求解之间的近似性，得到了具有 NP 难度的旅行商问题的最优解答。同时，该算法被用于二次指派问题以及背包问题等，显示了其适用于组合优化类问题求解的优越特征。1992 年，M.Dorigo 在他的博士论文中进一步提出了蚁群系统。并根据信息素增量的不同计算方法给出了蚁周（ant-cycle）、蚁密（ant-density）、蚁量（ant-quantity）三种不同的模型。

2. 蚁群算法的特征

蚁群算法采用了分布式正反馈并行计算机制，易于与其他方法结合，并具有较强的鲁棒性。

① 其原理是一种正反馈机制或称增强型学习系统，它通过信息素的不断更新达到最终收敛于近似最优路径上；

② 它是一种通用型随机优化方法，但人工蚂蚁绝不是对实际蚂蚁的一种简单模拟，它融进了人类的智能；

③ 它是一种分布式的优化方法，不仅适合目前的串行计算机，而且适合未来的并行计算机；

④ 它是一种全局优化的方法，不仅可用于求解单目标优化问题，而且可用于求解多目标优化问题；

⑤ 它是一种启发式算法，计算复杂性为 $O(\text{NC} \times m \times n^2)$，其中，NC 是迭代次数，$m$ 是蚂蚁数目，n 是目的节点数目。

蚁群算法的优点：

① 并行性。蚁群算法是模拟自然界中蚂蚁群体行为的一种算法，其群体行为有着并行计算的特性；

② 适应性。蚁群算法已应用于多种组合优化问题，而且对某些连续空间问题也取得了较好的结果；

③ 智能性。蚂蚁之间通过信息素进行信息交流，相互协调，并产生正反馈效应驱动蚁群来搜索路径，蚁群算法可以看作一种特殊的强化学习算法。

蚁群算法的缺点：

① 处理问题的规模有限。在处理大规模问题时，计算时间长，计算结果不能让人满意；

② 容易出现停滞现象。蚁群算法容易出现停滞现象，一般的克服方法是保存最优解，然后重新计算，这样做的结果是大大延长了计算时间。

3. 蚁群算法的基本原理

众所周知，蚂蚁是一种群居动物，经常成群结队地出现于人们的日常生活环境中。科学工作者发现，蚂蚁的个体行为极其简单，群体却表现出极其复杂的行为特征，能够完成复杂的任务。蚂蚁还能够适应环境的变化，表现在蚁群运动路线上突然出现障碍物时，蚂蚁能够很快地重新找到最优路径等。

信息素是蚂蚁个体之间进行信息传递的一种化学物质。蚂蚁个体之间通过信息素进行信息传递，从而能相互协作。信息素浓度会随着时间的推移而慢慢减小。

蚂蚁会在它们经过的地方留下一些信息素，而信息素能被同一蚁群中后来的蚂蚁感受到，并作为一种信号影响后到蚂蚁的行动，而后到蚂蚁留下的信息素会对原有的信息素进行加强，周而复始，不断循环下去，形成正反馈。这样，经过蚂蚁越多的路径，其信息素浓度就会越大，被后到者选择的可能性也越大。由于在一定的时间内，到同一目的地的路程越短的路径，被选择的次数就会越多，信息素浓度就会越高，被选择的可能性也就越大。这个过程会一直持续到所有的蚂蚁都选择哪条最短路径为止。这种行为表现出一种信息的正反馈现象，某一路径上走过蚂蚁越多，则后到者选择该路径的概率就越大，因此路程短的路径会吸引越来越多的蚂蚁，信息素的浓度的增长速度也就越来越快，同时通过这种信息的交流，蚂蚁也就寻找到食物与蚁穴之间的最短路径了。

下面以蚂蚁觅食行为的优化算法图例来解释蚁群算法的基本原理，见图 7-5。设蚁群蚂蚁随机地向四周去寻找食物。现在我们有如下假设：

① 路径 X 在 Y 端的信息素浓度可表示为 X_Y；

② 每经过一个单位时间，信息素浓度会减少 0.2；

③ 路径 ABCD 的路程为路径 AD 路程的两倍，且任何一只单向蚂蚁走完路径 AD 需要 1 个单位时间；

④ 当某条路径被某只蚂蚁单向访问 1 次时，该路径的信息素浓度就加 1；

⑤ 所有蚂蚁的行进速度相等，且一只蚂蚁走完同一路径，返回蚁穴和寻找食物用时相同。

⑥ 当一只蚂蚁找到食物时，第一次，它会沿原路返回蚁穴。

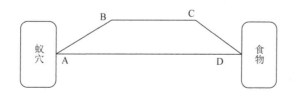

图 7-5　蚁群优化算法图例

则假设在时刻 $T=0$，蚂蚁甲沿着路径 ABCD 找到食物，同时蚂蚁乙也沿着路径 AD 找到食物。此时，蚂蚁甲和蚂蚁乙各自沿着自己来时的路径返回蚁穴。蚂蚁乙沿着路径 AD 返回蚁穴需要 1 个单位时间，这在时刻 $T=1$ 时，蚂蚁乙到达蚁穴，并准备再次去取食物。而蚂蚁甲沿着路径 ABCD 返回蚁穴需要 2 个单位时间。在考虑随着时间推移，信息素浓度的递减。得到 $T=1$ 时刻，该时刻 A 端信息素浓度为

$$路径 AD：AD\_A = 1-2\times0.2+1 = 1.6$$

$$路径 ABCD：ABCD\_A = 1-3\times0.2 = 0.4$$

该时刻 D 端信息素浓度为

$$路径 AD：AD\_D = 1-0.2\times1 = 0.8$$

$$路径 ABCD：ABCD\_D = 1-0.2\times1 = 0.8$$

可见，蚂蚁乙会选择路径 AD 再次去取食物。而当蚂蚁乙取到食物准备返回时，$T=2$。此时，蚂蚁甲刚好回到蚁穴，并准备出发。该时刻 A 端信息素浓度为

$$路径 AD：AD\_A = 1.6+1-1\times0.2 = 2.4$$

$$路径 ABCD：ABCD\_A = 0.4+1-0.2\times1 = 1.2$$

该时刻 D 端信息素浓度为

$$路径 AD：AD\_D = 0.8+1-1\times0.2 = 1.6$$

$$路径 ABCD：ABCD\_D = 0.8-0.2\times1 = 0.6$$

可见，蚂蚁甲将会选择路径 AD 去取食物，而蚂蚁乙将会选择路径 AD 返回蚁穴。在 $T=3$ 时刻，蚂蚁甲在 D 端取到食物准备返回，而蚂蚁乙在 A 端准备去取食物。该时刻 A 端信息素浓度为

$$路径 AD：AD\_A = 2.6+1-1\times0.2 = 3.2$$

$$路径 ABCD：ABCD\_A = 1.2-0.2\times1 = 1$$

该时刻 D 端信息素浓度为

$$路径 AD：AD\_D = 1.6+1-1\times0.2 = 2.4$$

$$路径 ABCD：ABCD\_D = 0.6-0.2\times1 = 0.4$$

可见，蚂蚁乙将会选择路径 AD 去取食物，而蚂蚁甲将会选择路径 AD 返回蚁穴。

显然，路径 AD 的信息素浓度在不断增加，而路径 ABCD 的信息素浓度却在不断下降。这样，蚂蚁甲和蚂蚁乙会不断地选择路径 AD，使路径 AD 的信息素浓度不断加强，路径 ABCD 的信息素浓度不断下降，直到为 0。

同理，后来的蚂蚁们也只会选择路径 AD，从而进一步加强路径 AD 的信息素浓度。

综上所述，随着时间的推移，蚂蚁们便找到了从蚁穴到食物的最短路径 AD。

7.4.2　蚁群算法的数学模型

下面以旅行商问题（TSP）算法来说明蚁群算法的基本模型。

设人工蚂蚁的数量为 m，城市 i 和城市 j 之间的距离为 $d_{ij}(i,j=1,2,\cdots,n)$；t 时刻位于城市 i 的蚂蚁数量为 $b_i(t)$，则 $m=\sum_{i=1}^{n}b_i(t)$；t 时刻在 i 和 j 城市残留的信息量为 $\tau_{ij}(0)=C$（C 为常数）。蚂蚁 $k(k=1,2,\cdots,m)$ 在运动过程中，根据各条路径上的信息量选择路径，且按概率 ρ_{ij}^{k} 进行选择。

$$\rho_{ij}^{k} = \begin{cases} \dfrac{\tau_{ij}^{\alpha}(t)n_{ij}^{\beta}(t)}{\displaystyle\sum_{s\in\mathrm{allowed}_k} \tau_{is}^{\alpha}(t)n_{s}^{\beta}(t)} & (j \in \mathrm{allowed}_k) \\ 0 & \text{其他} \end{cases} \tag{7-10}$$

式中，ρ_{ij}^{k} 表示 t 时刻时蚂蚁 k 由位置 i 移到 j 的概率；$\mathrm{allowed}_k$ 表示蚂蚁 k 还未走过的城市，以保证搜索到路径的合法性；$n_{ij} = 1/d_{ij}$ 称为先验知识，表示由位置 i 移到位置 j 的期望程度；α，β 表示残留信息与期望的相对重要程度。当蚂蚁 k 走过 n 个城市后，必须对路径上的信息素进行更新，即

$$\tau_{ij}(t+n) = \rho \cdot \tau_{ij}(t) + \Delta\tau_{ij}(t)$$

$$\Delta\tau_{ij} = \sum_{k=1}^{m} \Delta\tau_{ij}^{k} \tag{7-11}$$

式中，ρ 表示信息素消失程度；$\Delta\tau_{ij}^{k}$ 表示第 k 只蚂蚁本次循环中留在路径 (i, j) 上的信息量；$\Delta\tau_{ij}$ 表示所有蚂蚁在循环中留在路径 (i, j) 上的信息量。$\Delta\tau_{ij}^{k}$ 定义为

$$\Delta\tau_{ij}^{k} = \begin{cases} \dfrac{Q}{L_k} & \text{若第} k \text{只蚂蚁在本次循环中经过路径} (i, j) \\ 0 & \text{否则} \end{cases} \tag{7-12}$$

式中，L_k 表示第 k 只蚂蚁在本次循环中所走路径的总长度。

由式（7-10）选择构造路径，由式（7-11）更新路径上的信息素。这两个步骤重复迭代搜索整个空间，最终搜索到信息素比较浓的路径形成较短的最优路径。

7.4.3　蚁群算法的优化

蚁群优化算法已应用于许多组合优化问题，例如二次分配问题，还有很多实变量动力学问题、随机问题、多目标并行问题等。但在实际算法中需要避免的一个问题是过早收敛，算法在执行中很快陷入到了局部最优解的搜索，难以实现广度搜索。因此，在标准算法基础上出现了优化算法，这些优化算法主体通过对于信息素的调节，防止过早收敛。优化算法的核心在于平衡广度搜索与深度搜索，保证算法的执行效率、有效性。本文通过对目前常见的蚁群优化算法进行综合分析与比较，较为清晰地梳理出常见优化算法的特点，有助于在解决实际问题中选择合适方法以及算法优化。

标准蚁群算法存在收敛慢、易停滞、运算时间长等缺陷，因而对其进行一系列的改进，以解决标准蚁群算法存在的问题，产生了许多改进型算法。下面介绍三种最典型的改进型算法，蚁群系统（ACS）算法、最大最小蚁群系统（MMAS）算法、具有变异特征的蚁群算法。

蚁群系统（ACS）算法是对蚁群算法（ACO）的改进，这些改进包括蚂蚁选择的状态转移规则；全局最优更新规则仅应用于属于最优解路径上的信息素；对所有的路径的信息量进行局部更新规则（local updating rule）。在 ACS 算法中，全局更新只是运用在每一次循环中走最优解路径的蚂蚁，而不是运用于所有的蚂蚁。在所有的蚂蚁搜索完成了一次循环后，全局更新才会执行。

最大最小蚁群系统（max-min ant system，MMAS）算法是解决 TSP、QAP 等问题的经典蚁群优化算法之一，其结果要优于一般的蚁群算法。MMAS 与 ACS 一样都只允许在每次迭代中表现最好的蚂蚁更新其路径上的信息素，这样做可以防止算法过早地出现停滞现象。而 MMAS 与 ACS 相比不同的地方在于防止这种停滞现象的方法。MMAS 的做法为限定信息素浓度允许值的上下限，并且采用平滑机制。在算法启动时 MMAS 将所有路径上的信息素浓度初始化为最大值。在每次循环之后只有在最佳路线上的蚂蚁进行信息素的更新，并将其保持在一个高的水平上，其他路上的信息素将会按照信息素残留度降低浓度。

具有变异特征的蚁群算法，其核心思想为采用逆转变异方式，随机地进行变异，以增大进化时所需的信息量，从而克服传统蚁群法收敛较慢的问题。这种变异机制之所以会具有较快的收敛速度，是因为它充分利用了 2-OPT 交换法简洁高效的特点。

7.4.4　蚁群算法的典型应用

目前，蚁群算法已经在很多的研究领域中得到了广泛应用，但与其他领域相比，它最早应用于组合优化问题并在该类问题中获得了较为成功的应用。这些组合优化问题大体可以分为以下两类：一类是静态组合优化问题，这类问题的参数特性不会在求解过程中发生变化，其典型范例就是经典旅行商问题，另外还有二次分配问题、车辆路线问题、车间任务调度问题等；另一类是动态组合优化问题，这类问题的参数特性会在求解过程中发生变化，如网络路由问题等。下面将对这些问题作一些简单讨论。

① 旅行商问题（TSP）。蚁群优化算法优先应用于一个测试问题就是旅行商问题。TSP 是组合优化中研究最多的 NP-hard 问题之一，该问题就是寻找通过 n 个城市各 1 次且最后回到原出发城市的最短路径。许多研究表明，应用蚁群优化算法求解 TSP 优于模拟退火算法、遗传算法、神经网络算法、禁忌搜索算法等多种优化方法。同时对于 TSP 的若干变形，如瓶颈 TSP、最小概率 TSP 和时间约束 TSP 等，通过对蚁群算法做相应的若干修正也能取得令人满意的效果。

② 二次分配问题（QAP）。二次分配问题是指分配 n 个设备给 n 个地点，从而使得分配的代价最小，其中代价是设备被分配到位置上的方式的函数。QAP 是继 TSP 之后蚁群算法应用的第一个问题，实际上，QAP 是一般化的 TSP。

③ 车辆路线问题（VRP）。VRP 来源于交通运输。已知 M 辆车，每辆车的容量为 D，目的是找出最佳行车路线在满足某些约束条件下使得运输成本最小。一些文献利用蚁群算法研究 VRP，结果表明，该方法优于模拟退火算法和神经网络算法，稍逊于禁忌搜索算法。

④ 车间任务调度问题（JSP）。JSP 指已知一组 M 台机器和一组 T 个任务，任务由一组指定的将在这些机器上执行的操作序列组成。车间任务调度问题就是给机器分配操作和时间间隔，从而使所有操作完成的时间最短，并且规定两个工作不能在同一时间在同一台机器上进行。Colorni 和 Dorigo 等人将蚁群算法应用于车间任务调度问题并取得了较好的效果。

⑤ 网络路由问题。在这里我们分别从有向连接的网络路由和无连接网络系统路由两个方向讨论：有向连接的网络路由。在有向连接的网络中，同一个话路的所有数据包沿着一条共同的路径传输，这条路径由一个初步设置状态选出。在国际上 Schoonderwerd

等人首先将 ACO 应用于路由问题。后来，White 等人将蚁群算法用于单对单点和单对多点的有向连接网络中路由，Bonabeau 等人通过引入一个动态规划机制改善蚁群算法。Dicaro 和 Borago 的研究将蚁群算法用于高速有向连接网络系统中，达到公平分配效果最好的路由。在国内，有学者提出了基于蚂蚁算法的服务质量（QoS）路由调度方法及分段 QoS 路由调度方法；无连接网络系统路由。在无连接或数据包，同一话路的网络系统数据包，可以沿着不同路径传输，在沿着信道从源节点到终节点的每一个中间结点上，一个具体决策是由局部路由组件做出的。

以上只是简单介绍了蚁群算法在组合优化的几个比较典型问题中的应用。另外，蚁群算法在最优树问题、大规模集成电路综合布线问题、学习模糊规则问题以及电力系统等方面都有应用。此外，蚁群算法还在数据挖掘、参数辨识、图形处理、图形着色、分析化学、岩石、力学以及生命科学等领域取得了很大进展。

7.4.5 蚁群算法的硬件实现

随着对蚁群算法研究的不断深入，人们已开始关注蚁群算法的硬件实现这一新的研究方向。蚁群算法的硬件实现是仿生硬件（bio-inspired hardware，BHW）领域内的一个分支，也是蚁群算法发展的高级阶段。若要用硬件实现类似蚁群所表现出复杂群体行为的系统，首先就得构造具有单只蚂蚁功能的智能体。

1. 仿生硬件的定义

仿生硬件是一种能根据外部环境的变化而自主地、动态地改变自身的结构和行为以适应其生存环境的硬件电路，它可以像生物一样具有硬件自适应、自组织和自修复特性。仿生硬件早期也称为演化硬件（evolvable hardware，EHW）。狭义上，仿生硬件是通过进化机制来实现电子电路系统的实时自身重构；广义上，仿生硬件包括各种形式的硬件，从传感器到能够适应变化的环境，且在运行期间增强其性能的整个电子系统、微机电系统。除了自组织生成具有新功能的电路外，仿生硬件还可用于保持现有功能、获得生物性容错以及实现硬件的实时"康复"。

2. 仿生硬件的基本原理

仿生硬件模拟自然进化过程，将仿生优化算法的思想用于硬件物理结构的设计，特别是电子系统的设计。仿生优化算法的发展和快速可重配置硬件的出现极大地推动和促进了仿生硬件的发展。仿生硬件的公式性如式（7-13）所示。

$$BHW = BAs + PLDs \qquad (7\text{-}13)$$

式中，BAs 为仿生算法；PLDs 为可编程逻辑器件。

仿生硬件的硬件基础是可编程逻辑器件（programmable logic device，PLD）。由于仿生进化过程具有随机性且要进行很多次，因此要求相应的硬件能够被多次反复配置，所以更严格地说，可重配置硬件（reconfigurable hardware）是仿生硬件的硬件基础，而可无穷次重复配置的静态随机存储器（static random access memory，SRAM）型现场可编程门阵列（FPGA）是比较理想的实现设备。传统的基于 FPGA 的硬件设计是一种自顶向下的设计流程，这其中还要在各个不同层次进行仿真模拟，以保证设计的正确性。将 PLD 能够形成的所有功能电路的集合作为一个空间，利用仿生优化算法在这个空间内对问题进行求解以找到满足预定功能的硬件结构，此即仿生硬件的基本原理。

　　3. 基于 FPGA 的蚁群算法硬件实现

　　蚁群算法的硬件实现必须考虑其目标结构的限制，这些限制主要侧重于数量、种类、存储器、寄存器、I/O 资源的分布等方面。一种比较直接的实现方式是把信息素矩阵映射到 FPGA 上。对于静态分布矩阵上的每一个元素而言，这种设计包含着所有的信息处理和存储资源。每只蚂蚁都占据着矩阵中与其所作决策相对应的某一行，显然，这种实现方式会随着问题规模的增大而使其所需空间急剧增加。

　　在用蚁群算法设计 FPGA 时，其技术难点主要体现在如下三个方面：

　　① 所用的信息量和随机数需要用浮点表示，而这种表示并不是通过细粒度可编程逻辑来实现的。

　　② 启发式信息的挥发和聚集需要乘运算，然而 FPGA 上可行的计算资源并不能非常有效地支持乘运算电路。目前只有少量的 FPGA 有专门进行乘运算的模块，但这些模块的应用受到了其体积的限制。

　　③ 由于蚁群算法中必须根据状态转移概率进行状态选择，即

$$p_{ij} = \frac{\tau_{ij}^{\alpha}\eta_{ij}^{\beta}}{\sum_{z \in S}\tau_{iz}^{\alpha}\eta_{iz}^{\beta}}, \quad \forall j \in S \tag{7-14}$$

这样就必须计算式（7-14）中分子项中的乘积，因此就需要有 n 个电路，而信息素矩阵中的每一行均对应着一个电路，因此大大增加了计算所需的空间复杂度和时间复杂度。

　　为了克服上述难点，有学者提出 P-ACO，该算法便于硬件实现的最明显之处在于只将本次迭代中少量且最重要的信息传递到下次迭代，而基本蚁群算法是把完整的信息素矩阵传递到下次迭代。P-ACO 的详细介绍可参考相关文献，这里不多做介绍。图 7-6 给出一个基于 P-ACO 的 FPGA 设计结构图。

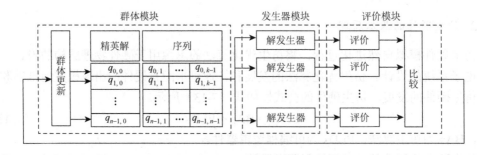

图 7-6　基于 P-ACO 的 FPGA 设计结构图

　　群体模块为群矩阵提供存储功能，群体模块从评价模块中接收到最好解的解发生器标志，而解传送单元负责将各自的最好解传送到存储单元，同时计算所传送解的写地址。

　　发生器模块包含 m 个相同的解发生器，每一个解发生器模拟一只蚂蚁，利用 P-ACO 机制构造解的行为，解发生器包含 3 个基本单元，即 S-阵列、匹配缓冲区和选择器。

　　评价模块用来评价由解发生器所产生解的质量，该模块的核心即为比较模块，每一个需要用 P-ACO 解决的优化问题均需特定的评价模块，该评价模块包含特定问题的评价参数，并可计算来自解发生器的目标函数值。

7.5　粒子群算法

　　如今，智能优化算法仍然是一门较新的学科，其理论和方法仍需要进一步发展和完善。然而，它的先进性、实用性、有效性让我们相信，智能优化算法不仅是科学研究的重要课题，也将成为每个工程师和科学家必须掌握的基础知识。这类算法主要包括遗传算法（受到生物种群通过遗传学和自然选择不断进化的启发）、人工免疫算法（通过生物免疫系统的学习和认知功能来模拟）、蚁群算法（模仿蚂蚁群体在路径选择和信息传递方面的行为）、模拟退火算法、禁忌搜索算法等。

　　粒子群算法（particle swarm optimization，PSO）也是这样的算法，它是一种启发式优化算法，模拟了鸟群或鱼群等生物群体的行为。它通过不断地调整“粒子”的位置和速度，来寻找问题的最优解。它是由 R.埃伯哈特（R. Eberhart）博士和 J.肯尼迪（J. Kennedy）博士于 1995 年发明的，源于对鸟群捕食行为的研究。粒子群算法（PSO）与遗传算法类似。它是一种基于迭代的优化工具，是一种基于群体的随机优化技术。系统被初始化为一组随机解，并迭代搜索最优值。与遗传算法等其他进化算法相比，它们都是人工生命计算方法。但与其他进化算法不同的是，它不利用群体解的竞争机制来迭代生成最优解，而是使用组解决方案。合作机制迭代产生最优解决方案。另外，粒子群算法概念简单，易于实现，需要调整的参数少。因此，粒子群算法越来越受到人们的关注，其研究已成为国内外的热点话题。特别是利用粒子群算法优化工程技术问题的文献呈指数增长。然而粒子群算法的理论分析和应用研究还处于起步阶段，仍然存在许多值得研究的问题。

7.5.1　粒子群算法的背景、特点及基本原理

　　在自然界中，鸟群的大部分活动都是离散的，它们的排列似乎是随机的。但在整体动作上，它们却保持着惊人的同步性，整体动作的形式非常柔和，极其美丽（图 7-7）。许多研究人员对这些分布式群体表现出的故意集中控制感兴趣。一些研究人员对鸟群的运动进行了计算机模拟。他们通过为个体建立简单的运动规则来模拟整个鸟群的复杂行为。例如，克雷格·雷诺兹（Craig Reynols）在 1986 年提出了 Boid 模型来模拟鸟类的群体飞行行为。Boid 模型是一种模拟鸟类群体飞行行为的计算模型，它源自于计算机图形学领域。该模型模拟了鸟类在群体中飞行时的协同行为，通过简单的规则来模拟群体中每只鸟的行为。Boid 模型的名称源自英文单词“bird”的单数形式“boid”。Boid 模型的基本规则包括：

分离（separation）规则。避免与邻近的鸟类过于靠近，以避免碰撞和拥挤。

对齐（alignment）规则。试图与周围的鸟类保持相似的飞行方向和速度。

聚集（cohesion）规则。试图向群体中其他鸟类的中心靠拢，以保持群体的凝聚力。

这些简单的规则能够模拟出群体中鸟类的复杂集体行为，例如群体的整体方向和形态。Boid 模型在计算机图形学和人工生命领域得到了广泛的应用，尤其在虚拟现实、游戏开发等领域。此外，Boid 模型的思想也启发了其他领域的研究，例如在交通流动模型、群体智能算法等方面的应用。通过借鉴鸟类群体飞行行为的原理，人们可以设计出更加智能、高效的算法来解决实际问题。

图 7-7　自然界中的鸟群

通过观察这些群体在现实世界中的运动，这些运动在计算机上被复制和重建，并对这些运动进行抽象建模，发现新的运动模式。后来，生物学家弗兰克·赫普纳（Frank Heppner）在此基础上增加了吸引鸟类来到栖息地的模拟条件，提出了新的鸟群模型。上述模型的关键是基于个体之间的计算运算。这个过程，即群体行为的同步，必须基于个体努力保持自己与邻居之间的最佳距离。为此，每个人都需要知道自己的位置和邻居的地点信息。生物社会学家 E.O.威尔逊（E.O.Wilson）认为："至少在理论上，这种类型的合作所带来的好处是至关重要的，并且远远大于当一个群体的个体成员可预见地分散寻找食物时基于粮食效率的好处。"上面的两个例子说明，群体中个体之间的社会信息交换支持了群体的发展。

受到上述鸟群运动模型的影响，社会心理学博士 James Kennedy 和电气工程学博士 Russell Eberhart 于 1995 年提出了粒子群算法（PSO）。粒子群算法实际上是一种进化计算方法。该算法将鸟群运动模型中的栖息地与搜索问题空间中可能的解决方案的位置进行比较，并通过个体之间传递信息来引导整个群体走向可能的解决方案。移动并在解决过程中逐渐增加找到更好解决方案的可能性。群体中的鸟类被抽象为没有质量或体积的"粒子"。通过这些"粒子"之间的相互协作和信息交换，它们的运动速度受到自身和群体的历史运动状态信息的影响。利用自身和群体的历史最优位置来影响粒子当前的运动方向和速度，更好地协调粒子自身和群体之间的关系，以利于群体在复杂解空间中的优化过程。

7.5.2 基本粒子群算法

1. 算法流程

在 PSO 中，许多粒子被放置在问题的搜索空间中，并评估每个粒子位置的目标函数值。每个粒子都基于其历史最优位置和整个群体的最优位置。通过随机扰动确定下一步行动。最终，粒子群作为一个整体，就像一群鸟儿合作寻找食物一样，应该接近目标函数的最优点。粒子群算法（PSO）是一种基于迭代模式的优化算法，最初用于连续空间优化。在连续空间坐标系下，粒子群算法的数学描述如下：

一组 m 个粒子以一定的速度在 D 维搜索空间中飞行。搜索时，每个粒子都会考虑其搜索的历史最佳点以及组（或邻域）中其他粒子的最好历史点，并以此为基础改变位置。粒子群的第 i 个粒子由三个 D 维向量组成，其三部分为目前位置 X_i、历史最优位置 P_i 和当前速度 V_i。对于该粒子，其接下来的运动由式（7-15）更新。

$$V_i = V_i + C_1 R_1 (P_i - X_i) + C_2 R_2 (P_g - X_i)$$
$$X_i = X_i + V_i \tag{7-15}$$

式中，加速常数（学习因子）C_1 和 C_2 是两个非负值，这两个常数使粒子具有自我总结和向群体中优秀个体学习的能力，从而向自己的历史最优点以及群体内或领域内的全局最优点靠近。C_1 和 C_2 通常等于 2；R_1 和 R_2 是在范围[0, 1]内取值的随机函数；P_g 是粒子群迄今搜索得到的最好位置。V_{max} 是常数，限制了速度的最大值，由用户设定。粒子的速度被限制在范围[$-V_{max}$, V_{max}]内。

将组中的所有粒子视为邻域成员，产生 PSO 的全局版本。当群体中的一些成员形成邻域时，就获得了 PSO 的局域版本。在局域版本中，一般有两种形成邻居的方式。一种是具有相邻索引号的粒子形成邻域，另一种是具有相邻位置的粒子形成邻域。粒子群算法的邻域定义策略称为粒子群拓扑。

粒子群算法的流程如图 7-8 所示，其基本过程如下：

步骤 1：初始化。随机生成问题空间 D 维中粒子的位置和速度。

步骤 2：评估粒子。对于每个粒子，评估 D 维优化函数的适用值。

步骤 3：优化更新。①将粒子的适用值与其个体最优值 P_{best} 进行比较。如果它比 P_{best} 更好，那么它的 P_{best} 位置就更新当前粒子的位置；②将适用的粒子值与组的整体最优值进行比较最好的。如果当前值优于 G_{best}，则将 G_{best} 位置更新为当前粒子位置。

步骤 4：更新粒子。根据公式改变粒子的速度和位置。

步骤 5：停止条件。返回步骤 2，直到满足停止条件。一般判断标准是达到合适的值或最大迭代次数。

为进一步优化 PSO 的效率，在速度方程中引入惯性权重 w，新的速度方程为

$$V_i = wV_i + C_1R_1(P_i - X_i) + C_2R_2(P_g - X_i) \tag{7-16}$$

惯性权重决定了粒子先前速度对当前速度的影响程度，从而平衡算法的全局搜索和局部搜索功能。目前应用最广泛的标准 PSO 中，对惯性权重 w 采用自适应策略，即随着迭代的进行，惯性权重 w 的值线性减小。通过这种策略，算法在迭代初期具有很强的探索能力，能够不断搜索新的区域。然后收敛能力逐渐增强，让算法能够仔细搜索可能的最优解。

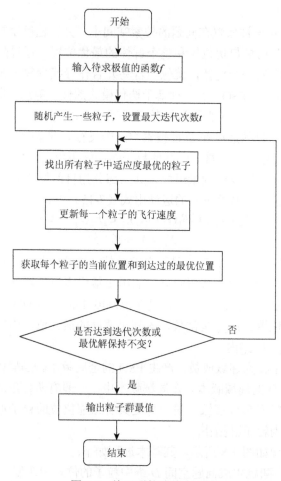

图 7-8　粒子群算法基本流程

2. 参数选择

1）惯性权重 w

原始粒子群算法分为 V_i、$C_1R_1(P_i - X_i)$ 和 $C_2R_2(P_g - X_i)$ 三部分。如果没有第一部分 V_i，所有粒子组都会趋向于相同的位置。只有当全局最优解恰好在初始搜索空间中时，PSO 才有更大的机会找到最终解。因此，最终的解决方案在很大程度上取决于初始群体，因

此如果没有第一部分，算法就会退化为局部搜索算法。另外，如果增强第一部分 V_i，粒子可以扩大搜索空间，即有能力扩展新的搜索区域。因此，如果改进第一部分 V_i，算法的全局搜索性能将会得到提高。局部搜索能力和全局搜索能力都有利于解决某些类型的问题。因此，算法的全局搜索和局部搜索之间必须有一个平衡。惯性权重 w 的引入起到平衡局部搜索函数和全局搜索函数的作用。从实验结果来看，当权重固定值在 0.9~1.2 之间时，优化取得了良好的效果，能够较好地找到全局最优解。从实验中可以看出，大的惯性权重对原解的依赖性较低，而对全局检测能力（搜索新区域）有积极的作用。而小一点的惯性权重则倾向于局部探索，精细搜索当前的小区域。惯性权重 w 起到平衡全局搜索和局部搜索功能的作用。与任何优化搜索算法一样，早期更大的 w 具有更强的检测能力，能够指向好的解的区域。后期需要更小的 w 以获得更强的局部探索能力才能得到局部最优解。因此，最佳自适应策略为惯性权重 w 是随时间递减的函数，而不是固定值。首先分配较大的值，然后将它们线性减少到特定值。经验表明，递减 w 的良好取值范围是在 1.4~0.4 之间，这样可以显著提高性能，并取得更好的效果。

2）群体规模 m

显然，m 越大，仿真中相互协同的粒子就越多，能更好地发挥 PSO 的搜索能力。然而随着群体增大，需要计算的时间大幅增加。并且，有文献表明，群体增长到一定规模，再增加 m 对搜索能力并没进一步显著提升。如果 $m=1$，PSO 就是个体搜索技术，没有全局信息可用，很容易陷入局部最优。当 m 很大时，PSO 全局优化能加强，但是搜索时间会急剧增加，而且收敛全局最优点的速度将非常慢。根据经验，这个参数取值多为 20。

3）学习因子 C_1 和 C_2

在 PSO 中，学习因子是控制粒子从自身历史经验和群体中最优个体中学习，从而控制其向群体内或邻域内最优点的逼近的因素。与惯性权重作用类似，学习因子也能起到平衡局部搜索与全局探索能力。但学习因子的值越大，越有利于算法的收敛和增加局部搜索能力，这与惯性权重正好相反。C_1 和 C_2 通常等于 2，但也有其他值，但是一般 C_1 等于 C_2，范围为 0~4 之间。在 PSO 的理论分析中，对学习因子与惯性权重取值作了比较深入研究，它们的值与惯性权重有关。

学习因子 C_1 和 C_2 代表将每个微粒推向 P_{best} 和 G_{best} 位置的统计加速项的惯性权重。低的值允许微粒在被拉回来之前可以在目标区域外徘徊，而高的值导致微粒突然地冲向或者越过目标区域。如果没有后两部分，即 $C_1=C_2=0$，微粒将一直以当前的速度飞行，直到到达边界。由于它只能搜索有限的区域，将很难找到好的解。

如果没有第二部分，即 $C_1=0$，则微粒没有认知能力，也就是"只有社会（social-only）"的模型。在微粒的相互作用下，有能力到达新的搜索空间。它的收敛速度比标准版本更快，但是对复杂问题，比标准版本更容易陷入局部优值点。

如果没有第三部分，即 $C_2=0$，则微粒之间没有社会信息共享，也就是"只有认知（cognition-only）"的模型。因为个体间没有交互，一个规模为 m 的群体等价于 m 个单个微粒的运行。因而得到解的几率非常小。

4）最大速度 V_{max}

最大速度 V_{max} 决定了粒子在一次迭代中的最大移动距离。V_{max} 较大时，探索能力提高，但粒子容易飞过最佳解。V_{max} 小时，收敛能力提高，但容易陷入局部最优。分析和实验表明，可以通过调整惯性权重来实现调整 V_{max} 值。然而，当前的研究中，V_{max} 值与初始设置基本没有变化。一般将 V_{max} 设置为一定的取值范围，而无须经过仔细地选择和调整。

3. 拓扑与邻域

至于拓扑结构，是 PSO 的创始人最先研究的。提出了不同的结构模型，如全局模型、环模型和局部模型。全局 PSO 模型将整个种群视为粒子的邻域，速度快但有时会陷入局部最优；局部 PSO 模型将索引号相似或位置相似的个体视为粒子的邻域，收敛速度较慢，但很容易摆脱局部最优陷阱。在实际应用中，可以先使用全局 PSO 模型进行粗搜索，找到大致的区域，然后再使用局部 PSO 模型进行精细搜索。

群的拓扑定义了每个粒子可以与之交换信息的粒子子集。该算法的基本形式使用全局拓扑作为群体通信结构。这种拓扑允许所有粒子与所有其他粒子通信，因此整个群体共享单个粒子的相同最佳位置。然而，这种方法可能会导致群体陷入局部最小值，因此不同的拓扑被用来控制粒子之间的信息流。例如，在局部拓扑中，粒子仅与粒子子集共享信息。这个子集可以是几何子集，例如 "m 个最近的粒子"，或者更常见的是社会子集，即一组不依赖于任何距离的粒子。在这种情况下，PSO 变体被称为局部最佳（相对于基本 PSO 的全局最佳）。

常用的群体拓扑是环，其中每个粒子只有两个邻居，但还有许多其他粒子。拓扑不一定是静态的。事实上，由于拓扑与粒子通信的多样性有关，一些自适应拓扑被提出并使用。通过使用环形拓扑，PSO 可以实现代级并行，显著提高进化速度。

4. 内部工作机理

关于 PSO 为何以及如何执行优化有多种观点。研究人员普遍认为，群体行为在探索性行为（即搜索空间的更广泛区域）和利用性行为（即面向局部的搜索以更接近最优值）之间有所不同。这种思想流派自 PSO 诞生以来就一直很流行。学界认为，PSO 及其参数的选择必须能够在探索和利用之间取得适当的平衡，以避免过早收敛到局部最优，同时仍确保良好地收敛到最优的速度。这种观念是许多 PSO 变体的先驱。

另一种思想流派是，PSO 群体的行为在如何影响实际优化性能方面还没有得到很好的理解，特别是对于高维搜索空间和可能不连续、有噪声且随时间变化的优化问题。这种思想流派只是试图找到能够带来良好性能的 PSO 和参数，并不参与解释群体行为，例如与群体行为相关的探索行为和利用性行为。此类研究导致了 PSO 的简化。

5. 收敛性分析

就 PSO 而言，"收敛" 一词通常指两种不同的定义。

① 解决方案序列的收敛（又名稳定性分析、收敛），其中所有粒子都收敛到搜索空间中的一个点，该点可能是也可能不是最佳的。

② 收敛到局部最优，其中所有个人最佳值 p 或群体已知最佳位置 g 都接近问题的局部最优，无论群体行为如何。

已针对 PSO 研究了解序列的收敛性。这些分析得出了选择 PSO 参数的指导方针，这些参数被认为会导致收敛到一点并防止群体粒子发散（粒子不会无限制地移动，并且会收敛到某个地方）。这些分析过于简单化，因为他们假设群体只有一个粒子，不使用随机变量，即粒子的最佳已知位置 p 和群体的最佳的位置 g 在整个优化过程中保持不变。然而，研究表明这些简化不会影响这些研究发现的群体收敛参数的边界。近年来，人们做出了相当大的努力来削弱 PSO 稳定性分析期间使用的建模假设。

6. 自适应机制

无须在收敛（"利用"）和发散（"探索"）之间进行取舍，就可以引入自适应机制。自适应粒子群算法（adaptive particle swarm optimization，APSO）具有比标准 PSO 更好的搜索效率。APSO 可以在整个搜索空间上进行全局搜索，具有较高的收敛速度。它能够在运行时自动控制惯性权重、加速系数等算法参数，从而同时提高搜索效果和效率。此外，APSO 可以作用于全局最佳粒子，以跳出可能的局部最优。然而，APSO 将引入新的算法参数，但它不会引入额外的设计或实现复杂性。此外，通过利用尺度自适应评估机制，PSO 可以有效地解决计算量大的优化问题。

7.5.3 改进型 PSO

即使是基本 PSO 也拥有多种变体。例如，有不同的方法来初始化粒子和速度（例如从零速度开始），如何抑制速度，仅在整个群体更新后更新 p 和 g 等。最新的研究中，创建了一系列标准实现，旨在用作技术改进的性能测试基准，以及向更广泛的优化社区代表 PSO。拥有一个众所周知的、严格定义的标准算法提供了一个有价值的比较点，可以在整个研究领域中使用，以更好地测试新进展。

1. 杂交法

新的、更复杂的 PSO 变体也不断被引入，试图提高优化性能。该研究的趋势是采用 PSO 与其他优化器相结合的混合优化方法，例如将 PSO 与基于生物地理学的优化相结合，并结合有效的学习方法。

2. 缓解过早收敛法

另外的研究趋势是尝试减轻过早收敛（即优化停滞），例如通过反转或扰动 PSO 粒子的运动，处理早熟收敛的方法是使用多个群（多群优化），多群优化也可用于实现多目标优化。最后，在优化过程中调整 PSO 行为参数方面也取得了进展。

3. 简化法

另一种思想流派是，PSO 应该在不损害其性能的情况下尽可能地简化，通常被称为奥卡姆剃刀的一般概念。简化 PSO 最初由 Kennedy 提出，并得到了广泛的研究。研究表明，优化性能得到了提高，参数更容易调整，表现更一致且能够跨越不同的优化问题。

支持简化 PSO 的一个论点是元启发法只能通过对有限数量的优化问题进行计算实验来凭经验证明其有效性。这意味着诸如 PSO 之类的元启发法无法被证明是正确的，并且这增加了在其描述和实现中出错的风险。

4. 二进制、离散及组合扩展

由于上面给出的 PSO 方程适用于实数，因此解决离散问题的常用方法是将离散搜索空间映射到连续域，应用经典 PSO 对结果进行反映射。这样的映射可以非常简单（例如仅使用舍入值）或更复杂。

然而，值得注意的是，运动方程使用执行四个动作的算子：

计算两个位置的差异，结果是速度（更准确地说是位移）

将速度乘以数值系数

添加两个速度

对某个位置施加速度

通常，位置和速度由 n 个实数表示，这些运算符只是–、×、＋和/。但是所有这些数学对象都可以以完全不同的方式定义，以便处理二元问题（或更一般的离散问题），甚至组合问题。一种方法是基于集合重新定义算子。

7.5.4 粒子群算法的特点及应用场景

粒子群算法很好地模拟了社会行为和个体行为，在连续空间的多极值优化问题中表现出了良好的性能，其结构简单，易于实现。改进后的粒子群算法可以与其他智能优化方法很好地结合，也可以推广到动态规划、离散空间优化等更多实用领域。粒子群算法可以在收敛速度和精度之间取得良好的平衡，并且很容易通过改变参数来调整算法的倾向。粒子群算法已广泛应用于模糊控制、优化和辨识决策领域。以下是一些粒子群算法的应用场景：

① 函数优化：粒子群算法可以用于解决函数优化问题，例如数学函数、工程设计中的优化问题、机器学习模型的参数优化等。通过不断地调整粒子的位置和速度，可以找到函数的最小值或最大值。

② 路径规划：粒子群算法可以用于解决路径规划问题，例如在无人机飞行路径规划、车辆行驶路径规划、机器人运动路径规划等方面。通过优化粒子的位置和速度，可以找到最优的路径规划方案。

③ 图像处理：粒子群算法可以应用于图像处理领域，例如图像分割、图像去噪、图像配准等。通过粒子群算法优化参数，可以得到更好的图像处理效果。

④ 电力系统优化：粒子群算法可以用于解决电力系统优化问题，例如电网规划、电力负荷预测、电力设备故障诊断等。通过调整粒子的位置和速度，可以优化电力系统的性能和效率。

⑤ 金融领域：粒子群算法可以应用于金融领域，例如股票交易策略优化、风险管理、信用评分模型等。通过粒子群算法的优化方法，可以改进金融决策模型的表现。

⑥ 智能控制：粒子群算法可以用于智能控制领域，例如自动驾驶车辆的路径规划、无人机的飞行控制、智能家居系统的优化等。通过粒子群算法优化参数，可以实现更加智能化的控制系统。

总之，粒子群算法在优化问题中展现出很好的性能，并且适用于多个领域的问题求解。随着对算法的研究和改进，粒子群算法的应用场景会继续扩展。在未来的人工智能时代，粒子群算法作为一种通用的优化算法，将在智能交通系统、智能制造、大数据分析、智能能源系统、智能物流和人工智能和机器人等众多领域发挥重要作用，为各种复杂问题的优化提供更加智能和高效的解决方案。

7.6　本 章 小 结

智能算法是一类基于计算机技术和人工智能理论的优化方法，旨在解决复杂的问题和最大化特定的目标。这些算法通过模拟自然界中的生物进化、群体行为等现象，以智能的方式搜索问题空间并找到最优解或接近最优解的解决方案。智能算法在各个领域如优化问题、机器学习、控制系统等方面都有着广泛的应用。

本章分别介绍了当前流行的几种智能算法，分别是遗传算法、人工免疫算法、蚁群算法和粒子群算法。并介绍了其原理、实现方法及应用场景。

智能算法的发展不仅推动了人工智能领域的进步，也为解决实际问题提供了强大的工具和方法。随着技术的不断进步和算法的不断完善，智能算法将在更多领域展现出巨大的潜力和价值。

课后习题

7.1　什么是智能算法？简述智能算法的发展历史。

7.2　简述遗传算法的基本框架。

7.3　简述遗传算法的几种常见算子的作用和实现方式。

7.4　简述人工免疫系统中免疫识别的仿生机理。

7.5　简述蚁群算法的特征和基本原理。

7.6　简述粒子群算法的特征和基本原理。

第8章　人工智能应用案例

8.1　AI 技术在故障诊断中的应用

故障诊断作为保障设备正常运行、预防事故发生的关键环节，一直以来都备受关注。然而，传统的故障诊断方法往往依赖于专家的经验和直觉，其准确性、效率以及实时性均存在一定的局限性。随着科技的不断进步，AI 技术飞速发展，机械故障诊断技术和方法产生了革命性的变化。AI 作为计算机科学的一个分支，旨在研究和开发能够模拟、延伸和扩展人类智能的理论、方法、技术及应用系统。其强大的数据处理能力、模式识别能力以及自我学习能力，使得 AI 在故障诊断领域具有巨大的应用潜力。通过引入 AI 技术，可以对大量的设备数据进行深度挖掘和分析，从而实现对设备故障的精准诊断和预测。

8.1.1　AI 技术在故障诊断中的应用概述

在 AI 技术开始发展之前，传统的故障诊断大多是通过人工检测的方式进行，这种诊断方法不仅增加了劳动强度，诊断结果也存在较大误差。例如工程师通过人耳听取机器发出的异响来判断是否发生故障，而人耳对声音的敏感度和辨识能力因人而异，不同的工程师可能对同一声音的判断结果不同，这导致诊断结果的一致性和可靠性降低。而 AI 技术的出现完全改变了传统的故障诊断方法，利用机器学习和深度学习等先进算法，从海量设备运行数据中提取关键特征，实现对潜在故障的精准预测和模式识别。这些技术能够自动适应复杂和嘈杂的工作环境，提供实时监控和快速响应，显著提升诊断的速度和准确性。同时，AI 技术作为决策支持工具，能够提高维护团队的决策能力，降低维护成本，提高整体运维效率。随着科学技术的不断发展，AI 技术在故障诊断中的应用将更加深入，为各类设备的健康管理和维护提供更为强大的支持。

AI 故障诊断技术是一种利用设备当前状态信息和历史状况，通过一定分析方法对设备状态进行评价的状态识别技术。AI 技术在故障诊断领域的应用是一个复杂而精细的过程，通常可以分为数据采集、特征提取和状态诊断三个主要部分，诊断流程如图 8-1 所示。

1. 数据采集

数据采集是故障诊断的第一步，它涉及从机器或系统中收集必要的数据。这些数据可能包括温度、压力、振动、声音等多种传感器的信息。为了确保数据的有效性和准确性，需要建立一套完整的标准体系，包括数据采集和存储标准。这些标准规范了数据采集的方法、对象、频率、质量和存储的格式以及数据隐私保护要求。数据采集的目的是确保收集到的数据能够准确地反映机器的运行状态，为后续的特征提取和状态诊断提供可靠的基础。

2. 特征提取

特征提取是将原始数据转换为有助于识别和诊断故障的信息。这一步骤通常涉及复杂的数据处理和分析技术，通常采集的特征有时域、频域和时频域等特征。时域特征有量纲、无量纲等特征提取方法，频域特征有幅值谱、功率谱等特征提取方法，时频域特征有希尔波特-黄变换方法、小波变换等特征提取方法。这些方法能够使故障特征更加明显，便于机器学习模型识别和处理。

3. 状态诊断

状态诊断是故障诊断的核心部分，它涉及使用 AI 技术，如机器学习和深度学习模型，通过分析提取的特征判断机器的健康状况。AI 方法的优势在于其自动化运行、及时性和稳定性，不会因为人的认知差异而得出不同的结论。此外，深度自动编码器（DAE）、卷积神经网络（CNN）等深度神经网络也被广泛应用于构建端到端的智能诊断模型，减少了对人工经验和专家知识的依赖。

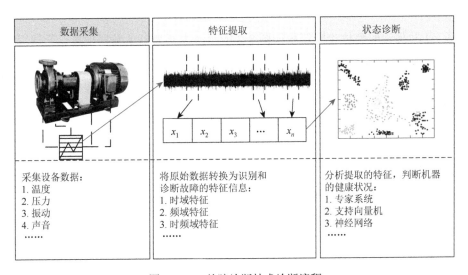

图 8-1　AI 故障诊断技术诊断流程

总结来说，AI 技术在故障诊断中的应用通过这三个部分实现了从原始数据的收集到故障特征的提取，再到最终的状态诊断，大大提高了故障诊断的效率和准确性。随着科技的不断进步，AI 技术在故障诊断领域的应用将会更加深入，为工业和机器健康管理提供更加强大和智能的解决方案。

8.1.2　案例 1：基于 SVM 的轴承故障诊断

1. 轴承故障诊断背景

轴承是确保工业机械正常运行的关键部件，其性能稳定性对整个生产系统的安全和效率至关重要。传统的轴承故障诊断方法依赖于技术人员的经验和振动分析技术,这些方法在早期故障检测和复杂故障模式识别方面存在一定的局限性。随着工业自动化和智能化的推进,对轴承故障诊断的准确性和实时性提出了更高的要求,促使人们寻求更高效和智能的诊断技术。

支持向量机(support vector machine,SVM)作为一种强大的机器学习算法,为轴承故障诊断提供了新的解决方案。SVM 通过在高维空间中寻找最佳分割超平面,能够有效区分不同的故障类别,即使在数据维度高、样本数量有限的情况下也能保持较高的分类准确性。与传统的诊断方法相比,SVM 能够处理复杂的非线性问题,并在特征空间中识别出最有用的信息,从而提高故障检测的准确性和效率。应用 SVM 于轴承故障诊断的意义在于,它不仅能够降低维护成本,通过精确诊断避免不必要的维护和过早更换轴承,还能够显著提升设备的可靠性,减少意外停机的风险。此外,SVM 的高准确率和良好的泛化能力对于推动智能制造和工业自动化具有重要作用,有助于实现更智能、更自动化的维护管理。

2. 轴承 AI 故障诊断流程

轴承 AI 故障诊断整体诊断流程如图 8-2 所示,主要为轴承数据采集、无量纲特征提取和 SVM 状态诊断三个部分。

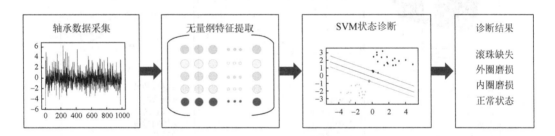

图 8-2　轴承 AI 故障诊断整体诊断流程

1)轴承数据采集

轴承数据采集是轴承故障诊断的基础,它涉及从运行中的轴承收集振动、温度、声音等数据,以便于后续的分析和故障诊断。这些数据能够准确反映机械的运行状态,并作为机械状态识别与故障分析的重要信息依据。

当轴承发生故障或者运行状态不稳定时,由于零件工作面与故障区域发生碰撞,轴承的振动信号将会表现出与正常状态不一样的变化。故振动信号是轴承故障诊断中最常用的数据类型之一,振动传感器是采集这些信号的关键设备。根据振动物理量的不同,振动传感器可以分为位移传感器、速度传感器和加速度传感器。其中,加速度传感器因其动态范围大、有效幅值和频率范围宽、可靠性高、尺寸小、质量轻便等优点而被广泛使用。轴承的几种基本状态如图 8-3 所示,从左到右分别为滚珠缺失、外圈磨损、内圈磨损、正常状态。

图 8-3　轴承故障件

2）无量纲特征提取

对轴承数据采集振动加速度信号的数据之后，原始数据在诊断分类前需进行无量纲特征提取。无量纲特征（dimensionless features）是有量纲特征基础上的改良，有量纲特征虽然对故障敏感性较强，但受设备的运行状态和环境噪声影响较大。无量纲特征将两个有量纲特征以比值的形式组合，消除了量纲的影响，能在保持故障敏感性的前提下，减少工况和干扰的影响，因此被广泛地应用在复杂环境下的机械设备故障诊断中。对轴承原始振动加速度数据提取常用的 5 个无量纲特征，见表 8-1。其中，x 为振动随机时域信号的幅值；$p(x)$ 为信号 x 的概率密度函数；X_{max} 为最大值；X_r 为方根幅值；X_{rms} 为均方根值；$|X|$ 为平均幅值。图 8-4 为振动加速度信号的波形指标数据，从图中可以看出波形指标对轴承的四种状态具有很好的区分度。

表 8-1　5 个无量纲特征

无量纲指标	公式
波形指标	$S_f = \dfrac{\left[\int_{-\infty}^{+\infty} |x|^2 \, p(x)\mathrm{d}x\right]^{\frac{1}{2}}}{\left[\int_{-\infty}^{+\infty} |x| \, p(x)\mathrm{d}x\right]} = \dfrac{X_{rms}}{|X|}$
脉冲指标	$I_f = \dfrac{\lim\limits_{l\to\infty}\left[\int_{-\infty}^{+\infty} |x|^l \, p(x)\mathrm{d}x\right]^{\frac{1}{l}}}{\left[\int_{-\infty}^{+\infty} |x| \, p(x)\mathrm{d}x\right]} = \dfrac{X_{max}}{|X|}$
裕度指标	$CL_f = \dfrac{\lim\limits_{l\to\infty}\left[\int_{-\infty}^{+\infty} |x|^l \, p(x)\mathrm{d}x\right]^{\frac{1}{l}}}{\left[\int_{-\infty}^{+\infty} |x|^{\frac{1}{2}} \, p(x)\mathrm{d}x\right]^2} = \dfrac{X_{max}}{X_r}$
峰值指标	$C_f = \dfrac{\lim\limits_{l\to\infty}\left[\int_{-\infty}^{+\infty} |x|^l \, p(x)\mathrm{d}x\right]^{\frac{1}{l}}}{\left[\int_{-\infty}^{+\infty} |x|^2 \, p(x)\mathrm{d}x\right]^{\frac{1}{2}}} = \dfrac{X_{max}}{X_{rms}}$
峭度指标	$K_v = \dfrac{\int_{-\infty}^{+\infty} |x|^4 \, p(x)\mathrm{d}x}{\left[\int_{-\infty}^{+\infty} |x|^2 \, p(x)\mathrm{d}x\right]^2}$

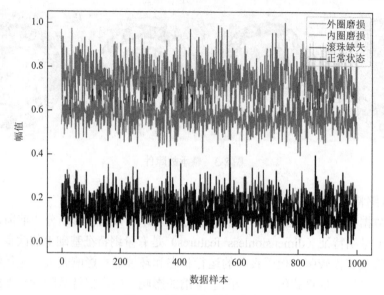

图 8-4　波形指标数据分布

3）SVM 状态诊断

SVM 作为一种多分类与非线性分类的诊断分类算法，可以很好适用于运行在复杂环境下的轴承故障诊断。而诊断中采用不同的核函数、分类方法与惩罚因子对模型的诊断精确度影响很大，选取合适的 SVM 分类算法对具体设备故障诊断具有重要的意义。

SVM 分类过程中，当无量纲特征数据重叠在一起，无法做到线性可分时，可将数据转换到高维的空间重新变得线性可分。但数据从低维转换到高维空间容易导致数据量变得过大，而核函数能够很好地解决这一问题，核函数能在保留数据的高维映射的条件下，允许数据在低维空间中进行计算。核函数 $K(x_i, x_j)$ 的定义为

$$K(x_i, x_j) = \phi^{\mathrm{T}}(x_i)\phi(x_j) \tag{8-1}$$

式中，$\phi(x)$ 表示 x 的高维空间映射；$\phi^{\mathrm{T}}(x)$ 表示 $\phi(x)$ 的转置。引入核函数之后 SVM 分类器目标函数 $L(a)$ 变为

$$L(a) = \max_{a_i \geqslant 0} \sum_{i=1}^{n} a_i - \frac{1}{2} \sum_{i,j=1}^{n} a_i a_j y_i y_j K(x_i, x_j) \tag{8-2}$$

式中，a 表示拉格朗日乘子；y 表示样本的类别标签。而后可以利用序列最小优化算法（sequential minimal optimization，SMO）求解 $L(a)$ 的最优值，得到分类函数 $f(x)$ 为

$$f(x) = \sum_{i=1}^{n} a_i y_i K(x_i, x_j) + b \tag{8-3}$$

式中，b 为偏置项。常见的核函数见表 8-2。不同核函数适用于不同分布的数据，使用四种核函数 SVM 分类算法对特征数据进行分类，选择分类效果最好的核函数作为 SVM 核函数，最终得到 SVM 诊断结果。

表 8-2　核函数表达式

核函数	表达式
线性核函数	$K(x_i, x_j) = x_i^T x_j$
多项式核函数	$K(x_i, x_j) = \left(r x_i^T x_j + r\right)^d, r > 0$
高斯核函数	$K(x_i, x_j) = \exp\left(-r\|x_i - x_j\|^2\right), r > 0$
Sigmoid 核函数	$K(x_i, x_j) = \tanh\left(r x_i^T x_j + r\right)$

尽管 SVM 在轴承故障诊断中展现出潜力，但在实际应用中也面临一些挑战，例如参数选择和模型优化问题。未来的研究需要在这些方面进行深入探索，以实现更高效、更智能的轴承故障诊断系统。通过不断地技术创新和实践应用，SVM 有望在轴承故障诊断领域发挥更加重要的作用，为工业生产的连续性和安全性提供坚实的保障。

8.1.3　案例 2：基于无量纲特征与神经网络的化工生产风机故障诊断

1. 化工生产过程风机故障诊断背景

化工生产的风机用来输送原材料、催化剂、副产物和废气等，它不仅可以提高生产效率，保证生产安全，还可以降低生产成本。而风机在运行过程中可能会遇到各种故障，这些故障如果得不到及时的检测和处理，将会降低生产效率，甚至引发严重的安全事故。因此，开展风机故障诊断研究，尤其是利用先进的无量纲技术与卷积神经网络技术进行故障诊断，对于提高风机系统的整体性能和可靠性具有重要意义。

在过去的几十年里，风机故障诊断技术已经从传统的基于规则的方法发展到了基于数据驱动的智能诊断。其中，无量纲技术所提取振动信号样本特征受工况影响较小，而卷积神经网络尤其是深度学习技术，具有强大的数据处理和特征学习能力，两者的结合在风机故障诊断领域展现出了巨大的潜力。通过无量纲技术提取特征和训练神经网络模型，可以从大量的风机运行数据中学习到故障模式，实现对风机健康状况的实时监控和故障预警。这种方法不仅提高了故障诊断的准确性和效率，而且有助于降低维护成本，避免不必要的维护和过早更换部件，从而提高经济效益。

无量纲技术和卷积神经网络技术在风机故障诊断中的应用，还有助于提升设备的可靠性和使用寿命。通过实时监控和预警，可以在故障发生初期就采取措施，避免故障的进一步发展和设备的损坏。此外，这种智能化的故障诊断技术也推动了风机维护向智能化、自动化的方向发展，有助于构建智能化工生产，实现生产过程的优化运行。

2. 风机 AI 故障诊断流程

风机 AI 故障诊断整体诊断流程如图 8-5 所示，主要分为风机数据采集与特征提取、神经网络故障诊断两个部分。

1）风机数据采集与特征提取

风机数据采集是化工生产过程维护和故障诊断的基础工作，它涉及使用各种传感器实时监测风机的关键运行参数，如振动、温度、声音和电流等。这些传感器部署在风机各个关键部位，如叶片、齿轮箱、发电机和轴承等，以确保能够捕捉到可能指示故障发生的迹象。

为了更好地训练诊断分类模型，故障诊断要求各故障类与正常类的采集数量基本相同，但是在实际的风机故障诊断分类中，往往故障样本相对于正常状态样本数据较少。若以实际数据分布情况对分类模型进行训练，由于少数类较为缺乏故能提供的信息非常有限，进而很难确定少数类数据的分布规律，最终造成分类模型训练结果对少数类的识别率低。而生成对抗网络能对少数类样本进行数据生成，平衡故障类与正常类的数据量，并提高对于少数类别的识别能力，从而提升整体模型的性能。

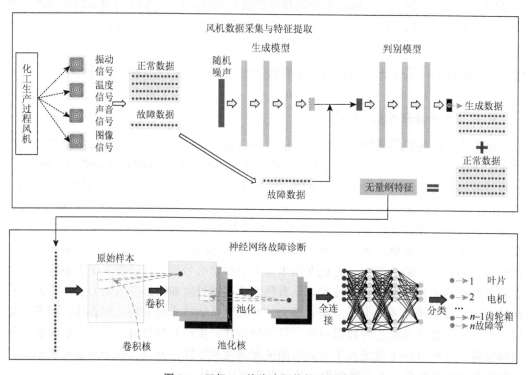

图 8-5　风机 AI 故障诊断整体诊断流程

生成对抗网络（GAN）作为一种深度学习模型，能够解决故障分类中样本数量不平衡的问题，对原始样本中的故障小样本进行扩容优化数据分布进而优化分类结果。其主要核心思想是博弈论中的纳什均衡，通过生成神经网络模型与判别神经网络模型互相对抗，从而使得生成模型学习到输入的数据分布特征，进而生成具有相似特征的新数据。两个模型通过对抗的方式不断迭代，生成模型试图生成越来越逼真的数据以"欺骗"判别模型，而判别模型则努力提高其识别能力以区分真伪数据。当生成器和判别器达到某种平衡状态时，生成器能够生成高质量的数据，判别器对生成数据的判断也接近随机猜测。此时，生成器产生的数据在统计特性上与真实数据非常接近。具体的训练流程如图 8-6 所示。

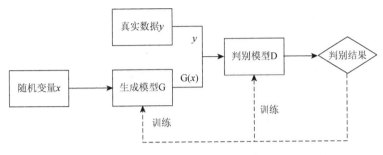

图 8-6　生成对抗网络训练流程

通过生成对抗网络扩容优化数据样本后，运用无量纲技术提取无量纲特征。无量纲特征是由两个具有相同量纲的量的比值组成，描述某一特定体系时具有一定的物理意义。而无量纲诊断技术是一种将"无量纲参数"用于设备故障诊断的技术方法，主要源于对故障信号相对敏感，信号的幅值和频率的变化对其影响较小。常用的无量纲指标有波形指标、峰值指标、裕度指标、峭度指标和脉冲指标。其中，峭度指标、裕度指标和脉冲指标对于机械设备中存在的冲击脉冲类型故障比较敏感，特别当机械设备出现早期故障时，这些指标会有明显的增加。但当上升到一定程度后，随着机械故障的不断发展，指标反而会下降，表明它们对机械早期故障有较高的敏感性，但是在稳定性方面不好。一般情况下，均方根值的稳定性较好，但是对机械早期故障信号不敏感。因此，所提取的无量纲特征作为神经网络的输入，确保所输入数据样本的可靠性和有效性。

2）神经网络故障诊断

深度学习是机器学习领域一个快速发展的新领域，能够从原始数据中挖掘出数据的深层特征，这些特征具有良好的泛化能力，克服过去 AI 领域许多难以解决的问题。而卷积神经网络则是深度学习网络中一种经典并且得到了广泛应用的网络，其包含输入层、特征提取层和输出层，其中特征提取层包括卷积层、池化层和全连接层。

风机故障诊断将生成的故障样本数据与正常样本数据折叠为二维数据作为输入信号输入卷积神经网络，每一个卷积核都可以提取特定的特征，通过训练卷积神经网络能自动提取到不同的二维特征图像。将二维特征通过全连接层可以转换为一维特征数据，再通过线性神经网络的分类能力实现对特征数据的分类，最终实现对风机的状态故障诊断。

随着技术的不断进步，神经网络在风机故障诊断中的应用前景广阔。尽管目前仍需解决模型泛化能力、数据标注成本和实时处理能力等问题，但通过不断地技术创新和实践应用，神经网络有望在风机故障诊断领域发挥更加重要的作用。这不仅将为风机行业的持续发展提供坚实的技术支撑，也将有助于推动环境保护和可持续发展的全球目标。

8.1.4　案例 3：基于人工免疫系统的石化装备故障诊断

1. 石化装备故障诊断背景

石化装备故障诊断技术及应用是一个复杂的课题和工作，它涉及机械、电子、计算机等多门学科。在实际应用中要准确判断石化装备故障发生的原因和部位，需要根据不同装备的机械特性、当前状态和故障模式特征对各种复合故障特征进行长期、反复的实验分析和实践验证，从而将应用研究的结果进一步在工业现场进行验证。

广东省石化装备故障诊断重点实验室采用自主研发的基于人工免疫系统的复合故障诊断系统在多家大型石化企业进行设备机组复合故障的在线监测、远程诊断和工业应用研究。以烟气轮机为例，烟气轮机是石化企业流化催化裂化装置中再生烟气能量回收系统的关键设备，是炼油分部节能减耗的核心机组之一，每年节能效果占全厂的 30%以上。烟气轮机工作环境极其恶劣，不但长期运行在高温（介质温度＞600℃）、高速（转速＞5000 r/min）状态，而且其中还充斥着大量催化剂粉尘等粒子。因此，烟气轮机成为石化企业故障率最高的机组之一。2012 年，广州石油化工公司轻催车间烟气轮机组共发生振动烈度报警两次，因此停机检修天数达 17 天，造成直接经济损失 2100 多万元。

烟气轮机发生的故障 80%以上是复合故障，不同故障特征相互混杂呈现出多耦合、模糊性等复杂征兆。目前故障诊断的主要方法有壳体振动监测分析法、轴身振动监测分析法、温度诊断法、声学检测法、油液分析法等，这些方法采用不同的信息源进行故障诊断，各自具有优缺点，在某些单一故障诊断上也取得了一定的成效。但是由于烟气轮机本身结构复杂，工作环境恶劣，往往是多个部件同时产生的故障现象相互重叠，这时各种方法判断结果的准确性大为降低，甚至出现结果冲突的情况。

2. 石化装备 AI 故障诊断流程

为了能够实行远程在线的大型机械设备复合故障诊断方法的应用研究，广东省石化装备故障诊断重点实验室与中石化茂名分公司、中石化广州分公司、湛江东兴石化公司等合作建立了广东石化大机组远程安全智能监测平台，如图 8-7 所示。平台以旋转机械复合故障智能诊断系统为核心。

基于远程故障检测的机组智能故障诊断系统应用研究的主要过程为通过数据采集器进行信号的采集、处理，服务器进行数据的存储与管理、数据的网上传输与发布；通过远程网络将采集到的企业用户工业现场大型设备在线实测数据传输到远程故障诊断中心，然后利用旋转机械复合故障智能诊断系统进一步分析工业现场设备工作状态、发展趋势和复合故障的特征，提供设备故障发展、发生信息及设备维护信息，从而实现工业现场设备状态趋势预测和复合故障诊断的实验验证及应用研究。

利用广东石化大机组远程安全智能监测平台，能够通过数据接口直接利用工业现场关键设备的实时数据进行在线数据分析、实验验证和方法验证；还能够通过远程故障智

图 8-7　广东石化大机组远程安全智能监测平台

能诊断系统将数据分析结果和复合故障诊断结果直接反馈到企业用户，以指导企业进行针对性的设备维护和设备管理。必要时可将经分析判断后的反馈信号直接实时反馈到设备接口，以启动设备安全保护系统或进行设备运行状态的优化控制。

8.1.5　AI 技术在故障诊断中的优势与挑战

AI 技术在故障诊断领域的应用正在快速发展，其带来的优势和面临的挑战都是多方面的。其中，AI 技术在故障诊断的优势方面。

① 高效的数据处理能力。AI 系统能够快速处理和分析来自各种传感器和监测设备的大量数据。这种能力使得 AI 可以从数据中提取细微的故障迹象，即使是在数据量巨大且复杂的情况下，也能进行有效的故障识别和分类。

② 模式识别与预测。AI 技术，尤其是机器学习和深度学习算法，能够识别正常操作与故障状态之间的模式差异。通过历史数据学习，AI 可以预测设备的未来表现，实现故障的早期预警，从而采取预防性维护措施，减少意外停机和生产损失。

③ 持续监控与实时响应。AI 系统可以实现 24 小时不间断的监控，及时响应故障事件。这种实时性对于关键基础设施的运行至关重要，可以确保系统的连续性和可靠性。

④ 自适应学习与改进。随着时间的推移，AI 系统可以通过持续学习新的数据模式来提高其诊断准确性。这种自适应能力使得 AI 系统在面对新的故障类型或变化的操作条件时，仍能保持高效和准确。

⑤ 降低人员风险。AI 可以在人类难以或危险的环境中执行故障诊断任务，如高压电网、深海设施或高辐射区域，从而保护人员安全。

面临的挑战有以下几个方面：

① 数据质量和完整性。AI 系统的性能高度依赖于训练和运行时使用的数据质量。如

果数据存在偏差、不完整或不准确，AI 模型可能无法正确学习或做出准确的预测。因此，确保数据质量和完整性是实现有效故障诊断的关键。

② 数据隐私和安全性。在处理敏感数据，如个人健康信息或工业机密时，数据隐私和安全性成为重要考虑因素。必须确保 AI 系统在收集、存储和处理数据时符合相关法律法规。

③ 模型解释性。AI 模型，尤其是深度学习模型，往往被视为"黑箱"，难以理解其内部决策过程。在某些应用场景中，如医疗诊断或安全关键领域，了解 AI 为何做出特定诊断决策是必要的，以便进行有效的沟通和责任归属。

④ 技术实施和维护。AI 技术的实施需要专业知识和技能，企业可能需要投资于员工培训或聘请专业的 AI 专家。此外，随着 AI 技术的发展，持续的系统维护和升级也是必要的。

⑤ 技术接受度。尽管 AI 技术在故障诊断中具有潜力，但推广应用还需要克服用户对新技术的接受度问题。这包括对 AI 决策的信任问题，以及对传统工作方式的变革。

综上所述，AI 技术在故障诊断中展现出巨大的潜力，能够提高故障诊断的速度和准确性，降低运营成本，并提升系统的安全性和可靠性。然而，要充分发挥这些优势，还需要解决数据质量、模型解释性、技术实施和维护等方面的挑战。随着 AI 技术的不断进步和行业对 AI 的适应，这些挑战有望逐渐被克服，AI 技术在故障诊断中的应用将变得更加广泛和深入。

8.2　AI 技术在石油勘探开发中的应用案例

石油行业一般可分为上游、中游、下游，对于石油行业的上游主要指石油勘探开发及生产的相关业务。随着石油勘探开发面临数据管理、安全管理、地下目标识别等方面难度的增加，迫切需要 AI 技术为目前石油行业面临的难题提供支撑。下面提供两个 AI 技术应用案例，一个是侧重于油田地下勘探目标的智能化识别；一个侧重于油田勘探开发数据、安全管理、多学科协同管理等方面的综合管理智能化和决策智能。

8.2.1　基于 Segnet 深度学习网络的智能河道识别

常规河道识别技术预测精度低，且不能适应地震大数据时代的解释要求。而 Segnet 网络是一种深度学习网络，在图像目标识别方面具有较好的预测精度。因此引入该网络来进行河道的智能识别，既适应了地震大数据时代对智能的需求，又提高了预测精度。

1. Segnet 网络

Segnet 网络，属于一种双向深度学习网络，由 Vijay Badrinarayanan 等研究形成。它是在 FCN 的语义分割任务基础上搭建编码器-解码器对称结构，实现端到端的像素级别图像分割，即网络输入是一个图像，输出一个图像。图 8-8 是利用 Segnet 识别河道的深度学习网络示意图，输入是基于地震数据获得的图像，输出是河道识别结果。

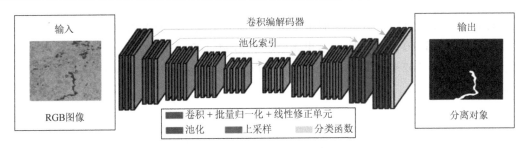

图 8-8　用于河道识别的 Segnet 网络示意图

扫封底二维码获取彩图

2. 智能河道识别的具体实现

利用 Segnet 网络进行智能河道识别时，大致包括大数据样本生成、深度学习网络构建及网络参数训练、预测效果检验、实际应用四个阶段。

1）大数据样本生成

河道的大数据样本生成是 Segnet 网络成功预测河道的关键一步，如何取得大量样本是深度学习网络需要解决的重要问题之一。这里依托实际 S 工区数据来介绍大数据样本生成。图 8-9 展示了 S 工区地震数据范围，由图可知目前所用地震数据线号为 1150～1850，道号为 3000～4000，主测线数为 701 线，联络线为 1001 线。

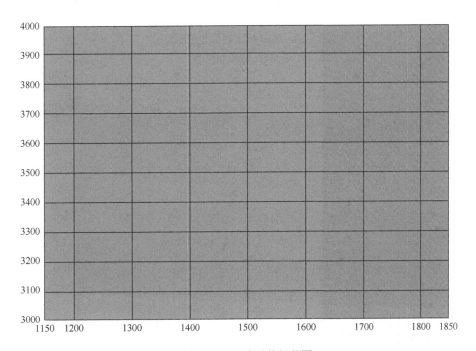

图 8-9　S 工区地震数据范围

在有了地震数据后，需要对地震数据做层拉平处理。这里主要针对 S 工区目的层两个层位之间的数据来进行河道智能识别研究，一个层位是 Grid_T02（图 8-10），另外一个层位是 Grid_T0（图 8-11）。图 8-12 展示了层拉平前的层位在剖面上的显示对比，可以看出 Grid_T02 在 Grid_T0 之上，因此这里采用基于 Grid_T02 来做层拉平处理工作。图 8-13 显示了依据 Grid_T02 拉平后的层位对比，可以看出，Grid_T02 已经被拉平，而 Grid_T0 还是起伏的。

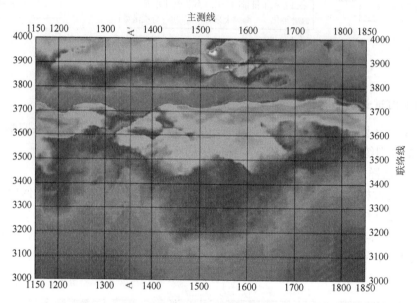

图 8-10　Grid_T02 层位的平面显示

扫封底二维码获取彩图

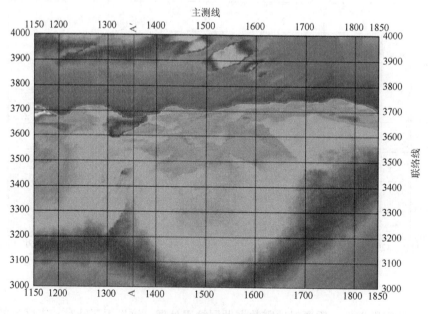

图 8-11　Grid_T0 层位的平面显示

扫封底二维码获取彩图

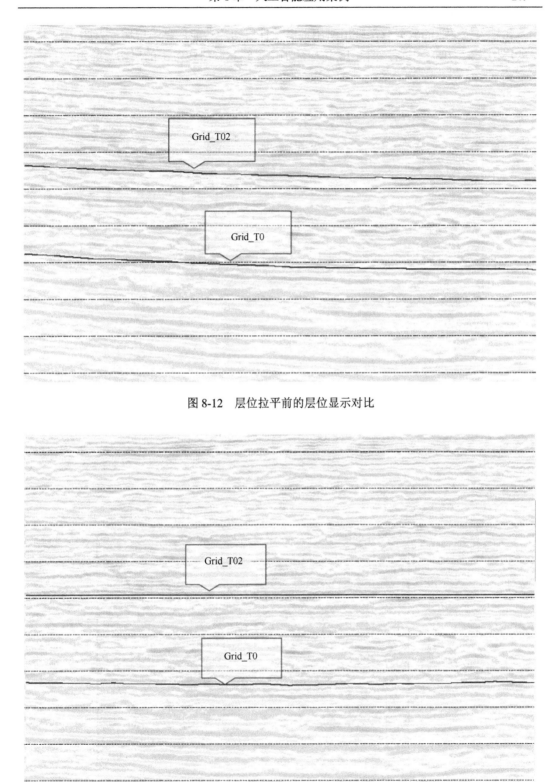

图 8-12　层位拉平前的层位显示对比

图 8-13　层位拉平后的层位显示对比

在导入拉平后的数据后，采用所用地震软件层切片功能，显示层切片。图 8-14 是显示的层切片，为便于识别，图 8-15 是标注了主测线和联络线范围的层切片显示。

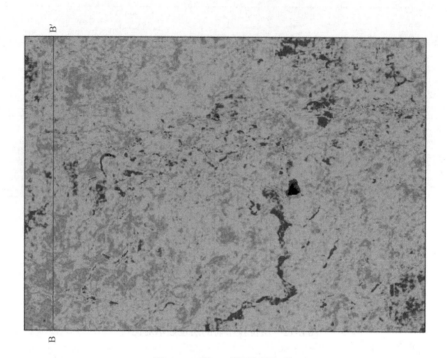

图 8-14　某一时间的层切片

扫封底二维码获取彩图

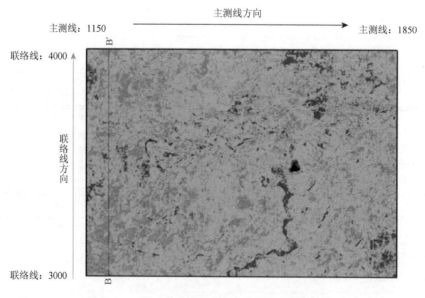

图 8-15　标注主测线和联络线方向大小的层切片

扫封底二维码获取彩图

将层切片进行保存，并依据图像软件将层切片保存为一定大小的 png 图像，如图 8-16
所示。

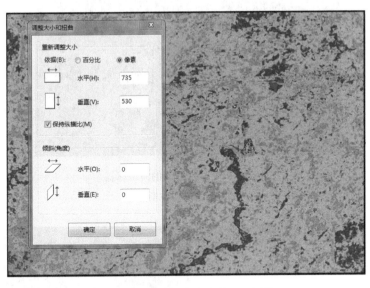

图 8-16　保存一定大小的 png 图像

扫封底二维码获取彩图

将目的层挑选几个具有典型河道的切片保存为图像，然后利用 Conada 的 labelme 来
做标签。图 8-17 展示了利用 labelme 制作标签的示意图，在该图的下方有一个明显的河
道。利用 labelme 上创建多边形区域功能对河道处勾绘出一个多边形，然后将数据进行保
存，得到具有标签的 json 格式文件，然后利用 labelme_json_to_dataset.exe 可获得标签图
像，图 8-18 是获得对应图 8-17 的标签。依据介绍的方法依次对其他图片进行解释以获得
对应标签，图 8-19 展示了另外一个图片获得的对应标签。

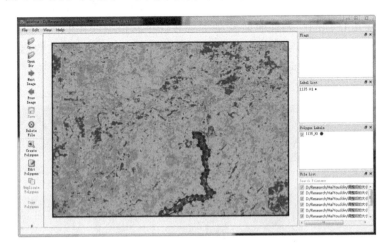

图 8-17　利用 labelme 制作标签的示意图

扫封底二维码获取彩图

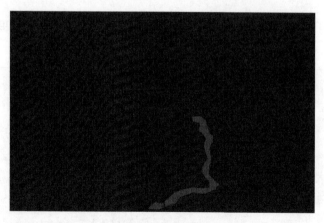

图 8-18　图 8-17 对应的河道标签

扫封底二维码获取彩图

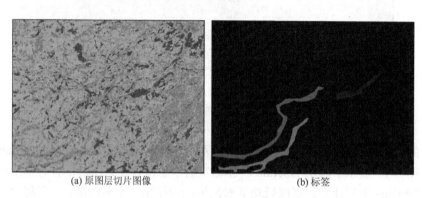

（a）原图层切片图像　　　　　　　　　　（b）标签

图 8-19　目的层其他某一时间原始图像和对应的标签

扫封底二维码获取彩图

　　人工形成样本是非常有限的，仅仅利用人工形成的样本是很难充分挖掘深度学习的潜能，也不利于进行预测，为此有必要基于现有样本获得多样化的大数据样本，研究过程对现有样本进行一定的数学变换获得大数据样本，图 8-20 是获得大数据样本中的部分数据图像和对应标签图像展示。

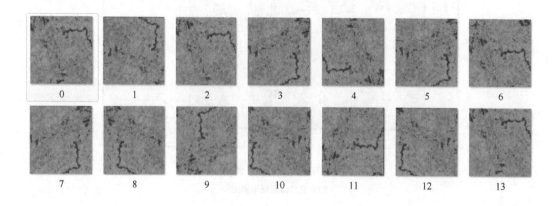

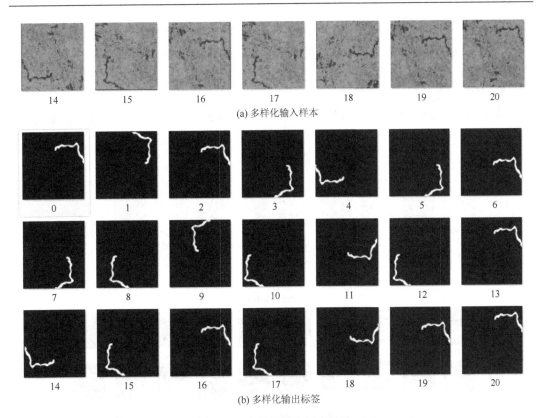

(a) 多样化输入样本

(b) 多样化输出标签

图 8-20　大数据样本部分展示

扫封底二维码获取彩图

2）深度学习网络构建及网络参数训练

对于网络构建的编码器采用了 10 个卷积层和 5 个池化层，对于解码器部分，采用了 5 个上采样层和 11 个卷积层。网络构建利用大数据样本（分为训练样本和测试样本）来对构建的网络进行训练，图 8-21 是训练样本和测试样本的预测精度对比。可以看出，随

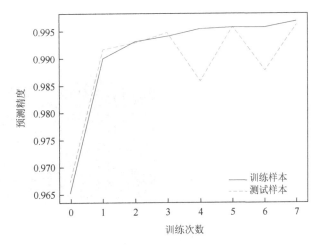

图 8-21　训练样本和测试样本预测精度对比

着训练次数的增加，训练样本的预测精度在逐渐增大，在第 7 次时，预测精度已达到 0.995 以上。对于测试样本，随着训练次数的增大，测试样本的预测精度总体也表现较好，最终预测精度达到 0.985 以上。

3）预测效果检验

图 8-22 是原始图像和预测结果对比，可以看出，预测结果基本反映图像中的河道情况。

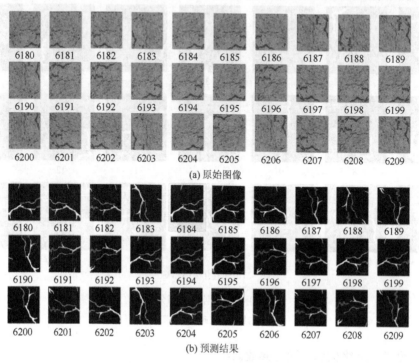

图 8-22　基于深度学习网络原始图像与预测结果对比

扫封底二维码获取彩图

4）实际地震数据的预测对比

图 8-23～图 8-25 是目的层不同时间切片和预测河道的对比，可以看出切片中有明显河道的地方基本都被预测出来。

图 8-23　时间为 1010 ms 位置的预测对比

扫封底二维码获取彩图

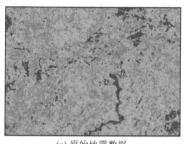
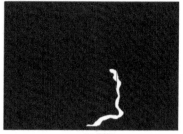

(a) 原始地震数据　　　　　　　　　　　(b) 预测

图 8-24　时间为 1136 ms 位置的预测对比

扫封底二维码获取彩图

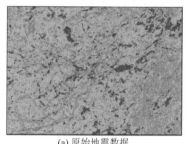
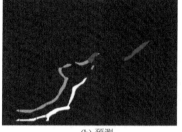

(a) 原始地震数据　　　　　　　　　　　(b) 预测

图 8-25　时间为 1258 ms 位置的预测对比

扫封底二维码获取彩图

5）基于预测效果的解释分析

图 8-26 是基于预测数据体提取的目的层 RMS 振幅属性，可以看出，该图清晰地展示了目的层段河道的分布情况。

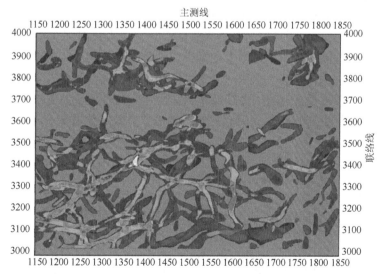

图 8-26　目的层河道展布

扫封底二维码获取彩图

8.2.2　基于 AI 的智慧油田的管理及实践

1. 智慧油田概要

1）智慧油田的定义

"智慧油田"是在"数字油田"的基础上，借助业务模型和专家系统，全面感知油田动态，自动操控油田活动，预测油田变化趋势，持续优化油田管理，虚拟专家辅助油田决策，用计算机系统智能地管理油田，基本实现油田生产过程自动化、业务管理协同化和全面信息共享，力争达到"看地图调度，听数字指挥，让数字说话"。

智慧油田的实质是"勘探、开发、生产的实时感知系统与强大协作分析资源技术的整合运营，给生产者以实现业务流程的智能辅助控制，给管理者以实现智能辅助决策管理"。"数字化、实时性、集成、优化和智能化"是未来世界智慧化石油行业技术发展趋势[17-24]。

"智慧油田"是"数字油田"的升级版本。数字油田是建立在互联网技术基础上的，而智慧油田是建立在物联网技术基础上，并且具有感知、可视化和智慧的功能。数字油田是以实现油田数据化，让计算机代替手工劳动为主要目的，而智慧油田则要利用各种业务模型，包括知识库、专家系统等，对生产和决策做出智能辅助，真正利用信息技术来研究和管理油田。

智慧油田包括信息采集、传输、处理等部分，主要是利用各种智能传感器完成现场仪表数据（如转速、震动、声音等）以及生产参数（如流量、液位、温度等）的智能采集，经过网络传输（包括 5G、NB 等）汇聚到生产指挥系统和云端服务器。一方面根据现场设备的监控数据进行远程控制，另一方面使用云计算、大数据技术处理远程的监测和视频监控信息，结合优化模型对生产指挥统一调度、预警、管控等。

2）智慧油田建设目标

国内学者姚尚林基于中石油及其下属企业的业务组成，提出中石油智慧油田建设的目标和作用（表 8-3）。其要义应为基于先进的云计算、大数据/认知计算、物联网、移动应用、人工智能等新技术，通过多专业跨部门协同工作，实现生产动态全面感知、变化趋势自动预测、生产过程自动控制、业务（节点）分析实时优化、辅助科学决策、提升效益效率，建成覆盖勘探开发、生产经营、安全环保的全领域业务链的智能化应用平台，支持智能生产管控和智能协同研究的智慧油田，有效支撑增储上产、稳油增气和提质增效。

表 8-3　智慧油田建立的目标和作用

勘探	评价、开发	生产	储运
勘探规划	评价井	生产计划	集油、集气管线运行管理
勘探方案制定	油藏精细描述	油气水井生产管理	处理站运行管理
地质调查	开发方案	油气举升	干线管网、站库建设
非地震物化探	-钻采地面经济评价	油气水井维护	输送计划
物探（二维、三维）	产能建设规划	-修井	全网监控和异常状况监测
-数据采集、处理、解释	生产井	-井下作业	运行管理
探井	-钻井、录井、测井	二次采油、三次采油	油气计量

续表

勘探	评价、开发	生产	储运
-地质设计、工程设计 -钻井、录井、测井 -试油试气 -压裂 地震解释、测井解释、地质 建模、油藏描述、圈闭评价	-试油试气 地面工程建设 　-井场建设 　-管网、站库建设 　-道路、供电、供水	增产措施 　-压裂酸化 设备管理 油气藏动态监测和模拟 开发调整方案	含水分析 管网运行维护 站库运行维护
工程技术：物探、钻井、录井、测井、试油试气、井下作业			
生产保障：供水、供电、通讯、供暖、运输			

就中石油的管理模式而言，智慧油田建设将有力助推中石油"油公司"模式改革，为油企业助力科学决策、提高勘探效率、优化开发流程、降本增效、增储上产、转变生产组织模式，对保障中国能源安全有重要而深远的意义。

3）智慧油田的特征

"智慧油田"将油田企业所有业务流程、管理流程和操作流程融合、固化到油田企业级信息化运行及管理系统中，借助业务模型和专家系统，能做到全面感知油田动态、自动操控油田活动、预测油田变化趋势、虚拟专家辅助油田决策等。从而能对整个油田所有资源进行规范化、集约化、一体化的优化配置和智能化管理，能最大限度提高新增储量、产量、采收率和效益，能实现全方位、全过程的卓越运营与安全生产。智慧油田是整个油田运行方式和管理模式的重大变革和创新。

智慧油田是一个物联网的油田。一个智慧的油田，一定是一个物联网的油田。物联网被誉为继计算机、互联网之后的第三次信息产业革命。物联网是指利用 RFID、传感器、二维码、GPS、摄像机等传感设备，按照约定的通信协议，将特定物体与信息网络、存储集控系统连接起来，进行信息交换和自动控制，以实现智能化识别、感知、定位、跟踪、监控和管理的一种网络体系。物联网在油田的广泛应用，可以让人们对油田的事物、事件全面感知，从而"运筹帷幄，决胜千里"。

智慧油田是一个信息共享的油田。全面的、系统的、高质量的、可共享的信息是智慧油田的基础。信息只有通过共享，才能最大限度地实现其价值。参与同一信息处理和应用的个体越多，信息的社会价值或经济价值增长就越快，信息的共享程度就越高。

在各种应用系统充分互联的基础上，利用信息融合、云计算、模糊识别等技术，实现区域协同、数据共享，并通过对信息和数据的分析、处理，实现客观、本质、全面的认知和判断，从而实现对油田的可视化、可测量的智能化管理与控制。

数据融合和共享就是在提高数据信息使用效率的同时，通过连点成面的方式来打破各单位、各专业部门各自建立"信息孤岛"的不利局面，建立一套科学和行之有效的智慧油田信息共享机制。

智慧油田是一个面向应用和服务的油田。智慧油田的核心是建立一个由新工具、新技术支持的涵盖油田生产、管理和居民生活的新油田生态系统。通过管理理念和管理方式变革，转变经济发展方式，实现由传统油田向新兴油田的跨越式发展。因此，智慧油田的最终目的是为油田勘探开发、油气生产、经营管理、矿区服务提供一种全新的管理手段。通过新方法的应用，提升各方面的泛在化、可视化、智能化水平，并最终推动油田的绿色环保和可持续发展。

2. 智慧油田的基本架构

"智慧油田"建设的最终目的是要在我国全面打造出世界一流、率先发展、具备自身优势的油田管理体系，这也是石油行业在全球信息化时代下的必然发展趋势。

以"智慧油田"建设的系统理论、管理理论和信息理论进行全面分析，充分借鉴国内外优秀企业在信息化和智慧化方面的成熟做法和经验，对国内外"智慧油田"建设的具体效果进行了全面概括总结，可以为未来我国"智慧油田"的建设奠定了坚实基础。

为了实现油气企业的可持续发展，构建了智慧油田的总体框架，一个完整系统的智慧油田建设应该覆盖如下：8 个关键智能化应用领域——智能战略决策、智能勘探与评价、智能油藏管理、智能生产管理、智能油气井管理、智能井场管理、智能生产保障、智能储运（图 8-27）；2 个管理中心——面向管理的一体化运行中心、面向 IT 的基于云计算的数据中心；3 类基础设施——全面的传感网络、自动采集设备、自动控制设备；3 种工作环境——自动操控环境、主动优化环境、虚拟专家辅助研究环境；3 个业务层次——决策层、管理层、操作层。通过对油气田生产特点进行分析，梳理出智慧油田建设业务流程框架[25]（图 8-28）。

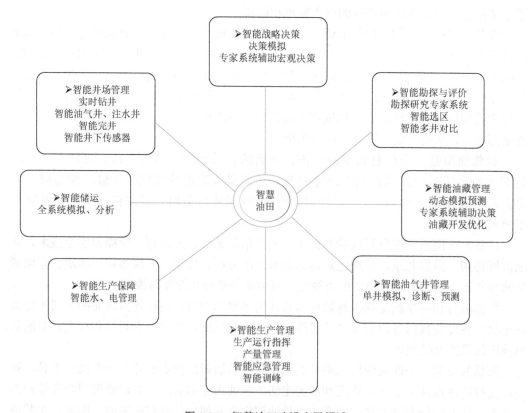

图 8-27　智慧油田建设应用领域

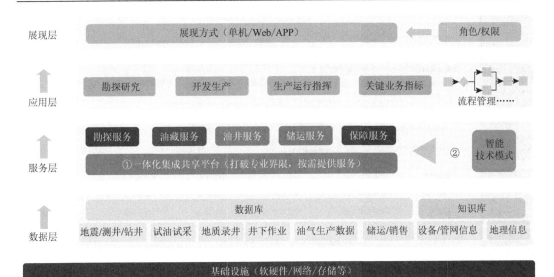

图 8-28 智慧油田 IT 实现框架

百度网络科技公司，联合中国石油大学（华东）及安东科技公司，建立了百度智能云"智慧油气田解决方案"（图 8-29～图 8-31）。旨在借助 AI、大数据、IoT 等技术；构建智慧油气大脑，实现勘探开发、油气生产、管道储运、炼化销售、设备管理、HSE 管理、协同研究、经营管理等油气行业智能化应用，助力油气企业数字化转型、智能化发展[25]。

智慧油气田愿景
作业标准化、生产可视化、运营一体化、研究协同化、管理精益化、市场生态化

智慧油气大脑-AI	智慧油气血液-大数据	智慧油气神经-IoT
全栈自主可控的AI技术能力 （昆仑＋飞桨） AR/VR、百度地图 视觉分析＋数据分析	端到端开源开放高性价比大数据平台 全球最大的中文搜索引擎 知识图谱	领先的云基础设施，公有、私有部署 天工（IoT） 边缘计算

客户价值

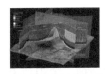

智能地下　　　智能井筒　　　智能地面　　　智能生产　　　智能经营
构造、圈闭、油气藏　钻井、录井、测井　场站、设备、安全　能耗、质量、工艺　研究、效益、决策

图 8-29 智慧油气田价值主张

打造智能地下、智能井筒、智能地面、智能生产和智能经营场景应用，实现作业标准化、生产可视化、运营一体化、研究协同化、管理精益化、市场生态化的智慧油气田发展愿景

图 8-30　智慧油气田总体架构

构建智慧油气田 N＋1＋1＋N 的总体架构，实现勘探开发、油气生产、管道储运、炼化销售、设备管理、HSE 管理、协同研究、经营管理、综合办公等油气行业智能化应用

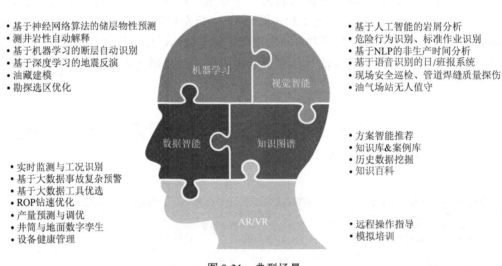

图 8-31　典型场景

借助机器学习、视觉智能、数据智能、知识图谱、AR/VR 为核心的 AI 能力，构建油气行业典型应用场景

3. 智慧油田建构的支撑技术

　　智慧油田是在数字油田的基础上，通过实时监测、实时数据自动采集、实时分析解释、实施决策与优化的闭环管理，将油田上游勘探、开发、油气井生产管理、工程技术服务、集输储运、生产保障等各业务领域的油气藏、油气井、数据等资产有机地统一在一个价值链中，实现数据知识共享化、生产流程自动化、科研工作协同化、系统应用一体化、生产指挥可视化和分析决策科学化，提高油气田生产决策的及时性和准确性，达到节约投资和运行成本的目的。

将油田生产的自动化与信息化相结合，将物联网技术、大数据技术和云计算技术应用到油气生产流程中。通过先进的实时传感系统和网络系统，把先进的实时传感设备、自动控制设备、视频监控设备等，部署到井下、井口、计量间、注水站、联合站及井区厂区、集输管网和车辆等位置，对油气藏、计量间、油气站库、油气水井等资产动态实时监测、实时数据自动采集。通过物联网技术实现各类设备、人员、井筒等的信息交换与通讯，以实现智能化识别、定位、跟踪、监控和管理。

因而，物联网技术、大数据技术和云计算技术构成了智慧油田的技术基础。其中，物联网是智慧油田的基础，物联网是大数据产生的催化剂，大数据源于物联网应用。智慧油田的衡量指标由大数据来体现，大数据促进智慧油田的发展。大数据和物联网技术的应用是石油行业信息化深入、IT 与业务深度融合的必然趋势，应用物联网技术和大数据技术全面优化信息资源是智慧油田建设的必由之路。

1）物联网技术

物联网是通过传感器、射频识别技术、全球定位系统等信息传感设备，按照协议，采集任何需要监控、连接、互动的信息，通过各种可能的网络接入，实现物与物、物与人的连接，从而实现对物品和过程的智能化感知、识别跟踪、监控和管理。

通过物联网技术，重在开发油井现场的智能采集与控制系统，在井场、管道或者设备上部署各种传感器，实时监控油田开发过程中的生产参数以及设备运行的工作状态。利用服务器后台分析处理油气水井的各种生产数据，并将处理结果反馈到现场仪表控制器，也可以将一些简单的处理过程集成在现场仪表控制器上，对生产全过程实现全天候、无死角的监管，达到对井场自动感知、远程操控的目的。

物联网技术在"智慧油田"的主要应用体现在以下三个方面：

数据采集与监控：物联网技术实现油田设备数据的实时采集与监控，提高生产效率和安全性。

远程控制与管理：通过物联网技术，实现对油田设备的远程控制和管理，降低运营成本。

智能化决策支持：物联网技术为油田提供智能化决策支持，优化生产流程，提高经济效益。

2）大数据技术

大数据是指无法在一定时间内用常规软件工具对其内容进行抓取、管理和处理的数据集合。大数据技术具有较强的规模性、数据处理速度高、处理方式多样等特点，是信息领域颠覆性技术之一。

在石油行业的上游和中游应用大数据分析结构化及非结构化数据具有十分重要的意义。对石油开采过程中产生的数据多维度的深入分析，将有助于快速发现石油、降低生产成本、提高钻井安全性、增大产量等。大数据将在下列石油生产领域应用发挥巨大作用。

大数据技术应用于"智慧油田"，主要体现在以下三个方面：

数据采集技术：通过传感器、仪表等设备实时采集油田生产数据，为数据分析提供基础。

数据处理技术：利用云计算等技术对海量数据进行存储、清洗、转换和挖掘，提取有价值的信息。

数据可视化技术：通过图表、图像等方式将数据分析结果可视化，帮助决策者更直观地了解油田生产情况。

例如，在勘探阶段，通过大数据技术，可以很好地对数据进行全面处理。比如采取模式识别的方法，可以在地震数据采集过程中取得一个更加全面的数据集，相关专家就可以通过识别这些数据更加科学地指导地质勘探工作。在开发阶段，大数据技术可以帮助相关人员进行石油天然气公司的评估。尤其是相关企业在涉及地理空间信息以及油气信息报道方面，涉及非常多的数据和信息，利用大数据技术可以更加智能化地开发油气水井，加强整个企业的综合实力，提高相关企业的行业竞争力。

3）云计算技术

云计算是分布式计算的一种，指的是通过网络"云"将巨大的数据计算处理程序分解成无数个小程序。然后，通过多个服务器组成的系统进行处理和分析这些小程序，并将得到结果返回给用户。

云计算具有很强的扩展性和需要性，可以为用户提供一种全新的体验，云计算的核心是可以将很多的计算机资源协调在一起。因此，使用户通过网络就可以获取到无限的资源，同时获取的资源不受时间和空间的限制。

云计算指通过计算机网络（多指因特网）形成的计算能力极强的系统，可存储、集合相关资源并可按需配置，向用户提供个性化服务。

云计算技术应用于"智慧油田"，主要体现在以下三个方面：

数据存储与处理：云计算技术为智慧油田提供海量数据存储和高效处理能力，保障数据安全和可靠性。

远程监控与管理：通过云计算技术，实现油田设备的远程监控和管理，提高生产效率和降低运营成本。

数据分析与预测：云计算技术助力智慧油田进行数据分析与预测，为决策提供科学依据，优化生产流程。

4. 秦皇岛 32-6 智能油田建设实践

秦皇岛 32-6 智能油田是 1995 年在渤海领域发现的一个亿吨级大型稠油油田，位于渤海湾中部，海域水深 19.6 m。该油田含油面积为 39.7 km^2，油藏埋深为 1 000～1 500 m，探明储量约为 17 034 万 t，预计累计可采储量为 3 230 万 t，是渤海已开发了 20 年的老油田。为了进一步挖掘老油田产能，提高生产效率，中国海洋石油集团有限公司（简称"中国海油"）采用先进的技术平台，将信息技术与油气生产核心业务深度融合，使这个 20 年的老油田具备了全面感知、整体协同、科学决策和自主优化等显著的智能特征。

为贯彻关于推进数字经济与实体经济融合发展的重要指示精神和落实国务院国资委加快推进国有企业数字化转型的部署，2020 年初，中国海油正式下发《集团公司数字化转型顶层设计纲要》和《智能油田顶层设计纲要》，提出了"一个平台、两套体系、三朵云、四项能力、五大提升"的数字化转型总体蓝图。愿景是基于集中统一的数据资产化管理，打造感知洞察、智能控制、协同共享、互联创新数字化能力，构建纵向贯通、横向联通、内外融通数字化生态，建成"智慧海油"。并提出以"秦皇岛 32-6 智能油田建设"为突破口，探索智能化发展的新路径[26]。

经过一年多的建设历程，2021 年 10 月 15 日，秦皇岛 32-6 智能油田（一期）项目全面建成投用，也是我国首个海上智能油田建设项目。秦皇岛 32-6 配备了智能安全管理系统，通过应用 UWB 定位、AI 人工智能识别、角位移感知等技术，融合三维数字引擎实现海上平台人员精准定位、视频智能报警、风险分级管控、应急状态联动，对人的不安全行为、物的不安全状态、管理漏洞自动报警，实现安全管理智能化。

该油田应用云计算、大数据、物联网、人工智能、5G、北斗等信息技术为传统油田赋能，实现流程再造，在渤海湾打造了一个现代化、数字化、智能化的新型油田。将数字技术与油田业务深度融合，以陆地生产操控中心为枢纽构建海陆协同运营模式，为油田安全环保、油藏注采、设备设施、生产工艺等业务运营管理提效赋能。作为中国海油数字化转型标杆示范项目，该项目形成海上智能油田建设全栈解决方案，探索"智能、安全、绿色、高效"的新型海上油气开采运营模式，为中国海油智能油田全面建设贡献示范价值。

以"平台化 + 协同化 + 敏捷化 + 国产化"为建设思路，依托中国海油生产云平台和数据湖平台，围绕油田生产运营业务实际需求和挑战，开展智能油田业务方案设计、系统功能实现，形成从海上到陆地"端、边、云"完整技术架构，构建"数据 + 算力 + 算法"智能化应用技术体系，以微服务沉淀业务能力构建业务中台雏形，从集中式架构向分布式架构转变形成海油版工业互联网平台。

项目全力打造具有海油特征，以网络为基础，以数据为核心，支撑业务应用，构建工业互联网平台及新技术体系，为中国海油智能油田建设提供了一套可借鉴和推广复用的全栈式解决方案。

实现了云计算、大数据、物联网、人工智能等技术与油气开采流程融合。设备故障信可通过实时监测和大数据，提前形成风险预警，把设备维修成本控制到最低。实现了油藏、注采和设备设施的智能化管理以及远程操控管理，从而实现海上油田无人化少人化、油藏研究可视化。

8.3　AI 在化工与材料领域的应用

8.3.1　概述

AI 在石油化工与材料领域的应用正迅速改变这些行业的运作方式。AI 技术通过提供高效的数据分析、预测建模、过程优化和智能决策支持，帮助企业降低成本、提高生产效率、增强产品质量和安全性。推动石化行业向更高效、更智能、更环保的方向发展。随着技术的不断进步，未来 AI 将在这些领域扮演更加重要的角色。

8.3.2　案例 1：AI 在化学合成中的应用

1. RoboChem 机器人

荷兰阿姆斯特丹大学开发了一款自动化学合成 AI 机器人 RoboChem（图 8-32），通过集成现有的商业化硬件、自定义软件和闭环的贝叶斯优化算法，实现对光催化反应的全自动化运行，即自主优化、过程强化和规模化合成，并且在速度和准确性上均超过人类化学家，有望用于药物合成和能源领域。这款 AI 机器人可以在任何有机合成化学实验室中获得应用，相当于对用户掌握光催化方法的程度放宽了要求。

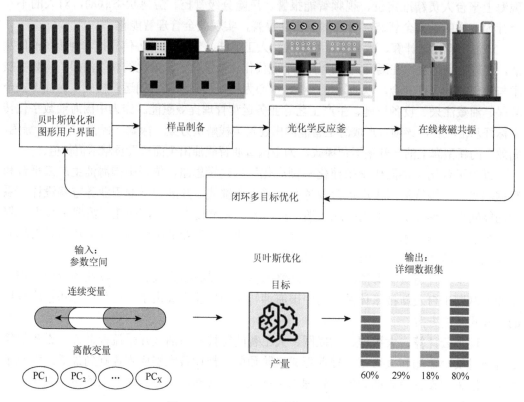

图 8-32　RoboChem 台式机器人平台

RoboChem 台式机器人平台主要涵盖以下三个部分，分别是硬件控制器、贝叶斯优化算法规划器和用户界面，具体如下。

硬件控制器：主要负责反应溶液配置、实验执行和在线分析；

贝叶斯优化算法规划器：主要是选择反应参数，并将其传达给控制器开展实验，而后在分析反应参数和结果的基础上，推荐下一个实验参数，直至得到最优条件；

用户界面：主要是帮助没有编程基础的研究人员更好地操作平台，让他们仅输入必要的参数，就能启动整个优化流程，并对该进程进行实时观察。

2. GNoME 机器人

来自 Google DeepMind 的研究团队实现了突破。他们开发了材料探索图像网络（graph networks for materials exploration，GNoME）的深度学习工具，GNoME 能够通过大规模地主动学习，提高发现新材料的效率，如图 8-33 所示。GNoME 发现了超过 220 万种晶体结构，其中包括 38 万种添加至材料项目（Materials Project）的稳定结构。其中，GNoME 对稳定结构的预测准确率提高到 80%以上。这近 40 万种新型稳定化合物的晶体结构与稳定性信息，大幅提升了科学家可以利用的信息量。

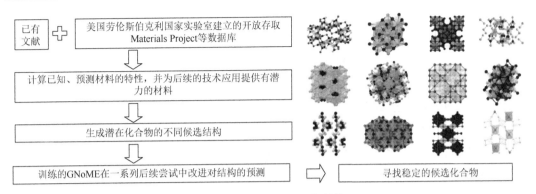

图 8-33　GNoME 的思维逻辑

8.3.3　案例 2：AI 在化工数据采集与处理中的应用

随着人工智能技术以及 5G、物联网等信息技术的飞速发展，传统石油化工行业目前正在经历信息化与智能化的巨大变革[27]。炼油生产过程的安全高效运行和节能增效是至关重要的。在此方面，很多的先进控制、软测量、优化技术得到应用，这将成为解决炼油企业先进控制实施应用难题的一条有效的新途径[28]。

汽油调合过程是炼油厂生产的一个重要环节，直接影响着企业的利润率也关系到节能环保等方面。其优化调度问题是一个有约束的非线性优化问题。遗传学算法被广泛用于科学研究和工程应用等领域，但由于遗传算法存在一些不足，例如局部搜索能力较弱、进化后期种群个体相似度高、易早熟收敛等。这些不足导致遗传算法无法找到真正的全局最优解，还可能引发算法稳定性和可靠性的问题。DNA 遗传算法是在遗传算法的基础上，受 DNA 生物特性和 DNA 计算发展起来的，它极大地丰富了遗传操作，为遗传算法的进一步发展提供了新的途径。为了克服遗传算法容易陷入局部最优点、易早熟的缺点，袁桂霞等[29]提出了将问题的潜在解编码为四进制碱基串，并利用碱基间的互补性等生物特征，将 DNA 分子操作等引入常规遗传算法来设计新的交叉、变异算子，从而提高遗传算法的搜索性能。

目前国内陆上各大油田处于高含水开发期，地层压力和油井流压偏低，油井普遍呈现脱气状态，大多数油气井都为油气水三相的混合流动状态[30]。多相流动特性复杂，而且相间存在界面效应和相对速度，致使参数检测难度较大。在低流速、高含水的条件下，开展油气水三相流分相在线测量。由于油气水三相流各相间存在着多变的相界面，流体之间存在分布上的不均匀性和流动状态的非稳定性，因此采用动态分离技术测量油气水分相流量，对多传感器采集的数据进行融合，对多相流的相态组合进行在线辨识，如图 8-34 和图 8-35 所示。

与此同时，为识别流体相组合流态，提出了基于多传感器特征提取的方法。利用多传感器采集不同测量阶段油气水三相流各分相的实验数据，采用小波变换分析实验数据。提出基于最小错误率的贝叶斯算法进行模式识别，实现对出口流态的在线辨识，为分相流量测量打下基础。实验结果表明，本测量方法适用于油气水三相流测量，在线流态识别模型可以实现油气水组合流体的识别，实现了较高的分相流量测量精度。

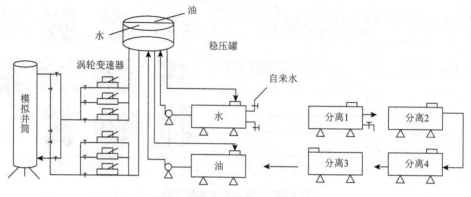

图 8-34　油气水三相流测量系统

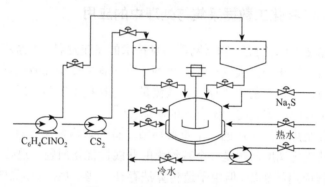

图 8-35　动态实验装置示意图

8.3.4　案例3：AI在石油化工复杂生产过程建模中的应用

文献[31]在状态变量部分不可测的间歇反应器的智能建模中提出一种智能化的神经网络建模方法，建立状态变量部分不可测的间歇反应器模型，如图8-36和图8-37所示。

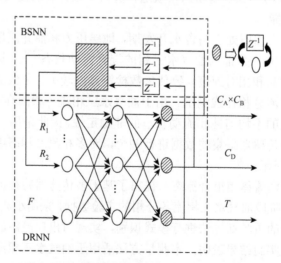

图 8-36　间歇反应的结构逼近式神经网络模型

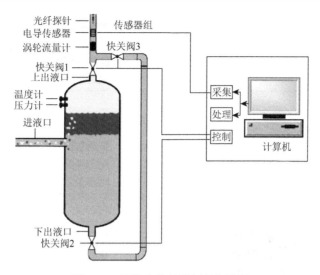

图 8-37　橡胶硫化促进剂制备过程

针对间歇反应是一个非线性和非稳态过程，根据化学反应的非线性分离特性，采用结构逼近式神经网络构建模型的拓扑结构。利用反应的先验知识优化网络结构，赋予网络节点实际的物理意义，并完善网络训练过程，使建模过程灰箱化。通过假想教师-人工免疫训练算法，解决不可测变量影响常规网络训练的问题。通过并行优化假想教师和网络权值，提高建模精度。以实际橡胶硫化促进剂制备的间歇缩合反应为考察对象，详细论述了建模和网络训练的过程，证明了方法的有效性。

　　随着人工智能技术和配套数据系统的快速发展，化工过程建模技术达到了新的高度。首先，将多个机理模型和数据驱动模型以合理的结构加以组合得到混合建模方法，可以综合利用化工过程的第一性原理及过程数据，结合人工智能算法以串联、并联或者混联的形式解决化工过程中的模拟、监测、优化和预测等问题。建模目的明确，过程灵活，形成的混合模型有着更好的整体性能，是近年来过程建模技术的重要发展趋势[32]。此次，围绕近年来针对化工过程的混合建模工作进行了总结，包括应用的机器学习算法、混合结构设计、结构选择等关键问题，重点论述了混合模型在不同任务场景下的应用。指出混合建模的关键在于问题和模型结构的匹配，从而提高机理子模型性能，获取高质量宽范围的数据，深化对过程机理的理解，形成更有效率的混合建模范式，如图 8-38 和图 8-39所示。这些都是现阶段提高混合建模性能的研究方向。

　　混合建模技术是化工智能化建设中的强力工具，其结构易于扩展的特性更适用于解决工业实际问题，在化工智能化建设中有着无可取代的地位。在可预见的未来，随着软硬件水平、多学科知识的进一步发展，混合模型的性能还会提高，模型应用场景会进一步扩大。目前我国仍处在实现"智能制造"的前半场，对混合建模方法的研究可以强化学科、领域及技术间的合作，为智能化建设打下坚实基础。

　　然而，烧结过程是一个复杂的物理、化学反应过程，存在大滞后性、强非线性、多目标、多约束条件等控制难点[33]。为了实现铁矿石烧结过程中混合料料槽料位和烧结终点这两个关键参数的综合控制，提出了一种基于优先级的协调优化控制方法。首先，通

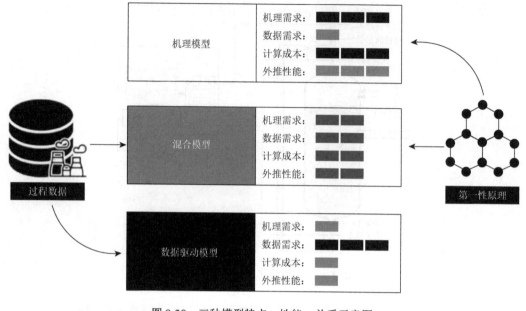

图 8-38 三种模型特点、性能、关系示意图

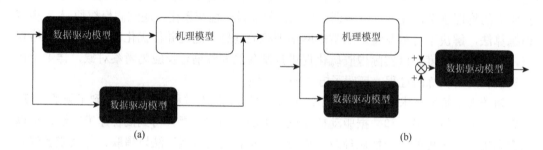

图 8-39 常见的串/并联混合模型结构示意图

过综合运用神经网络预测和模糊控制，建立烧结终点的智能控制模型；同时，为了稳定混合料料槽料位，分析影响料槽料位的主要因素，基于专家知识建立了混合料料槽料位的专家控制模型；然后，通过构造基于优先级的协调优化控制模型，在优先级控制的基础上采用软切换控制，将两个控制器相结合，获得最适宜的速比以及台车速度增量，实现烧结生产过程的协调优化控制。最后，针对该协调控制策略，设计了其工厂实现方案，如图 8-40 所示。

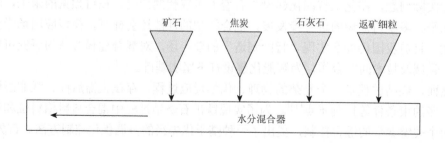

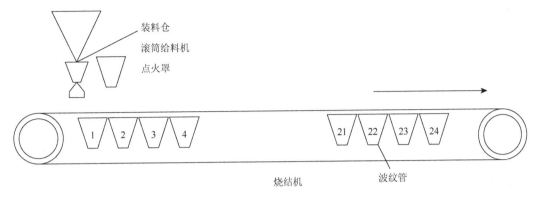

图 8-40　烧结生产工艺流程

8.3.5　案例 4：AI 在石油化工生产过程及供应链优化上的应用

在石化工业领域，生产过程及其供应链的优化被视作一项综合性系统工程，其核心在于运用尖端的信息与人工智能技术，对化工生产流程及供应链管理体系实施深度融合与智能化升级。这一进程旨在提升生产效率、降低运营成本、增强供应链的透明度与敏捷响应能力，并在此基础上增强整个系统的安全性与可持续性。

针对优化技术的研究与应用已成为企业提升经营效益的关键策略。在此基础上，构建精确的系统模型成为实现有效优化的必要前提。通过这些综合性措施，石化企业能够在激烈的市场竞争中保持领先地位，同时为实现工业的可持续发展目标做出积极贡献。

1. 生产过程优化

在生产过程的优化方面，主要涉及实施生产数据的实时监控与深入分析、采纳预测性维护策略、推进自动化与智能化控制、优化能源消耗管理以及采用计算模拟进行流程优化等关键领域。

文献[34]开发了一个智能系统，使用遗传算法来优化压裂方案的经济性，如图 8-41 所示。该系统通过随机生成多个压裂方案，并利用杂交和变异方法优化这些方案的设计

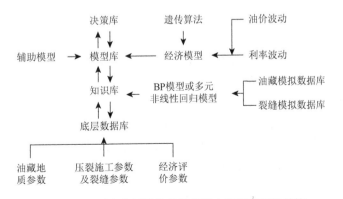

图 8-41　压裂方案经济优化的智能专家系统逻辑结构

参数。经过多代优化，系统能够根据经济净现值对方案进行排序，从而选出最佳方案。系统还考虑了油价和利率的波动，使其更贴近实际。现场应用表明，这种方法比传统优化技术更有效。文献[35]通过混合遗传算法优化 BP 神经网络，避免了局部最优问题，提高了网络的收敛速度和稳定性，用于物性数据预测，效果优于 Joback 方程和许氏方程等传统方程。

文献[36]对炼油生产过程的神经网络智能优化控制技术进行了分析和研究，并在炼油生产装置上进行实验。对石油化工生产过程控制而言，把生产过程中来自各种测试仪器的物理量（如不同测试点的温度、压力、流量、密度、浓度、残炭、干点等等），加载到已经训练的神经网络后，网络能及时预报异常情况的出现，通过调整控制点的方法制止异常情况的发生。文献[37]围绕炼油过程生产特性，研究了其静态调度优化问题，建立了集成启发式规则的混合整数规划调度优化模型，对生产特性性能进行了定量化表达和评价，以实现生产利润和生产特性性能的综合利益最大化。文献[38]设计了基于深度学习的单时间段生产任务（组分油产量）预测模型，用于协调子问题的求解。其中，生产任务预测模型通过易于获得的小规模问题的全局最优调度方案训练得到。最后，通过与商业求解器 Cplex 以及现有算法的对比，实验结果表明了所提算法的有效性。

文献[39]运用模糊规划理论，针对传统的油品调合技术，建立了油品调合模糊单目标线性规划模型、模糊多目标线性规划模型，转化为普通线性规划后用单纯形法进行求解，对油品调合进行优化可以给炼油厂带来显著的经济效益。文献[40]提出了基于神经模糊模型的间歇过程产品质量控制方法，通过新的约束条件和数学证明，提高了产品质量的收敛性。文献[41]建立了化工过程生产计划优化的混合整数非线性规划模型，并给出相应的迭代求解算法，实际应用表明该算法可以有效地求解模型。如图 8-42 所示，化工企业使用的生产计划图形建模优化系统（GIOCIMS）的实施表明，该系统在化工企业中间产品外购或自产、中间产品外销或深加工、工艺路线选择和装置负荷等优化方面发挥了重要作用。文献[42]针对流程工业的实际情况，建立具有常减压、催化裂化、溶剂油装置和气体分离装置 4 个单元的炼厂全流程非线性规划优化模型。为使目标函数即炼厂的利润最大或是成本最小，对决策变量为各装置产品的产量进行优化排产，协调控制原料与产品的库存。

2. 供应链优化

在供应链优化领域，重点则放在物流效率提升、构建供应链协同平台、精确需求预测与库存管理、供应链管理（SCM）与区块链技术的透明化应用以及全面的风险管理。智能化和数字化转型为制造业供应链创新提供了强大的动力和支持，有助于企业提高供应链的效率和可持续性，提高企业的经济效益。在数字化转型的过程中和供应链的发展中，石油企业快速提高其运作透明程度，无论是采购、库存管理，还是销售，均有利于促进供应链的完善及优化。石油企业供应链发展下的物流数字化转型，对发展石油企业的物流供应链非常有利[43]。

文献[44]针对市场需求等不确定因素的影响，考虑到炼厂生产调度过程中能耗和库

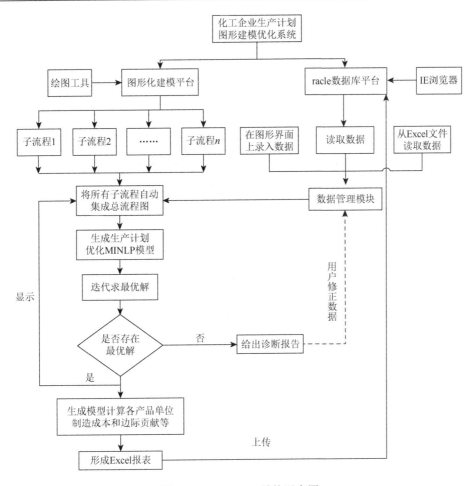

图 8-42 GIOCIMS 结构示意图

存的约束要求等实际情况，应用供应链管理思想，建立炼厂生产与库存非线性规划优化模型。为使目标函数即炼厂的利润最大或是成本最小，对决策变量为各装置产品的产量进行优化排产。文献[45]应用炼化一体化多厂过程工业模拟系统（MPIMS），通过整合两个以上的炼油或化工单厂过程模拟系统（PIMS），利用线性规划和 Base + Delta 等方法对生产过程进行线性化处理，以求得炼油与化工联合运营的最优解，从而提升整体价值。通过优化原油选择和物料流向等策略，增强一体化的综合效益。文献[46]充分利用现有 PICIO 数字化、智能化技术手段，实现石油产业链一体化优化，该系统可基于浏览器实现可视化建模、模型运算等全部操作，建立了石油产业链上下游一体化优化的 NLP 模型，并提出一种变步长的分布递归求解算法和复合最优下降判定策略，如图 8-43 所示。文献[47]以平衡计分卡（BSC）理论为基础，结合可持续发展理念的三重底线（TBL）理论，构建双重准则的评价指标体系，并提出新型的两阶段云模型集成评价方法模型，充分考虑定性语言评价的模糊性和随机性，从而在综合绩效好前提下选出绿色表现最佳的供应商，最后借助 MATLAB 编程软件验证了方法的可行性和有效性，并基于 BSC 理论和 TBL 理论形成了供应商的特质评价。

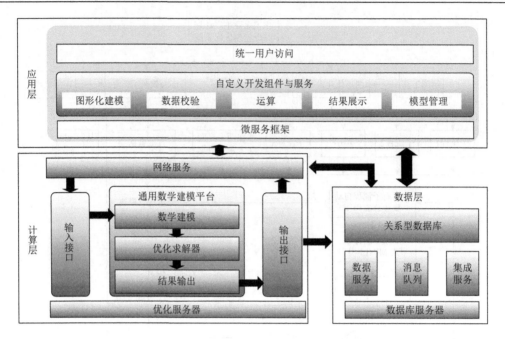

图 8-43　石油产业链一体化优化系统技术架构

建设智能供应链管理体系，如图 8-44 所示。支撑从原油资源的采购、原油配送、炼

图 8-44　石化智能供应链管理体系

油加工、化工生产、成品油配送、化工产品配送、销售及物流的全产业供应链的横向集成，打造可视、可控、可追溯的智能化供应链运营体系。建设协同共享的智能物流服务平台，支撑原油、成品油、化工品等运输和仓储的整个业务环节的协同优化。提高供需平衡、资源流向、运力结构等方面的智能分析和决策能力，实现企业内部供应链协同优化向全产业供应链协同优化发展，促进供需匹配和产业升级[48]。

人工智能技术在石化行业生产与供应一体化发挥着至关重要的作用，通过机器学习和深度学习等先进算法，实现了生产效率的提升、能源消耗的优化、设备维护的预测性改进以及安全风险的有效控制。此外，AI 技术还助力于精确的原料需求预测和库存管理，提高了供应链的响应速度和准确性，降低了运营成本。在新产品研发方面，AI 加速了从概念到市场的进程，同时为企业提供基于数据的决策支持，增强了市场竞争力和环境可持续性，推动了石化行业的智能化和高质量发展。

8.3.6　案例 5：AI 在化工安全预测预警方面的应用

化工行业作为国民经济的重要组成部分，其安全生产直接关系到人民生命财产安全和社会稳定。化工生产过程中涉及的原料、中间产品和最终产品往往具有易燃、易爆、有毒、有害等特性，一旦发生事故，后果严重。通过建立化工安全预测预警系统，可以及时发现潜在的安全隐患，采取预防措施，避免事故的发生。

通过图 8-45 可以看出，近 20 年来国内外聚焦化工园区安全管理的文献数量逐步增加，尤其是近 10 年，文献产出数量显著增加。这说明随着化工园区的快速发展，安全管理相关研究的数量也逐年增加[49]。

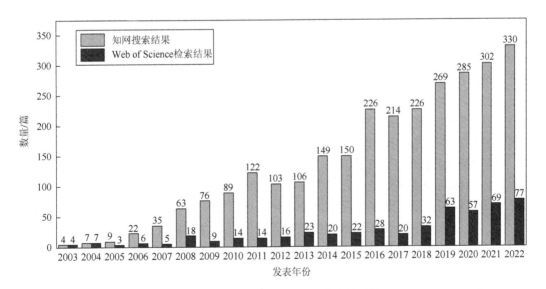

图 8-45　2003～2022 年化工园区安全管理情况

在化工生产中，自动化控制系统主要是在计算机程序操控下运行，严格执行预设模型和计算逻辑，实现化工设备的自动化控制，各环节紧密衔接进行。但如果程序异常，设备发生故障，则会导致自动化控制系统运行混乱[50]。对于此类问题，应用 AI 技术实时监测自动化控制系统运行状态，收集数据自主学习和判断，在检测到潜在的异常或故障时，及时发出预警信号。这种预警可以帮助操作人员提前采取措施，避免事故的发生。预警系统不仅可以减少生产中断的风险，还可以降低潜在的安全事故对人员和环境的影响。

文献[51]在智能化工安全分析领域取得新突破。化工安全预测预警软件通过深度学习技术，捕捉工艺变量的深层特征，智能、定量评估工况的风险等级并制定控制方案，成功填补了国内在人工智能应用于化工安全领域的空白，并在安全预警方面弥补了人工及自控系统的不足。文献[52]则通过分析目前深度学习在工业场景视觉监管领域应用存在的问题，开发了基于深度学习的小样本机器视觉视频分析模型及算法。以危险化学品企业重点监管对象为主要分析目标，实现不少于 10 种视觉智能分析算法，对易导致事故发生的人的不安全行为和物的不安全状态进行实时监测管控。

随着世界各工业强国工业智能化改造战略的提出，通过"大数据 + AI"解决传统化工行业问题和技术瓶颈成为新一代化工建设探索的主要方向。研究结果表明，当前工业界和学术界基于神经网络强大的非线性拟合能力实现生产模型建模和机器视觉系统，用以解决传统化工安全环保生产中面临的难点问题和技术瓶颈，提高化工行业的智能化水平[53]。总之，"大数据 + AI"在化工行业的应用策略和模式对于推动行业的高质量发展具有深远的影响。这不仅能够提升企业的运营效率和创新能力，还能够促进整个行业的转型升级，为实现可持续发展目标提供强有力的支持。

8.3.7　案例 6：AI 在化工园区智能化方面的应用

化工园区是我国化工行业高质量发展的重要载体和平台，截至 2022 年 9 月，全国 27 个省级单位已认定 636 个化工园区，涵盖石油化工、煤化工和精细化工等产业类型。化工园区智能化则是利用先进的信息技术和制造技术，对化工园区的生产、管理、服务等各个环节进行深度融合和创新，实现生产自动化、管理信息化、服务智能化。

2022 年 2 月，应急管理部发布了《化工园区安全风险智能化管控平台建设指南（试行）》（以下简称《建设指南》），以有效指导化工园区和危险化学品企业建平台、用平台，运用信息数字等先进技术手段强化安全风险防控能力。

《建设指南》提出，化工园区作为化工行业高质量发展的重要载体和平台，化工企业集聚，危化品安全风险集中，尤其是在安全风险管控数字化转型、智能化升级方面存在明显短板和不足，与中国化工产业和化工园区的安全发展高质量发展不相适应。推动新一代信息技术与化工园区安全风险管控深度融合，建设化工园区安全风险智能化管控平台，对于高效推动化工行业和化工园区质量变革、效率变革、动力变革，具有重要意义[54]。

文献[55]针对当前化工园区信息化水平不足，在"安全、环保、应急、产业"几个核心业务方面缺乏智慧管理和综合服务体系，利用大数据、物联网、云计算、5G 通信和人工智能等技术，设计得到一套以"防、管、控"为核心，应用物联网、AR、AI、移动互联网等高新技术的化工园区安全风险智能化管控平台。化工园区安全风险智能化管理平台建设能够提高化工园区的安全系数，实现不同企业、不同部门、不同层级之间的协同联动，从而促进化工园区的高质量发展[56]。文献[57]则指明管控平台现存问题，其为理清上下左右协同关系，力求集成融合，管控平台建设应处理好上下左右协同关系，如图 8-46 所示。

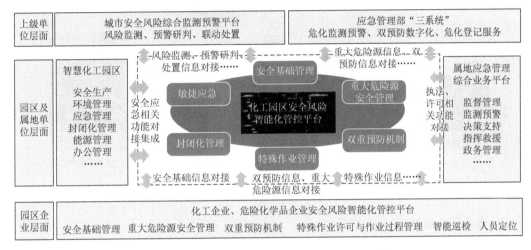

图 8-46　化工园区管控平台上下左右协同关系

8.3.8　案例 7：ChatGPT 大模型在石油化工领域的应用

ChatGPT 作为人工智能技术，已在石油化工领域渗透应用。研究者已探索 ChatGPT 在石油化工领域典型业务场景中的应用，如北斗导航辅助、北斗定位辅助、GIS 地图更新、生产趋势预测、设备智能维护等方面[58]。

1. 北斗导航辅助

目前，北斗导航技术已经广泛应用于石油化工行业的多个业务场景，例如在石油炼化厂区导航中。在这种垂直行业的特定区域内专用导航应用中，寻找目的地的最佳路线是一个重要问题。尤其在复杂的炼化厂区，行车禁区、限高行驶、道路临时封闭等因素随时发生变化，都会影响导航体验。ChatGPT 具有深度学习能力，可以在输入导航相关单词或短语的情况下生成关于导航主题的自然语言文本，为驾驶员提供实时的厂区交通情况更新和导航辅助的对话代理。ChatGPT 与厂区北斗导航 APP 小程序建立连接，导航 APP 利用北斗定位技术跟踪车辆位置与行车速度。APP 可以实时访问厂区内更新的交通信息来源，例如厂区建设新闻媒体。ChatGPT 综合使用这些行车与交通数据为驾驶员生成个性化消息，实时建立与驾驶员的导航辅助对话，从而实现高效专业的 ChatGPT 导航体验。ChatGPT 用于北斗导航辅助原理如图 8-47 所示。

与传统的导航系统相比，使用 ChatGPT 作为导航辅助，使用自然语言理解和生成技术，能够更好地理解驾驶员的意图，并提供更为贴切的自然语言对话。这使得驾驶员能够以更自然、更直观的方式与导航系统进行交互。总而言之，ChatGPT 不仅可以提供实时路况的更新和导航辅助，还可有效地提高车辆驾驶的安全性、行车效率以及驾驶乐趣。

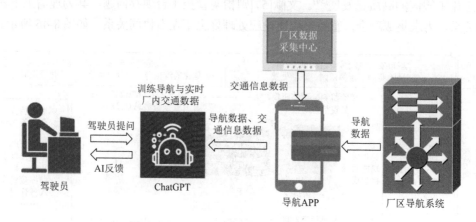

图 8-47　ChatGPT 用于北斗导航辅助原理图

2. 北斗定位辅助

目前，部分炼化企业已经部署了北斗定位相关的人员、车辆、物资等位置管理应用系统。然而，在炼化装置区、管廊等特定区域内，由于气象、金属结构等因素，北斗信号可能会变得较弱或存在信号盲区。此外，一些厂区部署的反无人机系统也可能对北斗信号造成屏蔽影响，导致在这些区域内获取人、车、物的实时定位信息时出现异常错误，给现场作业带来不利影响。为了解决这一问题，可以利用 ChatGPT 的强大学习能力，不断学习这些区域内的历史定位数据，形成一个定位信息训练数据集。这个数据集中包含北斗信号异常区域内的定位数据。当北斗信号受到干扰时，ChatGPT 可以根据这个训练数据集提供辅助定位协调，为一线作业人员提供实时的位置状态更新。ChatGPT 用于北斗定位辅助原理如图 8-48 所示。

3. GIS 地图更新

在石油化工企业中，GIS 地图已经被广泛应用。然而，目前企业普遍面临多个地图系统独立使用、地图数据资源时效性不统一、数据更新不及时等问题，难以实现地图数据资源的有效共享。尤其是对于一些业务，如厂区导航，对地图资源更新的时效性要求极高。厂区内的设施、道路和物资等情况变化频繁，需要快速在导航地图上进行标识，以满足日常使用需求。

为了解决这一问题，可以借助先进的技术手段。利用机器学习算法和人工智能技术，开发一款基于 ChatGPT 的地图扫描工具。该工具的核心是利用 ChatGPT 强大的自然语言处理能力，与厂区 GIS 地图系统进行互连。ChatGPT 用于 GIS 地图更新如图 8-49 所示。通过不断训练 GIS 地图资源数据集，ChatGPT 能够帮助用户快速检索地图上的任何物体标识。同时，该工具与卫星图像系统连接，每天学习摄取特定厂区的卫星图像数据集。通过分析厂区的卫星图像和 GIS 地图数据，ChatGPT 能够实时监测异常变化，并将这些

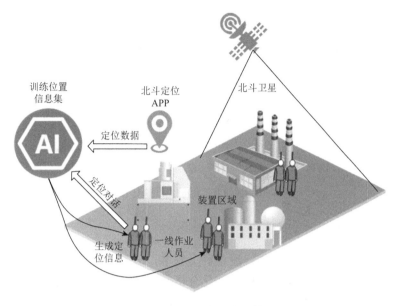

图 8-48　ChatGPT 用于北斗定位辅助原理图

变化快速扫描出来，反馈给地图管理部门。地图管理部门接收到 ChatGPT 的反馈后，可以迅速进行地图制作和发布，实现地图的实时更新。

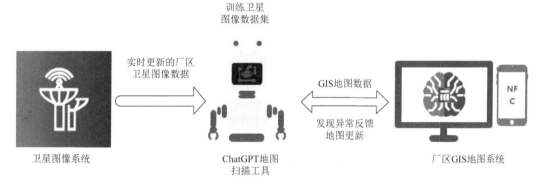

图 8-49　ChatGPT 用于 GIS 地图更新

4. 生产趋势预测

在石化企业中，生产过程面临着工单量大、工序复杂以及难以控制等问题，导致对产量与质量预测困难，生产技术升级方案的测试验证也难以进行。为了解决这些问题，企业对现有的生产过程监控系统进行数字化改造，促进生产工单、工序和过程的可视化，实时采集、清洗和处理数字化产线数据。在此基础上，使用大量生产数据进行训练，构建一个大模型。ChatGPT 训练学习生产数据后，自动化地进行生产过程分析，预测产量与产品质量，给生产管理者提供决策建议。ChatGPT 可以与数据源集成，处理和分析生产数据，并实现对应的预测分析。除此之外，ChatGPT 具有强大的自然语言处理功能，以简单的词句与系统进行交互，获取特殊的数据和技术解决方案，使生产过程真正地实现了可控、可测和可视。ChatGPT 用于生产趋势预测如图 8-50 所示。

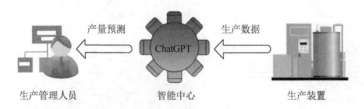

图 8-50　ChatGPT 用于生产趋势预测

5. 设备智能维护

在企业的生产过程中，由于产线设备种类繁多，故障的复现、定位和解决往往面临诸多困难，导致难以实现设备故障的自动化分析和预测。为了解决这一问题，可以部署大量传感器以采集生产设备的运行数据，如设备性能、运行状态等。在此基础上，ChatGPT 会学习设备的历史运行数据，并进行自动分析、智能判断，实现对生产设备的全生命周期的维护监控，确保设备始终处于最佳状态，实现对设备健康状况的智能化监测与预警，保障产线的高可靠性和高效率运行。ChatGPT 用于设备智能维护如图 8-51 所示。

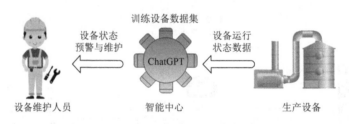

图 8-51　ChatGPT 用于设备智能维护

8.3.9　案例 8：AI 在智能配色系统中的应用

色母粒是塑料工业中广泛使用的着色剂，可为塑料制品赋予各种鲜艳的色彩。传统上，配色过程依赖于既要了解基料与着色剂的性能又要熟悉配色知识且经验丰富的调色师的直觉和反复试验，这既耗时又费力。随着机器学习技术的快速发展，智能配色（CCM）系统在彩色母粒制造配色领域展现出巨大潜力。智能配色系统的核心在于利用人工智能和机器学习技术，建立基于数据驱动的配色模型。首先是收集大量的历史配色数据，包括原料配方、工艺参数以及最终色彩效果等信息。然后运用深度学习、神经网络等先进算法，对这些数据进行分析和建模，学习出从原料及参数到最终色彩的复杂映射关系。有了这种智能配色模型，当新的配色需求产生时，只需要输入原料信息和目标色彩，系统就能自动给出最优的配方方案。这不仅大幅缩短了配色周期，而且最大程度地减少人工试制的次数，大幅提高了效率和精度。

与传统依赖调色师经验的方法相比，智能配色系统具有诸多优势。首先，它能够挖掘出人类难以发现的隐藏规律，提高配色的精确度。其次，该系统可以快速进行大量配色方案的测试和优化，大幅缩短产品的开发周期。此外，随着更多数据的积累，系统还能持续优化和改进，不断提升性能。

总之，智能配色技术的应用为塑料着色工业的色母粒生产带来了革命性的变革。它不仅能够提高配色的效率和质量，还能够降低成本、减少粉尘污染，助力传统色母粒制造产业升级。随着人工智能技术的不断进步，相信未来智能配色技术必将在更多领域发挥重要作用。

1. 智能配色系统

智能配色系统是一种利用颜料颜色特性（校准数据）的仿真软件，需要对每个客户的基础数据进行调整。智能配色系统不仅只是软件，而是结合了高精度配色软件、分光光度计、定制化基础数据库三个要素的系统产品，如图 8-52 所示。

高精度配色软件是智能配色系统的核心，它利用颜料的颜色特性（校准数据）进行仿真，准确预测不同配方下色母粒的最终颜色。这种基于数据驱动的配色算法，能够挖掘出人类难以发现的复杂规律，大幅提高了配色的精度和效率。

分光光度计是测量颜色和控制色母粒质量的重要仪器，其出色的稳定性和精度确保了配色结果的可靠性。智能配色系统会与分光光度计进行实时连接、实时监测和校准色彩数据，确保每一个批次的色母粒质量一致。

定制化基础数据库包含了不同颜料和工艺条件下的颜色数据，并根据不同客户的实际工艺条件进行定制调整。这种针对性的数据支持，大大提高了系统的适用性和准确性。同时，随着更多样本数据的积累，数据库也会不断扩充和优化，使系统性能持续提升。

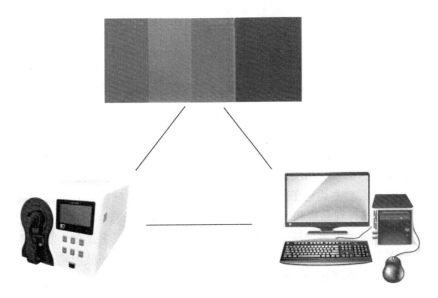

图 8-52　智能配色系统

2. 建立颜料数据库

建立颜料数据库是智能配色系统的关键步骤，也是确保配色准确性的基础。制备特性灰阶浓度板是建立颜料数据库的重要准备工作。特性灰阶浓度板是一组由树脂、黑白母粒和颜料按一定比例混合制成的样品。这组样品覆盖了从纯树脂到纯颜料的整个浓度范围，形成一个灰度渐变序列。制备过程需要高度的技术和工艺控制，以确保每个样品的配方、制造工艺和测试条件都一致。首先，优选合适的树脂和颜料。树脂要具有良好的加工性能和稳定性，颜料要有出色的着色能力和耐候性；此外，黑白母粒的选择也非常关键，它用于调节样品的亮度和饱和度。其次，将树脂与黑白母粒混合，制备出不同灰度水平的基材样品。这一步需要精准控制配方比例和工艺参数，确保样品灰度变化平稳连续。再次，将颜料与所制备出的树脂/黑白母粒混合物混合，制备出不同颜料浓度的样品。这一步需要严格控制颜料的分散度和均匀性，以确保样品颜色变化连续。最后，将所有样品注塑成型，形成标准测试样板如图 8-53 所示。这些试样的厚度和表面光洁度应保持一致，以避免对颜色测量的影响。

精心制备的特性灰阶浓度板，为后续建立准确的颜料数据库奠定了坚实基础。这些数据不仅包含了颜料本身的光学性能，还结合了不同工艺条件对颜色的影响，为智能配色系统的成功应用提供了可靠支撑。通过这种系统性的数据积累和建模，智能配色系统不仅能够快速准确地给出配方方案，还能随着样本数据的不断扩充而持续优化和改进。

图 8-53　标准测试样板

利用辐射的理论数学模型，通过 16 通道计算模型（图 8-54），得到精确的材料特性，配色更加高效准确。在当今高度发展的工业时代，材料的性能优化和精确配色已经成为许多行业关注的重点。尤其是在塑料、涂料等领域，通过对材料的光学性能进行精细调控，大幅提高产品的外观品质和市场竞争力。基于辐射理论的数学模型，能够通过 16 通道计算模型为技术员提供更加精确的材料性能数据，从而实现更高效、更准确的配色。该模型的核心在于充分考虑了材料在不同波长下的反射、吸收和散射特性。通过复杂的数学推导和计算，得到材料的色彩坐标、透光率、遮盖力等关键参数。与传统的经验模型相比，这种基于物理机理的方法能够更好地预测和描述材料的实际光学行为。使用 16

个不同波段的计算通道，相比于传统的 3 通道模型，能够获得更为细致入微的光学信息。这为后续的配方优化和色彩调整提供了坚实的数据基础。只需输入材料的基本成分和配比，系统就能快速给出色彩坐标、透光率、遮盖力等参数，大大提高了配色的效率和准确性。智能配色系统将该模型应用于塑料着色剂的研究中，通过对不同配方进行模拟计算，优化了产品的色彩和外观特性。相比于传统的人工试制法，这种理论指导下的系统化设计无疑更具优势，大幅提升了开发效率。

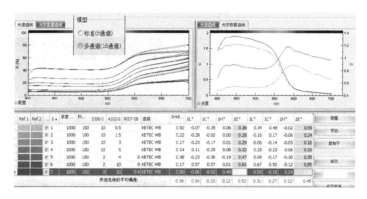

图 8-54　16 通道计算模型

3. 智能配色辅助色母粒制造

色母粒制造中，配方的快速准确无疑是关键。随着技术的不断进步，智能配色系统拥有了更加智能和高效的软件工具，能够大幅提升配方优化的效率。它的核心功能是通过多种途径获取样品信息，并自动搜索内置的配方数据库，找到最佳的配方方案，如图 8-55 所示。它支持以下几种输入方式：首先，直接测量样品的颜色数据，系统会根据这些数据自动搜索匹配的配方；其次，用户可以指定标准劳尔色卡作为目标色，系统会在数据库中找到最接近的配方；最后，用户也可以手动输入样品的光谱值数据，系

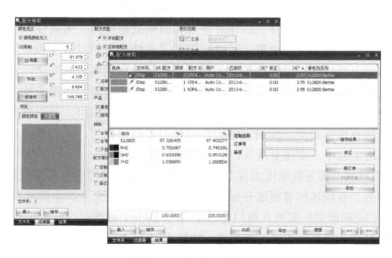

图 8-55　客户配方搜索

统会根据这些信息进行配方搜索和优化。通过持续优化软件算法和扩充数据库，未来这种智能化配方管理系统将在工业生产中发挥更加重要的作用，助力企业提升产品质量和市场竞争力。

　　智能配色系统凭借出色的配色和修色功能，为用户提供了高效、准确的色彩解决方案。它的核心优势在于其智能化的算法和庞大的数据库支持，不仅能进行精准的初次配色，在产品生产过程中，还能根据实际情况进行灵活的修色，确保产品颜色始终稳定，如图 8-56 所示。

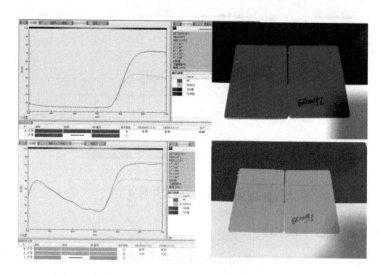

图 8-56　智能配色系统配色效果

8.3.10　案例 9：AI 在柔性电子材料方面的应用

　　柔性电子是将有机、无机或有机无机复合（杂化）材料沉积于柔性基底上形成以电路为代表的电子（光电子、光子）元器件及其集成系统的一门新兴、交叉科学与技术。随着人工智能技术的兴起，其强大的计算能力和数据处理能力，为柔性电子提供了更高效、更精确的数据分析和处理手段。同时，促进了柔性电子的自适应和自学习能力的发展。通过机器学习等技术，柔性电子设备可以根据环境和使用者的变化，自动调整和优化其性能，实现更智能的响应和决策。这种自适应和自学习能力使得柔性电子在复杂多变的环境中更加灵活和可靠。此外，利用人工智能的算法和模型，可以对柔性电子设备的结构和性能进行优化设计，提高设备的性能和可靠性。同时，人工智能还可以应用于柔性电子的制造工艺中，实现更高效、更精确的制造过程[59]。

　　"十三五"以来，国务院高度重视柔性电子产业发展，陆续出台多项政策，围绕消费电子、智能制造、智能传感等领域开展布局，鼓励支持柔性电子产业快速发展。2021 年12 月 28 日，工业和信息化部等八部门发布了《"十四五"智能制造发展规划》，文件中提到要研发柔性触觉传感器以支撑智能制造。2023 年 1 月 17 日，工业和信息化部等六部门联合发布《关于推动能源电子产业发展的指导意见》，在发展面向新能源的关键信息技术产品中提到，要加强主要包括适应新能源需求的电力电子、柔性电子、传感物联、智慧能源信息系统及有关的先进计算、工业软件、传输通信、工业机器人等适配性技术及产品的开发和应用。

1. 智能穿戴设备

人工智能在智能穿戴设备中的应用进展迅速，通过深度学习和大数据分析，实现了更精准的健康监测、运动辅助及个性化服务。同时，智能交互与控制功能的增强，进一步提升了用户体验，推动了穿戴设备的智能化发展。作为连接物理世界和数字信号的重要组成部分，同时也是智能穿戴设备的核心，柔性传感器正从单一的传感元件发展成为一个更智能的系统，能够高效地获取、分析甚至感知大量的、多层面的数据。虽然从人工操作的角度来看，智能柔性传感技术的发展具有挑战性，但由于受大脑启发的人工智能创新在算法（机器学习）和框架（人工突触）两个层面上的快速发展，智能柔性传感技术的发展得到了极大的推动。

人工智能的引入为智能穿戴设备赋予了更强大的功能。通过机器学习和深度学习等技术，智能穿戴设备能够实时分析用户的行为、习惯和健康状态，从而提供更加个性化、精准的服务和建议（图 8-57）。例如，智能手环可以监测用户的睡眠质量和心率变化，通过人工智能的分析，为用户提供改善睡眠的建议。智能眼镜则可以通过识别用户的视线和动作，实现更加自然的交互体验。同时，智能穿戴设备还可以与其他智能设备或系统进行连接，形成智能家居、智能办公等场景，进一步提升用户的生活质量和工作效率。随着技术的不断进步和应用场景的不断拓展，智能穿戴设备将在医疗、教育、体育等领域发挥更大的作用，推动社会的智能化和数字化转型。

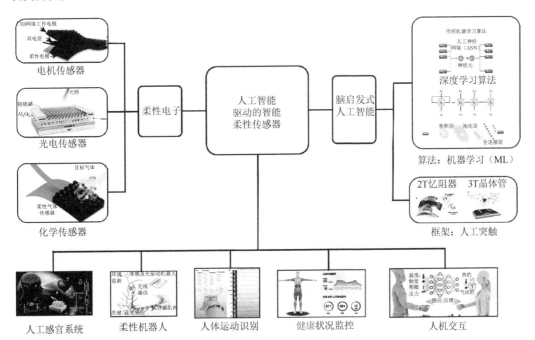

图 8-57　大脑启发的人工智能创新驱动的智能柔性传感系统[60]

2. 智能感知系统

智能感知是指在人工智能驱动的大脑的辅助下，柔性传感器实现像人脑具有一样对外部信息的记忆、学习、判断和推理能力。由于机器学习（ML）算法在数据处理和智能识别方面的优势，智能感知系统具备了与人类感知系统相媲美甚至超越人类感知系统的能力。然而，这些系统内置的柔性传感器需要在动态和不规则的表面上工作，不可避免地会影响获取数据的精度和保真度。近年来，将已开发的功能材料和创新结构引入柔性传感器的策略在应对上述挑战方面取得了一些进展，并在 ML 算法的加持下，实现了各种场景下的精确感知和推理。在此，我们将对构建柔性传感器的最具代表性的功能材料和创新结构进行全面梳理，进一步总结基于柔性传感器和 ML 算法的智能感知系统的研究进展，并期待二者的交叉为下一阶段的人工智能发展带来新的机遇。

利用不断发展的人工智能技术，构建模仿人类感知过程的智能感知系统，是实现真正智能化的有效途径。智能感知不仅包括各种柔性传感器收集外部信息和数据的能力，还包括通过记忆、学习、判断、推理等感知环境、物质类别和物体属性的能力，如图 8-58 所示。高性能柔性传感器可收集大量信息数据，然后利用机器学习算法对其进行分析和处理。与传统算法不同，ML 是一类自动从数据中分析规律并利用规律预测未知数据的算法。

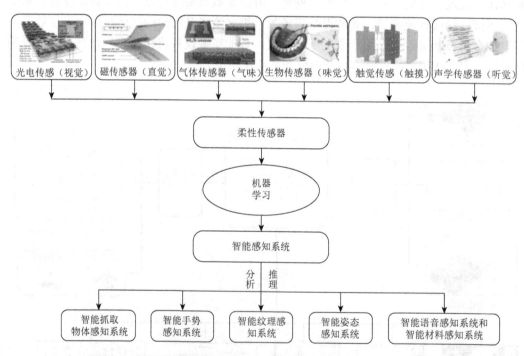

图 8-58　智能感知系统关键组件（柔性传感器和 ML 算法）示意图[61]

智能感知系统是指将柔性传感器与人工智能技术有机结合，构建一个具有类似人脑思维能力的系统，能够探索和识别更深层次的信息，如手势、姿态、语音、表面纹理、物体形状和材质等。智能感知系统已广泛存在于各种人工智能应用中，包括元宇宙、人机交互、智能机器人和智能医疗等。根据功能将其分为 6 类，智能手势感知系统、智能姿态感知系统、智能抓取物体感知系统、智能纹理感知系统、智能语音感知系统和智能材料感知系统。

3. 医疗检测

精确的柔性传感器和增强的人工智能算法相结合，可以通过足够数量和种类的训练样本，全面了解疾病特征（图 8-59）。然后可以从多个角度对健康状况进行系统的临床评估，以提高诊断的准确性和效率。医疗数据通常内容丰富、增长迅速、结构相对复杂。机器学习技术可以将来自数百万患者的医疗数据集（如诊断概况、成像记录和可穿戴信息）结合起来，分析医疗大数据海洋的内部结构，识别疾病状况的模式，并克服访问本地数据集的一般限制。此外，以大数据为支撑的下一代医疗体系将从以医院为中心的集中式模式转变为在家监测、POCT 筛查检测、住院监测的并行模式，同时通过云实现医患互动和数据传输，缓解医疗资源拥挤，促进个性化医疗。

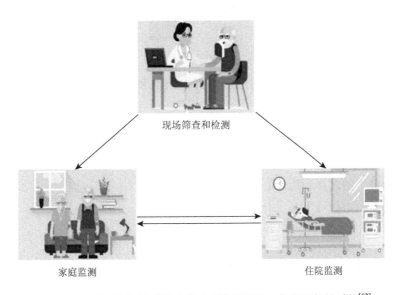

图 8-59　当前医疗保健系统及基于大数据的新一代医疗保健系统[62]

4. 柔性能源技术

人工智能在柔性能源技术方面的应用主要体现在提升能源转换效率、优化能源管理以及推动柔性能源技术的创新和发展上。人工智能可以通过深度学习和大数据分析等技术，对柔性能源材料的性能进行优化，从而提高能源转换效率。例如，在柔性太阳能电池领域，人工智能可以分析不同材料、结构、工艺对电池性能的影响，进而提出改进方案，提升电池的光电转换效率（图 8-60）。

另外，人工智能在能源管理方面发挥着重要作用。通过实时监测和分析柔性能源设备的运行状态，人工智能可以预测设备的维护需求，提前进行故障预警和修复，确保能源设备的稳定运行。同时，人工智能还可以根据用户的需求和能源市场的变化，智能调度和管理能源资源，实现能源的优化利用和节约。

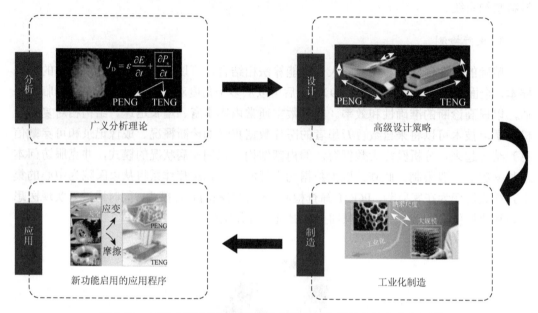

图 8-60　AI 助力开发高性能压电纳米发电机和摩擦电纳米发电机[63]

此外，人工智能还可以推动柔性能源技术的创新和发展。通过模拟和仿真技术，人工智能可以探索新的柔性能源材料、结构和工艺，为柔性能源技术的发展提供新的思路和方法。同时，人工智能还可以与其他先进技术进行融合，如物联网、云计算等，共同推动柔性能源技术的发展和应用。

8.4　本 章 小 结

本章介绍了人工智能技术在多个领域的应用案例，涵盖了故障诊断、石油勘探开发、化工与材料等方面。具体内容包括故障诊断中的轴承故障、风机故障、石化设备故障诊断；石油勘探开发中的智慧油田建设；化工与材料中的化学合成、数据采集、生产过程建模、供应链优化、安全预测预警、化工园区智能化、大模型应用等。此外，还介绍了智能河道识别技术的实现过程，包括样本生成、网络构建与训练、预测检验等内容。通过这些案例展示了人工智能技术在各领域特别是石化领域的重要应用价值，为行业智能化发展提供了强大的技术支撑，推动了行业的高质量发展。

课后习题

8.1　以常见的机械设备为例，试描述其 AI 故障诊断的具体流程。

8.2　简述 AI 故障诊断技术的优势和不足之处。

8.3　SVM 技术在轴承故障诊断中的意义是什么？

8.4　生成对抗网络在风机故障诊断中的应用流程是怎样的？

8.5　人工免疫系统的应用在石化设备故障诊断中的流程是怎样的？

8.6　国内石油公司建设智能化勘探开发云平台的典型代表有哪些？

8.7　智慧油田的定义和特征是什么？

8.8　智慧油田建设的理论基础和技术支撑是什么？

8.9　AI 技术在化工与材料领域的应用主要涵盖哪些方面？

8.10　AI 在化学合成领域的应用有哪些实例？

8.11　AI 在化工数据采集与处理方面有哪些应用实例？

8.12　智能河道识别的难点和基础 Segnet 网络河道识别的具体实现步骤有哪些？

8.13　Segnet 网络训练时，哪些技巧可以提高预测精度？

参 考 文 献

[1] Russell S J，Norvig P. Artificial intelligence：A modern approach[M]. London：Pearson，2016.

[2] Ertel W. Introduction to artificial intelligence[M]. Cham：Springer，2018.

[3] Van Harmelen F，Lifschitz V，Porter B. Handbook of knowledge representation[M]. Amsterdam：Elsevier，2008.

[4] Szeliski R. Computer vision：Algorithms and applications[M]. Cham：Springer Nature，2022.

[5] Jordan M I，Mitchell T M. Machine learning：Trends，perspectives，and prospects[J]. Science，2015，349（6245）：255-260.

[6] Sotton R S，Barto A G. Reinforcement learning[J]. Journal of Cognitive Neuroscience，1999，11（1）：126-134.

[7] Alpaydin E. Machine learning[M]. Cambridge：MIT press，2021.

[8] Groß J. Linear regression[M]. Heidelberg：Springer-Verlag，2003.

[9] Suthaharan S. Decision tree learning[M]//Suthaharan S. Machine learning models and algorithms for big data classification. Boston：Springer，2016.

[10] Ahmed M，Seraj R，Islam S M S. The k-means algorithm：A comprehensive survey and performance evaluation[J]. Electronics，2020，9（8）：1295.

[11] Abdi H，Williams L J. Principal component analysis[J]. WIREs Computational Statistics，2010，2（4）：433-459.

[12] 张卫忠，赵良玉. 自适应控制理论与应用[M]. 北京：北京理工大学出版社，2018.

[13] 柴天佑，岳恒. 自适应控制[M]. 北京：清华大学出版社，2016.

[14] 徐湘元. 自适应控制与预测控制[M]. 北京：清华大学出版社，2017.

[15] 张杰，王飞跃. 最优控制：数学理论与智能方法. 上册[M]. 北京：清华大学出版社，2017.

[16] 邵克勇，王婷婷，宋金波. 最优控制理论与方法[M]. 东营：中国石油大学出版社，2015.

[17] 高广镇. "智慧油田"建设整体架构及应用分析[J]. 建设监理，2023（12）：72-75.

[18] 姚尚林，刘合，苏健，等. 智慧油田建设助推油气田企业"油公司"模式改革思考[J]. 世界石油工业，2021，28（3）：9-16.

[19] 刘冠辰. 智慧油田建设与发展研究[J]. 中国管理信息化，2020，23（16）：98-99.

[20] 徐刚. 智慧油田发展中的大数据技术应用[J]. 中国设备工程，2020（10）：24-25.

[21] 曹国海. 智慧油田信息安全体系建设路径之研究[J]. 信息系统工程，2020（5）：66-67.

[22] 刘冠辰. 智慧油田建设与发展研究[J]. 中国管理信息化，2020，23（16）：98-99.

[23] 侯锦丽. 智慧油田的现状及发展研究[J]. 信息系统工程，2019（3）：42.

[24] 刘洪涛. 智慧油田系统的结构及功能[J]. 电子技术与软件工程，2019（3）：244.

[25] 百度智能云. 智慧油气田解决方案[EB/OL]. [2024-06-03]. https://cloud.baidu.com/solution/energy/oilandgasfield.html.

[26] 光明网. 数智赋能渤海湾：探访我国海上首个海上智能油田[EB/OL]. （2023-10-02）[2024-06-03]. https://baijiahao.baidu.com/s?id=1778642978346413940&wfr=spider&for=pc.

[27] 宫彦双，吴超，安超，等. 智能化技术在石油化工行业的应用现状与前景分析[J]. 智能建筑与智慧城市，2023（3）：166-168.

[28] 黄德先，江永亨，金以慧. 炼油工业过程控制的研究现状、问题与展望[J]. 自动化学报，2017，43（6）：

902-916.

[29] 袁桂霞. DNA 遗传算法的化工过程建模方法[J]. 廊坊师范学院学报（自然科学版），2012，12（4）：31-33.

[30] 卢静. 基于多传感器数据融合的油气水三相流相态组合的辨识[D]. 大庆：东北石油大学，2016.

[31] 李晓光，江沛，曹柳林，等. 状态变量部分不可测的间歇反应器的智能建模[J]. 化工学报，2008（7）：1818-1823.

[32] 张梦轩，刘洪辰，王敏，等. 化工过程的智能混合建模方法及应用[J]. 化工进展，2021，40（4）：1765-1776.

[33] 陈鑫，黄冰，吴敏，等. 基于优先级的烧结过程协调优化控制系统[J]. 化工学报，2016，67（3）：885-890.

[34] 蒋廷学，汪永利，丁云宏，等. 压裂方案经济优化的智能专家系统研究[J]. 石油学报，2004，25（1）：66-69.

[35] 彭黔荣，杨敏，石炎福，等. 基于混合遗传法的人工神经网络模型及其对有机化合物熔点的预测[J]. 化工学报，2005，56（10）：1922-1927.

[36] 张俊，刘成，张井歧 炼油生产过程的神经网络智能优化控制[J]. 仪器仪表学报，2005，26（z1）：841-844.

[37] 李明. 炼油过程生产调度建模方法研究[D]. 济南：山东大学，2011.

[38] 陈远东，丁进良. 基于预测与分解策略的大规模炼油过程生产调度算法[J]. 控制理论与应用，2023，40（5）：833-846.

[39] 孙莉莉. 油品调合优化问题的模糊规划模型及其求解[D]. 青岛：中国石油大学（华东），2008.

[40] 贾立，施继平，邱铭森. 一种间歇过程产品质量迭代学习控制策略[J]. 化工学报，2009，60（8）：24-29.

[41] 孙在冠，李树荣，闫伟. 炼油厂生产与库存系统非线性规划模型与优化[J].石油化工高等学校学报，2010，23（1）：89-92.

[42] 李初福，王如强，何小荣，等. 化工企业生产计划图形建模优化系统开发及其应用[J]. 计算机与应用化学，2007，24（10）：1389-1392.

[43] 田文君. 基于石油企业供应链发展下物流数字化转型策略[J]. 化工管理，2024（7）：9-12.

[44] 孙在冠，苏东卫，李树荣，等. 不确定市场下的炼厂生产非线性规划模型与调度优化[J]. 合肥工业大学学报（自然科学版），2009，32（11）：1740-1743，1759.

[45] 危拓. 炼化一体化 MPIMS 模型的建设及应用[J]. 石油化工技术与经济，2020，36（5）：45-48.

[46] 董丰莲，魏志伟，孙鑫，等. 石油产业链一体化优化模型系统的开发与应用[J]. 油气与新能源，2022，34（4）：87-92，98.

[47] 裴江波. 石化行业绿色供应商的评价与选择研究[D]. 北京：北京化工大学，2022.

[48] 高立兵，蒋白桦，索寒生. 石化行业智能制造体系建设初探[J]. 当代石油石化，2021，29（2）：46-50.

[49] 李全. 化工园区安全管理的现状、数字化转型及发展方向[J]. 化工管理，2024（8）：22-25.

[50] 刘科均. 浅谈人工智能技术在化工生产自动化控制系统中的应用[J]. 石化技术，2022，29（6）：261-263.

[51] 王沐源. 给化工生产配上"智能安全员"[N]. 青岛日报，2021-11-15（T04）.

[52] 唐永，寇江伟. AI 机器视觉智能监管系统在危险化学品行业安全管控中的应用[J]. 化纤与纺织技术，2023，52（3）：116-118.

[53] 刘浩，范梦婷，郑谊峰，等.AI 技术在化工领域的前沿和基础技术情报研究[J]. 化工管理，2021（4）：98-101.

[54] 应急管理部. 化工园区安全风险智能化管控平台建设指南（试行）[R/OL]. (2022-02-09) [2024-06-03]. https://www.mem.gov.cn/gk/zfxxgkpt/fdzdgknr/202202/t20220209_407680.shtml.

[55] 黄小明，章贤昌，刘平. 化工园区安全风险智能化管控平台建设方案探讨[J]. 广东通信技术，2023，43（1）：58-62，72.

[56] 王强，卢成华，刘杰. 化工园区安全风险智能化管理平台建设方案[J]. 中国新通信，2023，25（20）：38-40.

[57] 乐志星，周存，曹树林. 基于工业互联网的化工园区安全智能化管控平台设计与研究[J]. 通信电源技术，2023，40（3）：41-44.

[58] 李磊，高文清，翟鲁飞，等. ChatGPT 在石油化工领域的应用[J]. 化工管理，2024，（8）：12-15.

[59] 麻尧斌，解楠，陈颖，等. 柔性电子在我国电子信息产业转型升级中的战略意义研究[J].新型工业化，2023，4（13）：29-35.

[60] Sun T M，Feng B，Huo J P，et al. Artificial intelligence meets flexible sensors：Emerging smart flexible sensing systems driven by machine learning and artificial synapses[J]. Nano-Micro Letters，2024，16（1）：14.

[61] Niu H S，Yin F F，Kim E S，et al. Advances in flexible sensors for intelligent perception system enhanced by artificial intelligence[J]. InfoMat，2023，5（5）：e12412.

[62] Chen M R，Cui D X，Haick H，et al. Artificial intelligence-based medical sensors for healthcare system[J]. Advanced Sensor Research，2024，3（3）：2300009.

[63] Jiao P C. Emerging artificial intelligence in piezoelectric and triboelectric nanogenerators[J]. Nano Energy，2021，88：106227.